“十三五”高职高专规划教材

五年制高职数学

（第二册）

赵春芳　王小燕　魏志丹　主　编
司玉琴　姜红岩　靳　娜　弓瑞峰　刘降玉　副主编
俎瑞琴　滕明利　主　审

中国铁道出版社
CHINA RAILWAY PUBLISHING HOUSE

内 容 简 介

本书参照《五年制高职数学课程教学基本要求》，由高等职业技术院校中从事高职数学教学的资深教师编写. 全书包括平面向量、数列、直线与圆、圆锥曲线、复数、排列组合和概率等内容. 每节均配有练习题和习题，每章配有思考与总结和复习题.

本书结构严谨、逻辑清晰、通俗易懂、例证适当、难度适宜，适合作为五年制高职高专各专业的数学课程的教材使用.

图书在版编目(CIP)数据

五年制高职数学．第二册/赵春芳，王小燕，魏志丹主编．—北京：中国铁道出版社，2017.8（2018.8重印）
"十三五"高职高专规划教材
ISBN 978-7-113-23496-6

Ⅰ.①五… Ⅱ.①赵… ②王… ③魏… Ⅲ.①高等数学-高等职业教育-教材 Ⅳ.①O13

中国版本图书馆 CIP 数据核字(2017)第 192568 号

书　　名： 五年制高职数学(第二册)
作　　者： 赵春芳　王小燕　魏志丹　主编

策　　划： 王春霞　　**读者热线：** (010)63550836
责任编辑： 王春霞　包　宁
封面设计： 刘　颖
封面制作： 白　雪
责任校对： 张玉华
责任印制： 李　佳

出版发行： 中国铁道出版社(100054，北京市西城区右安门西街 8 号)
网　　址： http://www.tdpress.com/51eds/
印　　刷： 三河市宏盛印务有限公司
版　　次： 2017 年 8 月第 1 版　　2018 年 8 月第 2 次印刷
开　　本： 720mm×960mm　1/16　**印张：** 14.5　**字数：** 293 千
书　　号： ISBN 978-7-113-23496-6
定　　价： 36.00 元

前　言

为适应我国高等职业技术教育蓬勃发展的需要，加速教材建设的步伐，根据教育部有关文件精神，考虑到高等职业技术院校基础课的教学应以应用为目的，以"必需、够用"为度，并参照《五年制高职数学课程教学基本要求》，由高等职业技术院校中从事高职数学教学的资深教师编写本套教材，可供招收初中毕业生的五年制高职院校的学生使用。

本套数学教材是按照高等职业技术学校的培养目标编写的，以降低理论、加强应用、注重基础、强化能力、适当更新、稳定体系为指导思想。在内容编排上，注重知识的浅层挖掘。从教学改革的要求和教学实际出发，教材将最基础部分的知识，从不同的起点、不同的层次、不同的侧面，进行了变通性强化、方法性强化和对比性强化，从而使基础知识得到充实、丰富和发展；注重培养学生的创新意识和实践能力，教材在内容的安排上注重培养学生基本运算能力、空间想象能力、数形结合能力、简单实际应用能力、逻辑思维能力；注重加强学法指导，教会学生学习，让学生在学习知识的同时，不断地改进学习方法，逐步掌握科学的思维方式；注重让学生参与实现教育目标的过程，寓教学方法于教材之中。

教材十分重视学生的认识过程和探索过程。例如，在概念、定理、公式后安排"想一想"内容，提出具有启发性的问题，让学生进行思考、讨论。又如，安排让学生根据要求自己编制题目的内容，以使学生动手动脑，把课堂教学变成师生的共同活动。再如，教材中的例题，除了给出解法外，还在解法前安排分析，解法后安排小结，为学生自学创造条件。在例题和习题的编排上有较大改革。主要是：把例题和习题的题量、难度进行量化；引进客观题，增加开放题和建模题等新题型；采用串联成组的方法，以使发挥题目的个体功能转变成发挥题目的整体功能；选择富有代表性、启发性的题目，进行详尽透彻的分析，并在此基础上进行横向或纵向演变，最大限度地发挥题组的潜在功能；在适当位置设置"条件填充题"或"结论填充题"，以缩小知识跨度，减少学习困难。本教材具有简明、实用、通俗易懂、直观性强的特点，适合教师教学和学生自学。

全套教材分三册出版。本册为第二册，内容包括平面向量、数列、直线和圆的方程、圆锥曲线方程、复数、排列组合和概率。教材中每节后面配有一定数量的练习题和习题，每章后面配有思考与总结和复习题，供复习巩固本章内容和习题课选用。

本书由赵春芳、王小燕、魏志丹主编，司玉琴、姜红岩、靳娜、弓瑞峰、刘降玉任副主编。具体编写分工如下：第6章、第7章由王小燕编写，第8章、第9章由魏志丹编写，第10章由赵春芳编写，第11章由司玉琴编写，并且前五章部分习题、练习题以及前五章的全部总复习题由姜红岩、刘降玉编写完成，靳娜、弓瑞峰协助以上编者编写。最后由赵春芳负责统稿，并由俎瑞琴、滕明利主审。

由于编写水平有限，不足之处在所难免，我们衷心希望得到广大读者的批评指正，以便全书在教学实践中不断完善。

编　者

2017年6月

目　录

第6章 平面向量

向量是近代数学中最基本和最重要的概念之一，是沟通几何、代数、三角函数内容的桥梁，利用向量来研究这些知识之间的联系，具有极大的优越性，向量还是研究力学、电学和其他自然科学的有效工具．此外，向量还在经济活动、社会生产中有着广泛的应用．

6.1 向量的几何形式及其线性运算

本节重点知识：

1. 平面向量.
2. 向量的加法与减法运算.
3. 数乘向量.
4. 向量平行的条件.

6.1.1 平面向量

在现实生活中，存在两种类型的量，一种量，如温度、质量、时间、面积等，它们都可以由一个实数值来确定．例如，温度是-3℃，质量是5 g，时间是10 s，面积是4 cm^2 等．而另一种量，如位移、力、速度等，它们不仅有数值的大小，而且还具有方向的意义．例如，当我们说某物体受到2N力的作用时，还必须要同时指出这个力的作用方向．

为了区别这两种量，我们把只有数值大小的量称做数量（或标量），把既有数值大小又有方向的量称做**向量**（或**矢量**）．

这里所说的向量，是对众多具体的物理向量的抽象概括，它原来具有什么物理意义，已经不重要．这里，我们只注意它们共同具有的数学特征——数值和方向．

表示向量的最形象、直观的方法是借用标有箭头的线段．如图6-1所示，线段AB，并画有箭头指向B，表示平面上一个动点由A移动到B．我们把点A称做**起点**，点B称做**终点**．这种规定了起点和终点的线段称做**有向线段**．

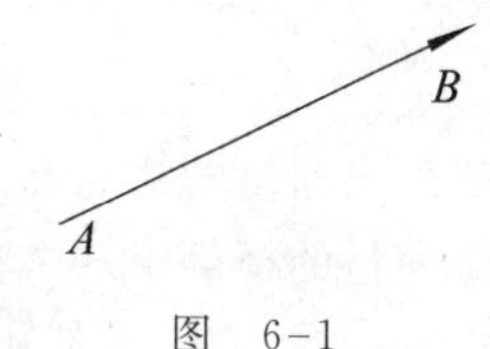

图 6-1

以A为起点、B为终点的有向线段记作$\overrightarrow{AB}$（字母要按照起点在前，终点在后的顺序写）．这样，$\overrightarrow{AB}$和$\overrightarrow{BA}$就表示两条不同的有向线段.

用有向线段表示向量称做向量的几何表示.这时,我们就把有向线段$\overrightarrow{AB}$称做向量$\overrightarrow{AB}$.

向量有时也用一个标有箭头的字母表示,如 $\vec{a}$,$\vec{b}$,$\vec{c}$,$\vec{f}$,$\vec{u}$ 等.

表示向量$\overrightarrow{AB}$的有向线段的长度,称做向量$\overrightarrow{AB}$的**模**,记做$|\overrightarrow{AB}|$.相应的,向量 $\vec{a}$ 的模记做$|\vec{a}|$,向量 $\vec{f}$ 的模记做$|\vec{f}|$.向量的模是一个数量(标量),是非负实数.向量的模也称做向量的长度.

两个向量如果模相等,方向也相同,那么我们说这两个向量相等,向量 $\vec{a}$ 与 $\vec{b}$ 相等,记做 $\vec{a}=\vec{b}$,如图 6-2(a)所示.由于我们所研究的向量只含有两个要素——大小和方向,所以用有向线段表示向量时,与它的起点位置无关.

两个向量如果模相等,方向却相反,那么我们说这两个向量互为逆向量,$\vec{a}$ 的逆向量记做$-\vec{a}$,如图 6-2(b)所示.因为$|\overrightarrow{AB}|=|\overrightarrow{BA}|$,并且$\overrightarrow{BA}$的方向与$\overrightarrow{AB}$的方向相反,所以$\overrightarrow{AB}$与$\overrightarrow{BA}$互为逆向量,因此$\overrightarrow{AB}=-\overrightarrow{BA}$.

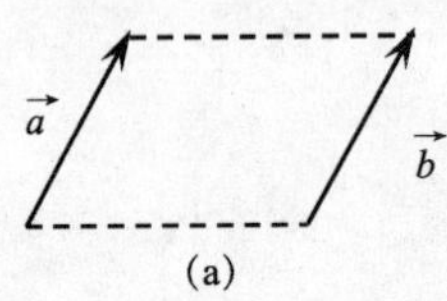

(a)

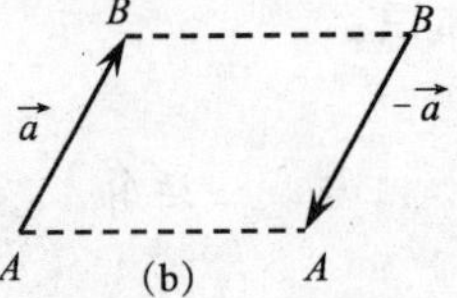

(b)

图 6-2

想一想

1. 如图 6-3(a)所示,在等腰梯形 $ABCD$ 中,两个底$\overrightarrow{AB}$和$\overrightarrow{CD}$互为逆向量吗?两腰$\overrightarrow{AD}$和$\overrightarrow{BC}$相等吗?如果 E 是$\overrightarrow{AB}$的中点,且$|AE|=|DC|$,请你画出向量$\overrightarrow{CE}$和$\overrightarrow{ED}$,并指出$\overrightarrow{CE}$和$\overrightarrow{AD}$的关系,$\overrightarrow{ED}$和$\overrightarrow{BC}$的关系.

2. 如图 6-3(b)所示,设 O 为正六边形 $ABCDEF$ 的中心,分别写出图中与$\overrightarrow{OA}$、$\overrightarrow{OB}$、$\overrightarrow{OC}$相等的向量.

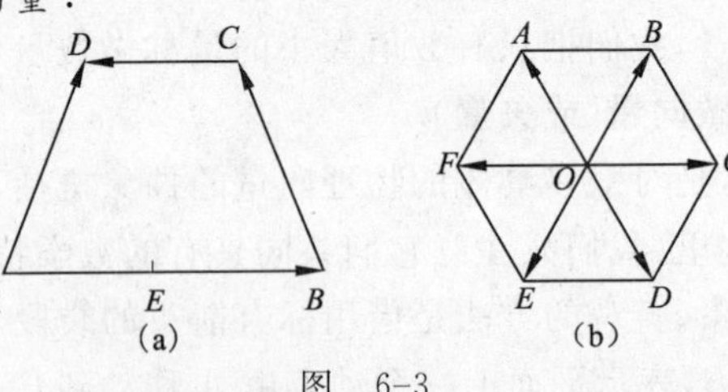

图 6-3

当向量的终点和起点重合时,向量便成为一个点,我们称它为**零向量**,记做 $\vec{0}$,零向量的模等于 0,即$|\vec{0}|=0$,零向量的方向是任意的(即不确定),因此,我们规定:所有的零向量都相等.

长度为 1 的向量称做单位向量.即如果$\vec{a}_0$ 是单位向量,则$|\vec{a}_0|=1$.

两个非零向量 $\vec{a}$ 与 $\vec{b}$ 方向相同或相反，我们就说这两个向量互相平行，记做 $\vec{a}//\vec{b}$. 平行向量又称共线向量.

例 1　如图 6-4 所示，在▱$ABCD$ 中，分别写出：

(1)与向量$\overrightarrow{AD}$,$\overrightarrow{CD}$相等的向量；

(2)向量$\overrightarrow{AD}$的逆向量.

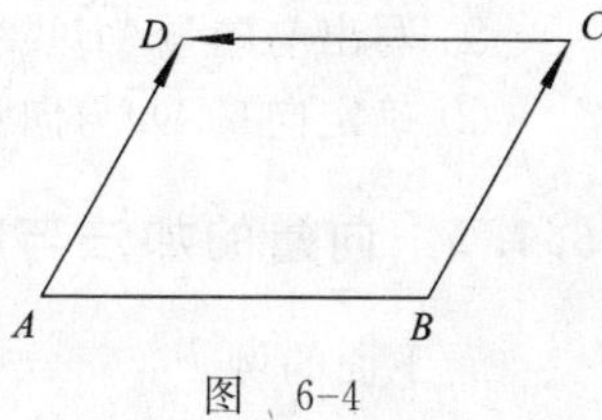

图 6-4

解　(1)根据平行四边形的性质及相等向量的概念，有

$\overrightarrow{BC}=\overrightarrow{AD}$,$\overrightarrow{BA}=\overrightarrow{CD}$.

(2)$\overrightarrow{AD}$的逆向量是$\overrightarrow{DA}$,$\overrightarrow{CB}$.

例 2　选择题：

$|\vec{a}|=|\vec{b}|$是 $\vec{a}=\vec{b}$ 的(　　).

(A)充分且不必要条件　　(B)必要且不充分条件

(C)充要条件　　(D)既不充分也不必要条件

分析　根据向量相等的定义，如果 $\vec{a}=\vec{b}$，那么$|\vec{a}|=|\vec{b}|$且方向相同；如果$|\vec{a}|=|\vec{b}|$且方向相同，那么 $\vec{a}=\vec{b}$，可知$|\vec{a}|=|\vec{b}|$仅仅是 $\vec{a}=\vec{b}$ 的必要且不充分条件.

答案 B.

想一想

判断下列表述的正误，若错误，请说明理由.

(1) $\vec{0}=0$；　　(2)因为 $\vec{a}_0$ 是单位向量，所以 $\vec{a}_0=1$；

(3)若有 $\vec{a}=-\vec{b}$ 成立，则一定有$|\vec{a}|=|\vec{b}|$成立；

(4)因为$\vec{a}_0$ 是单位向量，所以$|\vec{a}_0|=1$.

练　习

1. 选择题：

(1)下列说法不正确的是(　　).

A. 零向量没有方向　　B. 零向量与任意一个向量平行

C. 零向量的起点和终点重合　　C. 零向量的方向任意

(2)下列关于共线向量说法正确的是(　　).

A. 若有 $\vec{a}//\vec{b}$,$\vec{b}//\vec{c}$，则 $\vec{a}//\vec{c}$　　B. 互为逆向量的两个向量一定是共线向量

C. 相等向量不一定是共线向量　　D. 平行向量和共线向量概念不同

2. 解答题:

已知四边形 $ABCD$ 为等腰梯形,$AB//DC$,$AD=BC$.

① 写出与向量$\overrightarrow{AB}$共线的向量;

② 确定向量$\overrightarrow{AD}$与向量$\overrightarrow{BC}$的关系.

6.1.2 向量的加法与减法运算

看下面的例子:

如图 6-5 所示,某人从 A 地向东行进 5 km,到达 B 地,再从 B 地向北行进 5 km,到达 C 地,这时从 A 地看,此人恰好在东北方向 $5\sqrt{2}$ km 处.

我们看到,此人连续做了两次位移$\overrightarrow{AB}$和$\overrightarrow{BC}$,从而使他由 A 地到达了 C 地. 其效果与由 A 地向东北方向行进 $5\sqrt{2}$ km(即$\overrightarrow{AC}$)是一样的. 在物理中称$\overrightarrow{AC}$是$\overrightarrow{AB}$与$\overrightarrow{BC}$的合成位移. 这里,把向量$\overrightarrow{AC}$称做向量$\overrightarrow{AB}$与$\overrightarrow{BC}$的**和**,即$\overrightarrow{AC}=\overrightarrow{AB}+\overrightarrow{BC}$.

由此,得出向量加法的一个法则:

如果 $\vec{c}$ 和 $\vec{b}$ 为已知向量,在平面上任取一点 A. 以 A 为起点,做向量$\overrightarrow{AB}=\vec{c}$,再以 B 为起点做$\overrightarrow{BC}=\vec{a}$,令$\overrightarrow{AC}=\vec{b}$,则 $\vec{b}$ 称做 $\vec{a}$ 与 $\vec{c}$ 的和. 记做 $\vec{b}=\vec{a}+\vec{c}$.

这个法则就是向量加法的三角形法则,如图 6-6 所示.

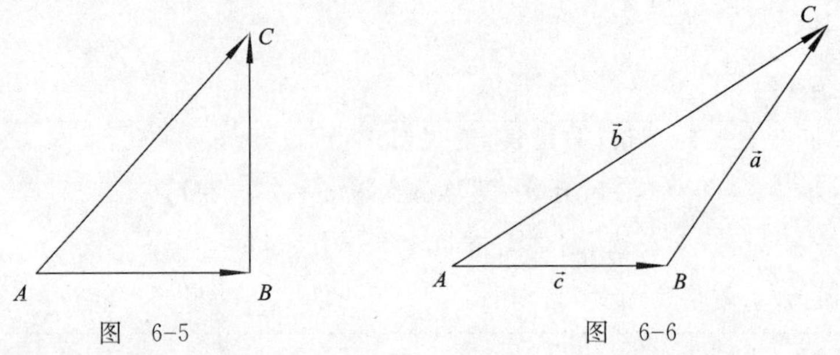

图 6-5　　图 6-6

练一练

根据三角形法则,画出图 6-7 中 $\vec{a}$ 与 $\vec{b}$ 的和.

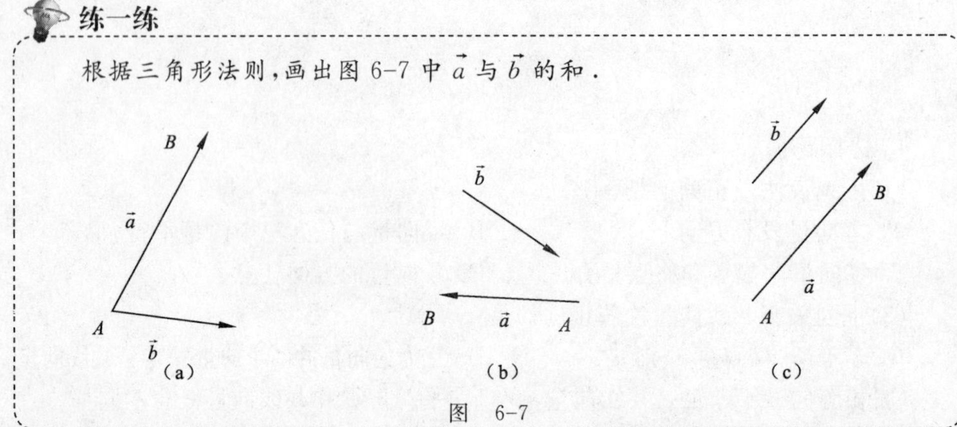

图 6-7

练一练

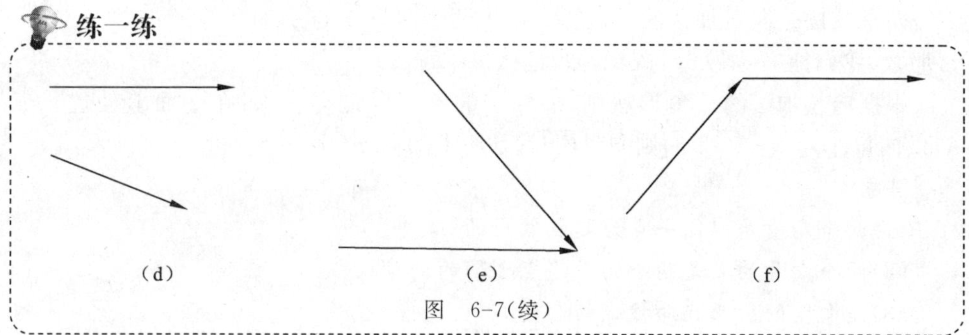

图　6-7(续)

在上面三角形法则的作图中,如果以 A 为起点做向量$\overrightarrow{AD}=\vec{b}$(见图 6-8),则由$\overrightarrow{AD}=\overrightarrow{BC}$可知,四边形 $ABCD$ 为平行四边形,向量 $\vec{a}$ 与 $\vec{b}$ 是这个平行四边形的两条邻边,$\vec{a}$ 与 $\vec{b}$ 的和$\overrightarrow{AC}$恰好是$\square ABCD$ 的一条对角线.这样就得到了向量加法的平行四边形法则:

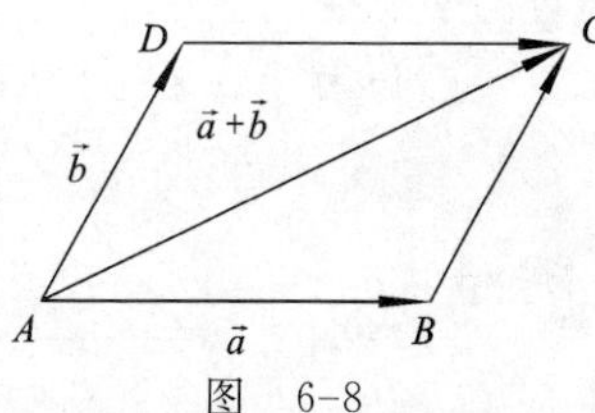

图　6-8

如果 $\vec{a}$ 和 $\vec{b}$ 为已知向量,在平面上任取一点 A,以 A 为起点,以 $\vec{a}$ 和 $\vec{b}$ 为邻边做平行四边形,则在这个平行四边形中,以 A 为起点的对角线所表示的向量,称做 $\vec{a}$ 与 $\vec{b}$ 的和.

在图 6-8 中我们看到,$\overrightarrow{AB}=\overrightarrow{DC}=\vec{a}$,$\overrightarrow{AD}=\overrightarrow{BC}=\vec{b}$,由三角形法则有$\overrightarrow{AD}+\overrightarrow{DC}=\overrightarrow{AC}$,$\overrightarrow{AB}+\overrightarrow{BC}=\overrightarrow{AC}$,所以$\overrightarrow{AD}+\overrightarrow{DC}=\overrightarrow{AB}+\overrightarrow{BC}$,即 $\vec{b}+\vec{a}=\vec{a}+\vec{b}$,同时验证了向量加法满足交换律.

向量加法也满足结合律,即$(\vec{a}+\vec{b})+\vec{c}=\vec{a}+(\vec{b}+\vec{c})$.请读者自行验证.(提示:在任意四边形 $ABCD$ 中,设$\overrightarrow{AB}=\vec{a}$,$\overrightarrow{BC}=\vec{b}$,$\overrightarrow{CD}=\vec{c}$)

由于向量加法满足交换律、结合律,所以把 $\vec{a}+\vec{b}+\vec{c}$ 称做向量 $\vec{a}$,$\vec{b}$,$\vec{c}$ 的和.

三个向量的和可以依照三角形法则得到:把三个向量首尾顺次连接,则由第一个向量的起点到第三个向量的终点的向量就是三个向量的和,如图 6-9所示.

$$\overrightarrow{AB}+\overrightarrow{BC}+\overrightarrow{CD}=\overrightarrow{AD}.$$

练一练

不画图,直接写出各题的结果:

(1)$\overrightarrow{AM}+\overrightarrow{MC}=$__________;

(2)$\overrightarrow{CD}+\overrightarrow{DF}=$__________;

(3)$\overrightarrow{LN}+\overrightarrow{NP}=$__________;

(4)$\overrightarrow{AB}+\overrightarrow{BC}+\overrightarrow{CD}+\overrightarrow{DE}+\overrightarrow{EF}=$____.

(5)$\overrightarrow{AB}+\overrightarrow{BC}+\overrightarrow{CE}+\overrightarrow{EM}+\overrightarrow{MA}=$____.

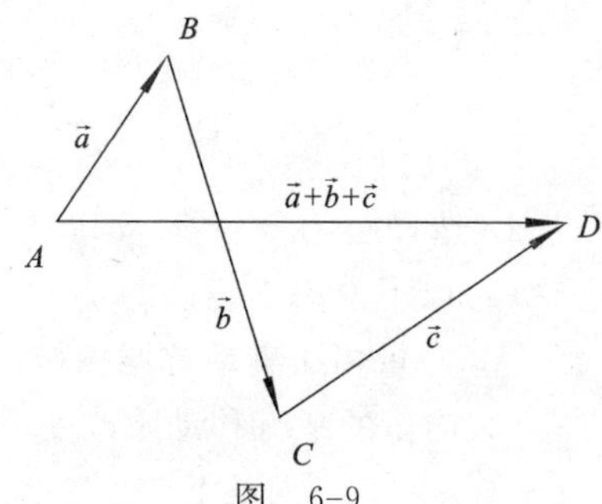

图　6-9

向量减法是向量加法的逆运算．如果两个向量 $\vec{b}$ 与 $\vec{c}$ 的和等于 $\vec{a}$，即 $\vec{b}+\vec{c}=\vec{a}$，那么，我们把 $\vec{c}$ 称做 $\vec{a}$ 与 $\vec{b}$ 的差，记做 $\vec{c}=\vec{a}-\vec{b}$.

根据向量加法的三角形法则，$\vec{a}$ 与 $\vec{b}$ 的差可以这样去求：在平面上任选一点 A，做向量 $\overrightarrow{AB}=\vec{a}$，$\overrightarrow{AC}=\vec{b}$，则向量 $\overrightarrow{CB}$ 就是所求的差 $\vec{a}-\vec{b}$.

注意

(1)两个向量是以同一点为起点做出的；

(2)两个向量的差是两个向量终点之间的向量；

(3)差向量的箭头指向被减的向量．

练一练

已知向量 $\vec{a}$ 和 $\vec{b}$（见图 6-10），请分别画出 $\vec{a}-\vec{b}$ 和 $\vec{b}-\vec{a}$.

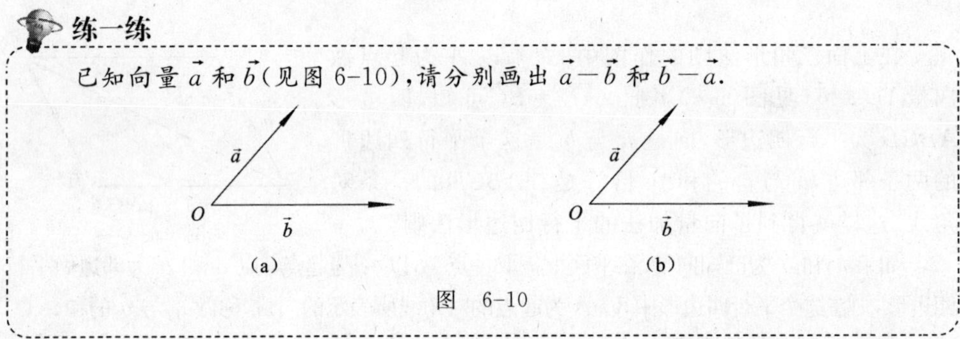

图 6-10

例 验证：$\vec{a}-\vec{b}=\vec{a}+(-\vec{b})$.

证明 如图 6-11 所示，在 $\square ABCD$ 中，设 $\overrightarrow{AC}=\vec{a}$，$\overrightarrow{AB}=\vec{b}$，则 $\overrightarrow{CD}=-\vec{b}$.

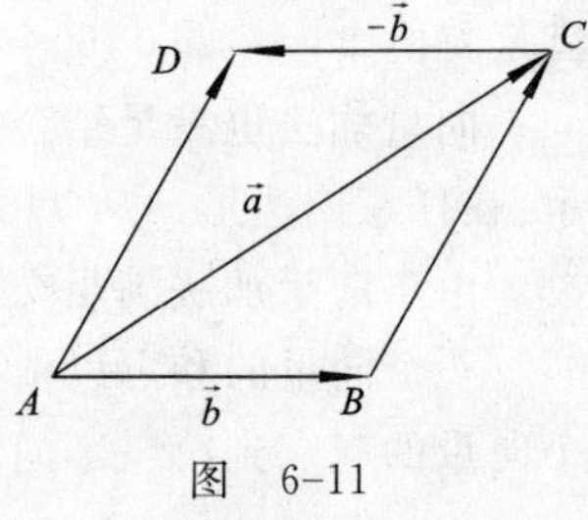

图 6-11

分别在 $\triangle ABC$ 和 $\triangle ACD$ 中，利用三角形法则，得

$$\overrightarrow{BC}=\vec{a}-\vec{b},\ \overrightarrow{AD}=\vec{a}+(-\vec{b}).$$

而

$$\overrightarrow{BC}=\overrightarrow{AD}.$$

所以 $\vec{a}-\vec{b}=\vec{a}+(-\vec{b})$．由此得出：减去一个向量，等于加上这个向量的逆向量．这是向量减法的又一个法则，依照它，可以把向量减法问题转化为加法问题．

练　习

1. 选择题：

(1)以下说法不正确的是(　　).

A. 向量相加满足首尾相接　　B. 向量相减满足首首相接

C. 向量的平行移动不改变方向和大小　　D. 当向量不是首尾相接时不可以进行加法

(2)以下说法正确的是(　　).

A. 向量加法的三角形法则的条件是刚好满足首尾相接

B. $\overrightarrow{OE}-\overrightarrow{OF}=\overrightarrow{EF}$

C. 向量的减法必须是同一起点才可以进行减法运算

D. 无论两个向量方向如何最后都可以通过平移进行加减法运算

2. 计算：

(1)求下列各个小题中的和向量：

① $\overrightarrow{AB}+\overrightarrow{CA}$；　　② $(-\overrightarrow{AB})+\overrightarrow{AB}$；

③ $\overrightarrow{CD}+\overrightarrow{BC}+\overrightarrow{AB}$；　　④ $\overrightarrow{MN}+\overrightarrow{NP}+\overrightarrow{PM}$.

(2)求下列各个小题的差向量：

① $\overrightarrow{OM}-\overrightarrow{ON}$；　　② $\overrightarrow{AB}-\overrightarrow{CB}$；

③ $\overrightarrow{CD}-\overrightarrow{CF}$；　　④ $\overrightarrow{EF}-\vec{0}$.

(3)求下列加法与减法混合运算：

① $\overrightarrow{AM}+\overrightarrow{MC}-\overrightarrow{AC}$；　　② $\overrightarrow{BC}+\overrightarrow{CD}+\overrightarrow{DF}-\overrightarrow{BE}$；

③ $\overrightarrow{BC}-\overrightarrow{AM}+\overrightarrow{CD}+\overrightarrow{AB}$；　　④ $\overrightarrow{AC}+\overrightarrow{CM}-\overrightarrow{NM}$.

6.1.3　数乘向量

看下面的例子：

甲、乙二人朝同一方向用力拉一物体，甲用力记做 $\vec{F}$，而乙所用力的大小是甲的 2 倍，这时，可以把乙所用的力表示成 $2\vec{F}$.

这就是数乘向量的运算．

一般地，实数 k 与向量 $\vec{a}$ 的积称做**数乘向量**，记做 $k\vec{a}$. 并有以下规定：

(1)$k=0$ 时，$k\vec{a}$ 为零向量，即 $k\vec{a}=\vec{0}$；

(2)$k\neq0$ 时，$k\vec{a}$ 的模是 $\vec{a}$ 的模的 $|k|$ 倍，即 $|k\vec{a}|=|k|\cdot|\vec{a}|$. 当 $k>0$ 时，$k\vec{a}$ 与 $\vec{a}$ 的方向相同；当 $k<0$ 时，$k\vec{a}$ 与 $\vec{a}$ 的方向相反．

例 1　已知向量 $\vec{a}$，分别做出向量 $\frac{1}{2}\vec{a}$，$2\vec{a}$，$-3\vec{a}$.

解　如图 6-12 所示，向量 $\overrightarrow{AB}$ 表示 $\frac{1}{2}\vec{a}$，向量 $\overrightarrow{CD}$ 表示 $2\vec{a}$，向量 $\overrightarrow{EF}$ 表示 $-3\vec{a}$.

练一练

根据数乘向量的意义填空：

(1)$1\vec{a}=$______；　(2)$(-1)\vec{a}=$______；　(3)$k\vec{0}=$______.

和实数之间相乘一样，实数与向量相乘，也满足结合律和分配律：

(1)$(m\cdot n)\vec{a}=m(n\vec{a})$；

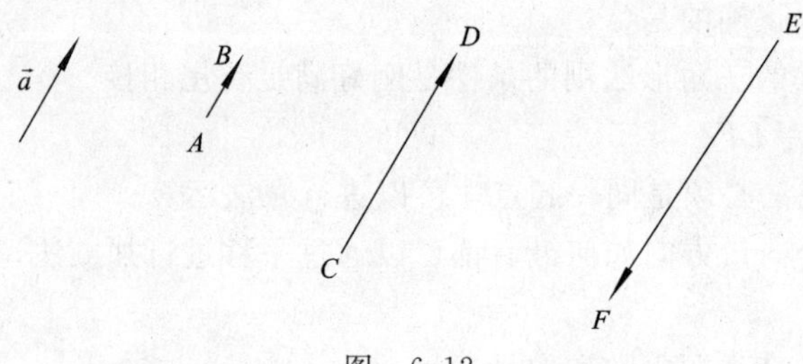

图 6-12

(2) $(m+n)\vec{a}=m\vec{a}+n\vec{a}$;

(3) $m(\vec{a}+\vec{b})=m\vec{a}+m\vec{b}$.

数乘向量的这些性质,可以通过图 6-13 可以得到验证.

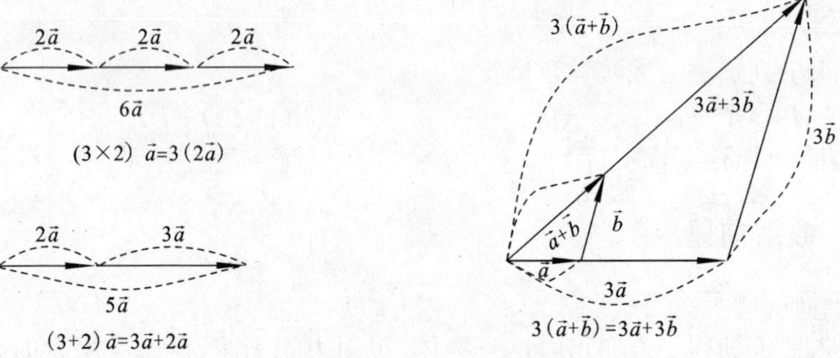

图 6-13

例 2 已知▱$ABCD$ 对角线相交于 O 点,如图 6-14 所示,若$\overrightarrow{AB}=\vec{a}$,$\overrightarrow{AD}=\vec{b}$. 用 $\vec{a}$,$\vec{b}$ 表示向量$\overrightarrow{AO}$,$\overrightarrow{DO}$.

解 因为$\overrightarrow{AC}=\overrightarrow{AB}+\overrightarrow{AD}=\vec{a}+\vec{b}$,

$\overrightarrow{DB}=\overrightarrow{AB}-\overrightarrow{AD}=\vec{a}-\vec{b}$,

O 是 AC,BD 的中点,所以

$$\overrightarrow{AO}=\frac{1}{2}\overrightarrow{AC}=\frac{1}{2}(\vec{a}+\vec{b})=\frac{1}{2}\vec{a}+\frac{1}{2}\vec{b}.$$

$$\overrightarrow{DO}=\frac{1}{2}\overrightarrow{DB}=\frac{1}{2}(\vec{a}-\vec{b})=\frac{1}{2}\vec{a}-\frac{1}{2}\vec{b}.$$

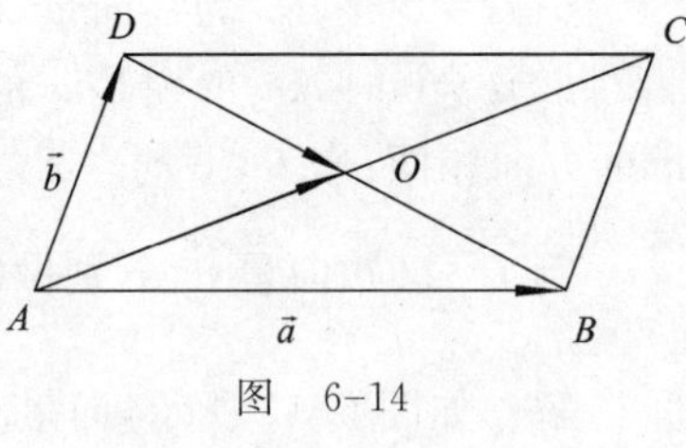

图 6-14

或者由向量的平行四边形法则,直接得到

$$\overrightarrow{AO}=\frac{1}{2}(\vec{a}+\vec{b}),$$

$$\overrightarrow{DO}=\frac{1}{2}(\overrightarrow{DA}+\overrightarrow{DC})=\frac{1}{2}(-\vec{b}+\vec{a})=\frac{1}{2}\vec{a}-\frac{1}{2}\vec{b}.$$

例3 计算 $4\vec{a}+3(\vec{a}+2\vec{b})-2(3\vec{a}-4\vec{b})$.

解 根据运算律,有

原式 $=4\vec{a}+3\vec{a}+6\vec{b}-6\vec{a}+8\vec{b}$

$=(4+3-6)\vec{a}+(6+8)\vec{b}$

$=\vec{a}+14\vec{b}$.

例4 已知 $2\vec{a}+3\vec{x}=\vec{x}-2(2\vec{a}+\vec{b})$,求未知向量 $\vec{x}$.

解 去括号,得 $2\vec{a}+3\vec{x}=\vec{x}-4\vec{a}-2\vec{b}$.

移项,得 $3\vec{x}-\vec{x}=-2\vec{a}-4\vec{a}-2\vec{b}$.

合并同类项,得 $2\vec{x}=-6\vec{a}-2\vec{b}$.

系数化为1,得 $\vec{x}=-3\vec{a}-\vec{b}$.

向量的加法、减法以及数乘向量运算,统称为向量的线性运算.它们的运算法则在形式上很像实数加减法与乘法满足的运算法则,当然向量的运算与实数的运算在具体含义上是不同的,但是由于它们在形式上相像,因此实数运算中的去括号、移项、合并同类项等变形手段在向量的线性运算中都可以使用.

练 习

1. 选择题:

(1)当非零向量 $\vec{a}$ 和 $k\vec{a}$ 反方向,k 需要满足什么条件( ).

A. $k>1$　　B. $k<1$　　C. $k>0$　　D. $k<0$

2. 计算:

(1)$3(\vec{a}-2\vec{b})+2(4\vec{b}-3\vec{a})$;

(2)$4(3\vec{a}-3\vec{b}+\vec{c})-12\left(-\frac{1}{2}\vec{a}-\vec{b}\right)$;

(3)$5(\vec{a}+2\vec{b})-3(-\vec{a}-\vec{b})$;

(4)$\frac{1}{2}(4\vec{a}+3\vec{b})-\left(\vec{a}-\frac{5}{2}\vec{b}\right)$;

(5)$4(\vec{a}+2\vec{c}-3\vec{b})+(\vec{a}-2\vec{c}+\vec{b})$;

(6)$\vec{a}-(2\vec{b}-3\vec{a})$.

3. 求未知向量 $\vec{x}$:

(1)$5(\vec{a}+2\vec{b})-3(-\vec{a}-\vec{b})=2\vec{x}-\vec{a}$;

(2)$3(\vec{a}+2\vec{b})-3\vec{a}=\vec{x}-2\vec{a}$;

(3)$5\vec{a}+2\vec{b}-2(\vec{a}-\vec{b})=2\vec{x}$;

(4)$(\vec{a}+2\vec{b})-\frac{3}{2}(\vec{a}+\vec{b})=\frac{2}{3}(\vec{x}-3\vec{a})$.

6.1.4 向量平行的条件

定理 两个非零向量 $\vec{a},\vec{b}$ 平行的充要条件是 $\vec{b}=\lambda\vec{a}$,其中 λ 是不为零的实数.

证明 (1)充分性.

因为 $\vec{b}=\lambda\vec{a}$ 且 $\vec{a},\vec{b}$ 是非零向量.

由数乘向量的定义知道：

当 $\lambda>0$ 时，$\lambda\vec{a}$ 与 $\vec{a}$ 方向相同；

当 $\lambda<0$ 时，$\lambda\vec{a}$ 与 $\vec{a}$ 方向相反．

这表明 λ 是不为零的实数时，$\lambda\vec{a}//\vec{a}$；

即 $\vec{b}//\vec{a}$.

(2)必要性．

如果 $\vec{a}$ 与 $\vec{b}$ 平行，那么，$\vec{a}$ 与 $\vec{b}$ 方向相同或相反．

当 $\vec{a}$ 与 $\vec{b}$ 同向时，设 $\vec{a}\neq\vec{0}$，$\vec{b}\neq\vec{0}$，取 $\lambda=\dfrac{|\vec{b}|}{|\vec{a}|}$，此时有 $|\lambda\vec{a}|=|\lambda|\cdot|\vec{a}|=\dfrac{|\vec{b}|}{|\vec{a}|}\cdot|\vec{a}|=|\vec{b}|$.

因为 $\lambda>0$，

所以 $\lambda\vec{a}$ 与 $\vec{a}$ 方向相同．

又因为 $\vec{a}$ 与 $\vec{b}$ 方向相同．

所以 $\lambda\vec{a}$ 与 $\vec{b}$ 方向相同．

因此 $\vec{b}=\lambda\vec{a}$.

当 $\vec{a}$ 与 $\vec{b}$ 反向时，设 $\vec{a}\neq\vec{0}$，$\vec{b}\neq\vec{0}$，取 $\lambda=-\dfrac{|\vec{b}|}{|\vec{a}|}$，类似地可以证明 $\vec{b}=\lambda\vec{a}$.

例 1 已知：$\vec{a}_1=3\vec{c}_1$，$\vec{a}_2=2\vec{c}_1$，且 $\vec{c}_1\neq\vec{0}$.

求证：$\vec{a}_1//\vec{a}_2$.

证明 因为 $\vec{a}_1=3\vec{c}_1$，$\vec{a}_2=2\vec{c}_1$，$\vec{c}_1\neq\vec{0}$，$3\vec{c}_1$ 与 $2\vec{c}_1$ 同向，

所以 $\vec{a}_1\neq\vec{0}$，$\vec{a}_2\neq\vec{0}$，且 $\vec{a}_1$ 与 $\vec{a}_2$ 同向．

所以 $\vec{a}_1//\vec{a}_2$.

例 2 已知：如图 6-15 所示，M，N 分别是 $\triangle ABC$ 的 AB 和 AC 边上的点，且 $|AM|=\dfrac{1}{3}|AB|$，$|AN|=\dfrac{1}{3}|AC|$.

求证：$MN//BC$.

分析 为了证明 $MN//BC$，根据向量平行的定理，只要证明 $\overrightarrow{MN}$ 可以写成 $\lambda\overrightarrow{BC}$ 的形式即可．

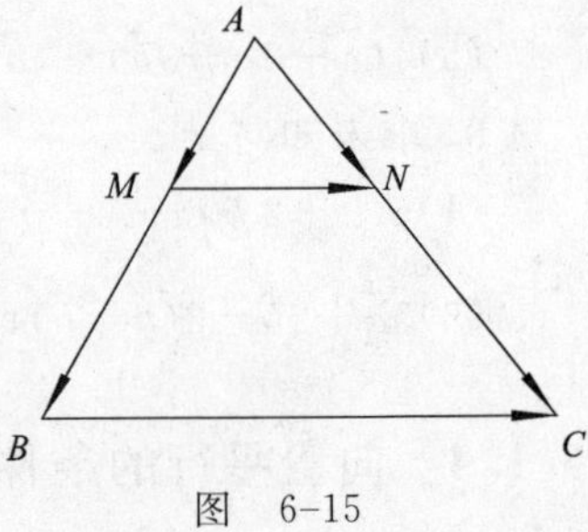

图 6-15

证明 由已知条件，得

$$\overrightarrow{AN}=\frac{1}{3}\overrightarrow{AC},\quad \overrightarrow{AM}=\frac{1}{3}\overrightarrow{AB}.$$

所以
$$\begin{aligned}\overrightarrow{MN}&=\overrightarrow{AN}-\overrightarrow{AM}\\&=\frac{1}{3}\overrightarrow{AC}-\frac{1}{3}\overrightarrow{AB}\\&=\frac{1}{3}(\overrightarrow{AC}-\overrightarrow{AB})\end{aligned}$$

$=\frac{1}{3}\overrightarrow{BC}$.

所以 $\overrightarrow{MN}/\!/\overrightarrow{BC}$.

即 $MN/\!/BC$.

练　习

判断题：

(1)如果 $\vec{a}/\!/\vec{b}$，那么 $\vec{a}$ 与 $\vec{b}$ 方向相同或相反．　(　　)

(2)若有 $\vec{a}=\vec{b}$，则一定有 $\vec{a}/\!/\vec{b}$ 成立．　(　　)

(3)两个非零向量 $\vec{a}$，$\vec{b}$ 平行的充要条件是 $\vec{a}=\lambda\vec{b}$.　(　　)

(4)因为 $\vec{a}$，$\vec{b}$ 为非零向量，当 $\vec{a}=\lambda\vec{b}$，$\lambda<0$ 时，$\vec{a}$ 与 $\vec{b}$ 方向相反．　(　　)

习　题　6.1

1. 选择题：

(1)在▱$ABCD$ 中，$\overrightarrow{CA}=$(　　).

A. $\overrightarrow{AB}+\overrightarrow{AD}$　B. $\overrightarrow{BA}+\overrightarrow{DA}$　C. $\overrightarrow{CB}+\overrightarrow{AB}$　D. $\overrightarrow{CD}+\overrightarrow{AD}$

(2)在▱$ABCD$ 中，$\overrightarrow{AB}=\vec{a}$，$\overrightarrow{AD}=\vec{b}$，则$\overrightarrow{AC}+\overrightarrow{DB}=$(　　).

A. $2\vec{b}$　B. $2\vec{a}$　C. $-2\vec{b}$　D. $-2\vec{a}$

2. 填空题：

(1)$\overrightarrow{PQ}+\overrightarrow{MN}+\overrightarrow{QM}=$______；　(2) 在▱$ABCD$ 中，$\overrightarrow{BA}+\overrightarrow{BC}=$______；

(3)在▱$ABCD$ 中，$\overrightarrow{AB}-\overrightarrow{BC}=$______；　(4)$\overrightarrow{AB}-\overrightarrow{AC}+\overrightarrow{BD}=$______.

3. 如果 $m(3\vec{a}-2\vec{b})+n(4\vec{a}+\vec{b})=2\vec{a}-5\vec{b}$，求 m 与 n 的值．

4. 解关于向量 $\vec{x}$ 的方程：

(1)$2(\vec{a}+\vec{x})=\vec{x}$；　(2)$\frac{1}{2}(\vec{a}-2\vec{x})=3(\vec{x}-\vec{a})$.

(3)$4\vec{a}+2(\vec{a}+\vec{b})=3\left(\vec{a}-\frac{1}{3}\vec{x}\right)$；　(4)$2\vec{x}+\vec{a}=4(\vec{a}+\vec{b})$；

(5)$2\vec{x}+3\vec{b}=4(\vec{x}-\vec{b})+\vec{a}$；　(6)$6(\vec{x}+2\vec{a})-\vec{b}=\vec{a}+7(\vec{a}+\vec{b})$.

6.2　向量的坐标形式及其线性运算

本节重点知识：

1. 数轴上向量的坐标及其运算．

2. 向量的直角坐标及其运算.

3. 平移公式和中点公式.

6.2.1 数轴上向量的坐标及其运算

向量的几何表示,具有形象、直观的特点,但在计算上却不够方便、准确.下面我们学习向量的另一种表示方法——向量的坐标表示法.

首先我们研究数轴上的向量.

如果$\overrightarrow{OP}$是数轴上的向量,它的起点在原点,那么向量$\overrightarrow{OP}$与终点P之间,存在着一一对应关系.如果数轴的单位向量为$\vec{i}$,根据向量平行的充要条件,必然有一个实数x,使得$\overrightarrow{OP}=x\vec{i}$,而且$x$值随着点$P$位置的不同而不同,就是说向量$\overrightarrow{OP}$,点$P$,实数$x$三者之间是一一对应的.因此,我们可以用这个实数$x$的值表示向量$\overrightarrow{OP}$.这时,我们就把实数$x$称做向量$\overrightarrow{OP}$在数轴上的坐标.也称点$P$在数轴上的坐标.

例如向量$\overrightarrow{OA}=3\vec{i}$,向量$\overrightarrow{OA}$在数轴上的坐标是3,点$A$在数轴上的坐标也是3;向量$\overrightarrow{OB}=-5\vec{i}$时,向量$\overrightarrow{OB}$在数轴上的坐标是$-5$,点$B$在数轴上的坐标也是$-5$.

当数轴上的向量$\overrightarrow{AB}$的起点A不在原点时,如果$\overrightarrow{OA}$,$\overrightarrow{OB}$在数轴上坐标分别为x_A,x_B,则不论A,B,O三点位置如何,都有$\overrightarrow{OA}+\overrightarrow{AB}=\overrightarrow{OB}$,于是$\overrightarrow{AB}=\overrightarrow{OB}-\overrightarrow{OA}=x_B\vec{i}-x_A\vec{i}=(x_B-x_A)\vec{i}$.

上面我们研究了数轴上的向量如何用坐标表示.接下来研究数轴上向量的长度与方向和坐标的关系.

当数轴上的向量$\overrightarrow{OP}$起点在原点,坐标为x时,$\overrightarrow{OP}$的长度$|\overrightarrow{OP}|=|x\vec{i}|=|x|$,$\overrightarrow{OP}$的方向由$x$的符号确定.$x>0$时,表示$\overrightarrow{OP}$与$\vec{i}$的方向相同;$x<0$时,表示$\overrightarrow{OP}$与$\vec{i}$的方向相反.

当数轴上的向量$\overrightarrow{AB}$起点不在原点,而点A和点B的坐标分别为x_A和x_B时,$|\overrightarrow{AB}|=|(x_B-x_A)\vec{i}|=|x_B-x_A|$.当$x_B-x_A>0$时,$\overrightarrow{AB}$与$\vec{i}$的方向相同;当$x_B-x_A<0$时,$\overrightarrow{AB}$与$\vec{i}$的方向相反.

例1 已知:数轴的单位向量为$\vec{i}$,点A,B在数轴上的坐标分别为7,-1.求:

(1)$\overrightarrow{AB}$;　(2)$\overrightarrow{BA}$;　(3)$|\overrightarrow{AB}|$;　(4)$|\overrightarrow{BA}|$.

解 (1)$\overrightarrow{AB}=(x_B-x_A)\vec{i}=(-1-7)\vec{i}=-8\vec{i}$;

(2)$\overrightarrow{BA}=(x_A-x_B)\vec{i}=(7+1)\vec{i}=8\vec{i}$;

(3)$|\overrightarrow{AB}|=|-8\vec{i}|=8$;

(4)$|\overrightarrow{BA}|=|8\vec{i}|=8$.

对于数轴上的向量,我们可以利用它们的坐标来进行线性运算.

设$\vec{a}$,$\vec{b}$是数轴上的向量,它们在数轴上的坐标分别为x_1,x_2,则$\vec{a}=x_1\vec{i}$,

$\vec{b}=x_2\vec{i}$.

$\vec{a}\pm\vec{b}=x_1\vec{i}\pm x_2\vec{i}=(x_1\pm x_2)\vec{i}$，　$k\vec{a}=k(x_1\vec{i})=(kx_1)\vec{i}$.

由此我们可以得到以下结论：

(1)数轴上两个向量的和的坐标等于这两个向量的坐标的和；

(2)数轴上两个向量的差的坐标等于被减向量的坐标减去减向量的坐标；

(3)实数 k 与数轴上向量的乘积的坐标等于这个向量坐标的 k 倍.

例 2　已知数轴上的向量 $\vec{a}$ 与 $\vec{b}$ 的坐标分别为 4 和 -3，求下列向量在数轴上的坐标.

(1)$2\vec{a}+6\vec{b}$；　　(2)$5\vec{a}-3\vec{b}$.

解　(1)$2\vec{a}+6\vec{b}$ 在数轴上的坐标是 $2\times4+6\times(-3)=-10$；

(2) $5\vec{a}-3\vec{b}$ 在数轴上的坐标是 $5\times4-3\times(-3)=29$.

练　习

1. 已知数轴的单位向量为 $\vec{i}$，点 A,B,C 在数轴上的坐标分别为 $-4,2,3$，求：

(1)$\overrightarrow{AB}$与$|\overrightarrow{AB}|$；　　(2)$\overrightarrow{BC}$与$\overrightarrow{CB}$；　　(3)$|\overrightarrow{AC}|$与$|\overrightarrow{CA}|$.

2. 已知数轴上的向量$\overrightarrow{MN}=-4\vec{i}$，当起点 M 的坐标为下列数值时，求 N 的坐标.

(1)$x_M=0$；　　(2)$x_M=2$；　　(3)$x_M=-3$.

3. 已知数轴上向量 $\vec{a},\vec{b}$ 的坐标分别为 $-7,4$，求下列向量在数轴上的坐标.

(1)$2\vec{a}+3\vec{b}$；　　(2)$5\vec{a}-6\vec{b}$.

6.2.2　向量的直角坐标及线性运算

在平面上，建立一个直角坐标系 xOy，设 x 轴上的单位向量为 $\vec{i}$，y 轴上的单位向量为 $\vec{j}$，则 x 轴上的向量总可以表示成 $x\vec{i}$ 的形式，y 轴上的向量总可以表示成 $y\vec{j}$ 的形式，其中 x，y 分别是它们在数轴上的坐标.

设$\overrightarrow{AC}$是直角坐标平面上任一向量. 如图 6-16 所示，以 AC 为对角线，做一矩形 $ABCD$，使 AB，AD 分别与 x 轴，y 轴平行，则向量$\overrightarrow{AB}$为 x 轴上的向量，$\overrightarrow{AD}$为 y 轴上的向量. 因此，它们可以分别表示为 $x\vec{i}$ 与 $y\vec{j}$. 由向量加法的平行四边形法则可以知道，$\overrightarrow{AC}=\overrightarrow{AB}+\overrightarrow{AD}$，即

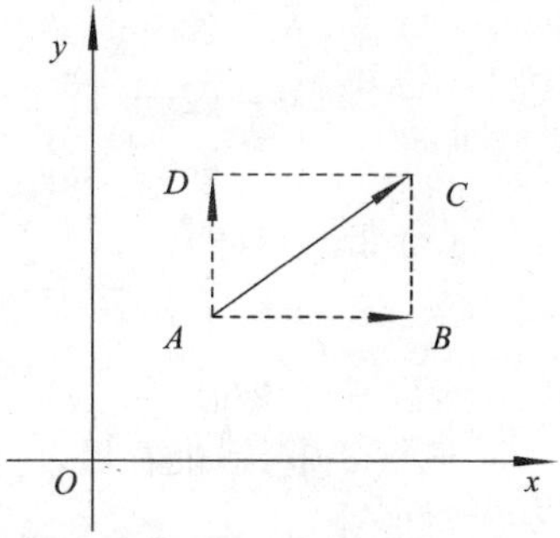

y
D　C
A　B
O　x

图　6-16

$$\overrightarrow{AC}=x\vec{i}+y\vec{j}.$$

事实上,我们可以证明,平面直角坐标系中的任一向量都可唯一地表示成一个 x 轴上的向量与一个 y 轴上的向量相加的形式. 即

$$\vec{c}=x\vec{i}+y\vec{j}.$$

我们把 $\vec{c}=x\vec{i}+y\vec{j}$ 称做 $\vec{c}$ 的**坐标形式**,把 $x\vec{i}$ 称做 $\vec{c}$ 在 x 轴上的**分向量**,$y\vec{j}$ 称做 $\vec{c}$ 在 y 轴上的**分向量**. 把有序实数对 (x,y) 称做向量 $\vec{c}$ 在**直角坐标系中的坐标**,记做 $\vec{c}=(x,y)$,其中 x 称做 $\vec{c}$ 的**横坐标**,y 称做 $\vec{c}$ 的**纵坐标**.

例如 $\vec{c}=-2\vec{i}+3\vec{j}$,就说 $\vec{c}$ 的坐标是 $(-2,3)$,可写做 $\vec{c}=(-2,3)$;$\vec{0}=0\vec{i}+0\vec{j}$,就说 $\vec{0}$ 的坐标是 $(0,0)$,可写做 $\vec{0}=(0,0)$.

例 1 根据向量的坐标形式,写出它们的坐标:

(1) $\vec{a}=4\vec{i}-3\vec{j}$; (2) $\vec{b}=-2\vec{j}$.

解 (1) $\vec{a}=4\vec{i}-3\vec{j}=(4,-3)$;

(2) $\vec{b}=-2\vec{j}=(0,-2)$.

两个向量相等的充要条件是它们的横、纵坐标分别相等. 即

如果 $\vec{c}_1=x_1\vec{i}+y_1\vec{j}$,$\vec{c}_2=x_2\vec{i}+y_2\vec{j}$,那么 $\vec{c}_1=\vec{c}_2 \Leftrightarrow x_1=x_2$ 且 $y_1=y_2$.

例 2 已知向量 $\vec{a}=(m+n)\vec{i}+3\vec{j}$,$\vec{b}=2\vec{i}+(4m-n)\vec{j}$,且 $\vec{a}=\vec{b}$,求 m,n 的值.

解 根据已知,$\vec{a}=(m+n,3)$,$\vec{b}=(2,4m-n)$,且 $\vec{a}=\vec{b}$,由向量相等的充要条件,得 $\begin{cases} m+n=2 \\ 3=4m-n \end{cases}$. 解之,得 $m=1,n=1$.

利用向量的坐标进行向量的线性运算,更加准确、简便.

例 3 已知 $\vec{a}=2\vec{i}+4\vec{j}$,$\vec{b}=5\vec{i}+\vec{j}$,计算:(1) $\vec{a}+\vec{b}$;(2) $\vec{a}-\vec{b}$;(3) $3\vec{a}$.

解 (1)

$$\begin{aligned}\vec{a}+\vec{b}&=(2\vec{i}+4\vec{j})+(5\vec{i}+\vec{j})\\&=(2+5)\vec{i}+(4+1)\vec{j}\\&=7\vec{i}+5\vec{j};\end{aligned}$$

(2)

$$\begin{aligned}\vec{a}-\vec{b}&=(2\vec{i}+4\vec{j})-(5\vec{i}+\vec{j})\\&=(2-5)\vec{i}+(4-1)\vec{j}\\&=-3\vec{i}+3\vec{j};\end{aligned}$$

(3)

$$\begin{aligned}3\vec{a}&=3(2\vec{i}+4\vec{j})\\&=(3\times2)\vec{i}+(3\times4)\vec{j}\\&=6\vec{i}+12\vec{j}.\end{aligned}$$

从例 3 中,不难看出,向量的线性运算,实质上是向量坐标之间的运算.

一般地,若 $\vec{a}=x_1\vec{i}+y_1\vec{j}$,$\vec{b}=x_2\vec{i}+y_2\vec{j}$,则有

$\vec{a}+\vec{b}=(x_1+x_2)\vec{i}+(y_1+y_2)\vec{j}$;

$\vec{a}-\vec{b}=(x_1-x_2)\vec{i}+(y_1-y_2)\vec{j}$;

$k\vec{a}=(kx_1)\vec{i}+(ky_1)\vec{j}$.

想一想

怎样用语言表述上面三个运算法则？

例4　已知$\vec{a}=(1,2)$，$\vec{b}=(2,-\frac{1}{2})$，$\vec{c}=(-4,5)$，求$3\vec{a}+2\vec{b}-\vec{c}$.

解　原式$=3\times(1,2)+2\times(2,-\frac{1}{2})-(-4,5)$

$=(3,6)+(4,-1)-(-4,5)$

$=(3+4+4,6-1-5)$

$=(11,0)$.

例5　已知向量$\vec{a}=(x_1,y_1)$，$\vec{a}\neq\vec{0}$，$\vec{b}=(x_2,y_2)$.

求证：(1)若$x_1y_2-x_2y_1=0$，则$\vec{b}/\!/\vec{a}$；(2)若$\vec{b}/\!/\vec{a}$，则$x_1y_2-x_2y_1=0$.

证明　(1)因为$\vec{a}\neq\vec{0}$，即x_1,y_1不全为0，不妨设$x\neq0$，则由$x_1y_2-x_2y_1=0$，得$y_2=\frac{x_2}{x_1}y_1$.

设$\frac{x_2}{x_1}=k(k\in\mathbf{R})$，则$x_2=kx_1$，$y_2=ky_1$.

所以$(x_2,y_2)=(kx_1,ky_1)=k(x_1,y_1)$，

即$\vec{b}=k\vec{a}$，

所以$\vec{b}/\!/\vec{a}$.

(2)因为$\vec{b}/\!/\vec{a}$，

所以$\vec{b}=k\vec{a}(k\in\mathbf{R})$，

即　$(x_2,y_2)=k(x_1,y_1)=(kx_1,ky_1)$.

根据向量相等的条件，有$x_2=kx_1$，且$y_2=ky_1$

又因为$\vec{a}\neq\vec{0}$，即x_1,y_1不全为0，不妨设$x\neq0$，

所以$k=\frac{x_2}{x_1}$，代入$y_2=ky_1$，

得$y_2=\frac{x_2}{x_1}y_1$，即$x_1y_2-x_2y_1=0$.

练　习

1. 已知向量，写出它们的坐标：

(1)$3\vec{i}-\vec{j}=$______；　　(2)$\frac{1}{2}\vec{i}+4\vec{j}=$______；

(3) $\vec{i}+\sqrt{3}\vec{j}=$ ________；　　(4) $-2\vec{j}=$ ________；

(5) $-2\vec{j}+\vec{i}=$ ________；　　(6) $5\vec{i}=$ ________.

2. 已知向量的坐标，写出它们的坐标形式：

(1)$(-2,3)=$ ________；　　(2)$(\sqrt{3},\sqrt{2})=$ ________；

(3)$\left(\frac{1}{2},-\frac{3}{4}\right)=$ ________；　　(4)$(0,5)=$ ________；

(5)$(2,5)=$ ________；　　(6)$(0,-3)=$ ________；

(7)$(2,0)=$ ________.

3. 已知 $\vec{a}=m\vec{i}+3\vec{j}$，$\vec{b}=-2\vec{i}+n\vec{j}$，且 $\vec{a}=\vec{b}$，则 $m=$ ______，$n=$ ______.

4. 已知 $\vec{a}=(3,-4)$，$\vec{b}=(-5,3)$，计算：

(1)$\vec{a}-\frac{\vec{b}}{2}$；　(2)$3\vec{a}+4\vec{b}$；　(3)$-\frac{1}{2}\vec{a}-\frac{1}{3}\vec{b}$；　(4) $-2\vec{a}+\vec{b}$；

(5)$\vec{a}-\vec{b}$；　(6)$2\vec{a}-4\vec{b}$；　(7)$-\vec{a}+3\vec{b}$；　(8)$\vec{a}-2\vec{b}$.

5. 已知 $\vec{a}/\!/\vec{b}$ 时，求下列 x 的值.

(1)$\vec{a}=(3,x)$　$\vec{b}=(2,6)$；

(2)$\vec{a}=(x,4)$　$\vec{b}=(-2,-8)$；

(3)$\vec{a}=(x-1,-1)$　$\vec{b}=(-2,1)$；

(4)$\vec{a}=(5x-1,4)$　$\vec{b}=(x,1)$.

6.2.3　平移公式和中点公式

我们把起点在原点的向量称做**位置向量**. 显然，每个位置向量由它的终点唯一确定.

在图 6-17 中，设 P 点坐标为 (x,y)，则向量

$$\overrightarrow{OP}=\overrightarrow{OE}+\overrightarrow{OF}=x\vec{i}+y\vec{j}=(x,y).$$

就是说位置向量的坐标等于它的终点坐标.

在图 6-18 中，$\overrightarrow{AB}$为平面上任一向量，设 A,B 两点的坐标分别为 (x_1,y_1)，(x_2,y_2)，那么向量 $\overrightarrow{OA}=(x_1,y_1)$，$\overrightarrow{OB}=(x_2,y_2)$. 于是根据向量减法的三角形法则，得到

$$\overrightarrow{AB}=\overrightarrow{OB}-\overrightarrow{OA}=(x_2,y_2)-(x_1,y_1)=(x_2-x_1,y_2-y_1).$$

就是说，平面上任一向量的坐标等于它的终点的坐标减去起点的坐标.

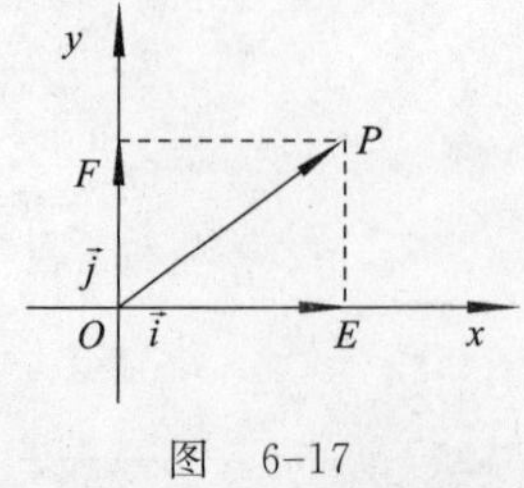

图　6-17

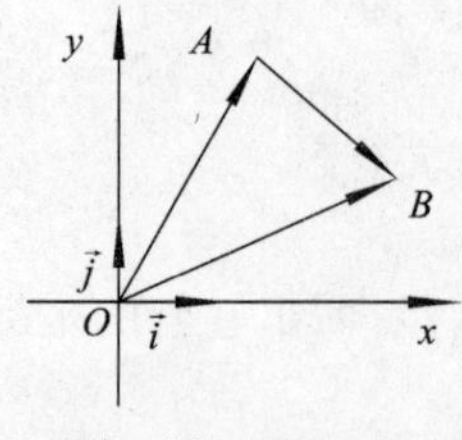

图　6-18

例1 已知点 M,N 的坐标分别为 $(7,-2)$ 和 $(-3,1)$，求向量 $\overrightarrow{MN}$ 和 $\overrightarrow{NM}$ 的坐标.

解 $\overrightarrow{MN}=(-3-7,1+2)=(-10,3)$；$\overrightarrow{NM}=-\overrightarrow{MN}=-(-10,3)=(10,-3)$.

例2 如图6-19所示，已知 $\square ABCD$ 的顶点 A,B,C 的坐标分别是 $(1,-2)$，$(3,0)$，$(-1,3)$，求顶点 D 的坐标.

解 点 D 的坐标就是向量 $\overrightarrow{OD}$ 的坐标，而

$$\begin{aligned}\overrightarrow{OD}&=\overrightarrow{OA}+\overrightarrow{AD}\\&=\overrightarrow{OA}+\overrightarrow{BC}\\&=(1,-2)+(-1-3,3-0)\\&=(1,-2)+(-4,3)\\&=(-3,1).\end{aligned}$$

所以 D 点坐标为 $(-3,1)$.

我们知道，一个平面向量经过平行移动，它的长度、方向均不会改变，其坐标也没改变. 但是，它的起点、终点坐标却都发生了变化.

如图6-20所示，设向量 $\overrightarrow{OP}$ 的起点在原点，终点 P 的坐标为 (x,y)，我们让 $\overrightarrow{OP}$ 平行移动，使其起点从原点 $O(0,0)$ 移到 $A(a,b)$，这时，其终点从 $P(x,y)$ 移到了 $B(x',y')$.

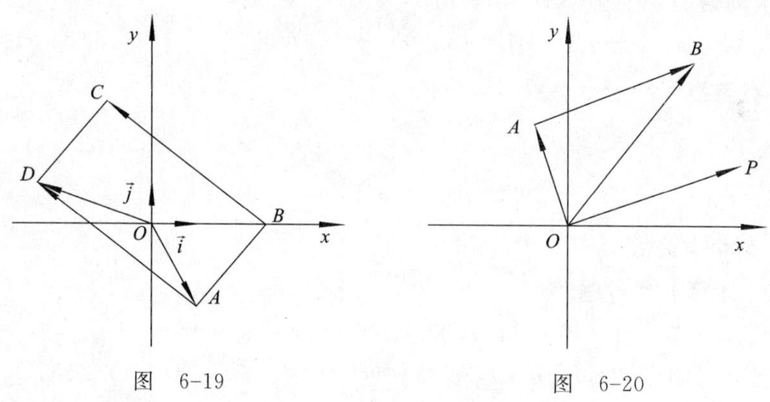

图 6-19　　图 6-20

$$\overrightarrow{OB}=\overrightarrow{OA}+\overrightarrow{AB}=\overrightarrow{OA}+\overrightarrow{OP},$$

所以 $(x',y')=(a,b)+(x,y)=(a+x,b+y)$

$$\begin{cases}x'=x+a\\y'=y+b\end{cases},$$

我们称之为**平移公式**.

想一想

当向量起点从(a,b)移到$(0,0)$时,向量的终点从(x',y')移到何处?

例 3 (1)将向量 $\vec{a}=-3\vec{i}+4\vec{j}$ 的起点从$(0,0)$移到$(1,2)$,求终点坐标;

(2)向量 $\vec{b}=5\vec{i}-3\vec{j}$ 的起点从$(0,0)$移到 A 点后,终点坐标是$(2,-1)$,求 A 点坐标.

解 (1)这里 $x=-3,y=4,a=1,b=2$.

根据平移公式,得

$$x'=x+a=-3+1=-2,\quad y'=y+b=4+2=6.$$

所以,平移后向量的终点坐标为$(-2,6)$.

(2)这里 $x=5,y=-3,x'=2,y'=-1$.

根据平移公式,得

$$a=x'-x=2-5=-3,\quad b=y'-y=-1-(-3)=2.$$

所以,A 点坐标为$(-3,2)$.

如果线段 AB 的两个端点 A,B 的坐标分别为$(x_1,y_1),(x_2,y_2)$,设 AB 的中点 M 的坐标为(x,y),显然有$\overrightarrow{AM}=\overrightarrow{MB}$,

其中$\overrightarrow{AM}=(x-x_1,y-y_1)$, $\overrightarrow{MB}=(x_2-x,y_2-y)$.

于是 $x-x_1=x_2-x,\quad y-y_1=y_2-y$.

即

$$x=\frac{x_1+x_2}{2},y=\frac{y_1+y_2}{2}.$$

我们称之为**中点公式**.

例 4 计算下列各题:

(1)已知 $A(3,-1),B(-5,7)$,求 AB 的中点 M 的坐标;

(2)已知 $A(4,-2),B(m,n)$,AB 的中点 M 的坐标为$(-2,6)$,求 m,n.

解 (1)设 $M(x,y)$,根据中点公式,得

$$x=\frac{3+(-5)}{2}=-1,\qquad y=\frac{-1+7}{2}=3.$$

所以 M 点坐标为$(-1,3)$.

(2)根据中点公式,得$\begin{cases}-2=\dfrac{4+m}{2}\\6=\dfrac{-2+n}{2}\end{cases}$,

解之,得 $m=-8,n=14$.

练一练

直接写出连结下列两点的线段的中点坐标：

(1) $A(3,-3)$，$B(-1,5)$，则中点 M 为(　　)；

(2) $C(4,-6)$，$D(-3,2)$，则中点 M 为(　　)；

(3) $P(-3,5)$，$Q(7,3)$，则中点 M 为(　　)；

(4) $O(0,0)$，$E(a,b)$，则中点 M 为(　　).

练　习

1. 已知 M，N 两点的坐标，求 $\overrightarrow{MN}$，$\overrightarrow{NM}$ 的坐标.

(1) $M(4,2)$，$N(-1,-3)$；　　(2) $M(-5,3)$，$N(0,1)$；

(3) $M(1,2)$，$N(2,3)$；　　(4) $M(-1,-2)$，$N\left(3,-\frac{3}{2}\right)$.

2. 已知 A，B 的坐标分别为 $(2,-3)$，$(4,1)$，把 $\overrightarrow{AB}$ 的起点移到 $(-2,1)$ 后，求 B 点的新坐标.

3. 已知点 $M(3,2)$ 和点 $P(4,-1)$，求点 M 关于点 P 的对称点 N 的坐标.

习　题　6.2

A　组

1. 选择题：

(1) 如果 $\vec{a}=(3,1)$，$\vec{b}=(-2,5)$，那么 $3\vec{a}-2\vec{b}=$(　　).

A. $(2,7)$　　B. $(13,-7)$　　C. $(2,-7)$　　D. $(13,13)$

(2) 如果 $M(-2,2)$，$N(-1,4)$，那么向量 $\overrightarrow{MN}$ 的坐标是(　　).

A. $(1,2)$　　B. $(-1,-2)$　　C. $(0,3)$　　D. $(1,6)$

(3) 如果 $\overrightarrow{AB}=(5,-3)$，$\overrightarrow{CD}=2\overrightarrow{AB}$，且 C 点的坐标是 $(-1,3)$，那么 D 点的坐标是(　　).

A. $(11,9)$　　B. $(4,0)$　　C. $(9,3)$　　D. $(9,-3)$

(4) 点 $A(-3,4)$ 关于点 $M(1,-3)$ 的中心对称点的坐标是(　　).

A. $(-1,\frac{1}{2})$　　B. $(-3,\frac{5}{2})$　　C. $(-5,10)$　　D. $(5,-10)$

2. 已知 $\vec{a}=\vec{i}-2\vec{j}$，$\vec{b}=3\vec{i}+4\vec{j}$，求：

(1) $\vec{a}+\frac{\vec{b}}{3}$；　　(2) $2\vec{a}+3\vec{b}$；　　(3) $-2\vec{a}-\vec{b}$；　　(4) $-\frac{1}{2}\vec{a}+\frac{3}{2}\vec{b}$.

3. 已知$\overrightarrow{AB}=2\vec{i}-3\vec{j}$,$\overrightarrow{OB}=-\vec{i}+\vec{j}$,求$\overrightarrow{OA}$.

4. 已知 $\vec{a}=(-3,2)$,$\vec{b}=(1,5)$,求:

(1)$2\vec{a}-3\vec{b}$;　(2)$2\vec{a}-2\vec{b}$;　(3)$\vec{a}-\vec{b}$;　(4)$\frac{2}{3}\vec{a}-\frac{1}{2}\vec{b}$.

5. 向量 $\vec{a}=(\frac{1}{3},2)$与 $\vec{b}=(-1,-6)$是否平行?为什么?

B　组

1. 已知点 $A(-3,4)$,$B(2,5)$,$C(1,3)$,求:

(1)$3\overrightarrow{AB}-4\overrightarrow{BC}+\overrightarrow{CA}$;　(2)$\overrightarrow{AB}+2\overrightarrow{BC}-\overrightarrow{AC}$;

(3)$6\overrightarrow{BC}-\overrightarrow{AC}$;　(4)$\frac{1}{2}\overrightarrow{AB}-2\overrightarrow{BC}+3\overrightarrow{AC}$.

2. 已知 $\vec{a}=(2,4)$,$\vec{b}=(-1,-3)$,$\vec{c}=(5,0)$,且 $\vec{c}=x\vec{a}+y\vec{b}$,求实数 x,y.

3. 已知▱$ABCD$ 中,点 $A(-1,3)$,点 $B(0,6)$,点 $C(-2,1)$,求顶点 D 的坐标.

6.3　向量的数量积及其运算法则

本节重点知识:

1. 向量的数量积.
2. 向量数量积的坐标运算.

6.3.1　向量的数量积

在物理学中,一个物体在力$\vec{F}$的作用下,产生位移$\vec{s}$,若$\vec{F}$与$\vec{s}$之间的夹角为θ,则$\vec{F}$所作的功 W 是

$$W=|\vec{F}|\cdot|\vec{s}|\cos\theta.$$

这里功 W 是一个数量,它由向量 $\vec{F}$ 和 $\vec{s}$ 的模及其夹角余弦的乘积来确定.像这样由两个向量的模及其夹角余弦的乘积确定一个数量的情况,在其他一些问题中也会遇到,如物理学中的功率 $N=|\vec{F}|\cdot|\vec{v}|\cos\theta$ 等.

若将两个非零向量 $\vec{a}$,$\vec{b}$,设为$\overrightarrow{OA}=\vec{a}$,$\overrightarrow{OB}=\vec{b}$,则把射线 OA 与射线 OB 所组成的不大于 π 的角称做 $\vec{a}$ 与 $\vec{b}$ 的夹角,记做$\langle\vec{a},\vec{b}\rangle$. 显然

$$0\leqslant\langle\vec{a},\vec{b}\rangle\leqslant\pi,\quad \langle\vec{a},\vec{b}\rangle=\langle\vec{b},\vec{a}\rangle.$$

在数学中,我们将两个非零向量 $\vec{a}$,$\vec{b}$ 的模与它们的夹角 θ 的余弦的乘积定义为 $\vec{a}$ 与 $\vec{b}$ 的**数量积**(又称做**内积**),记做 $\vec{a}\cdot\vec{b}$.

即 $\vec{a}\cdot\vec{b}=|\vec{a}|\cdot|\vec{b}|\cdot\cos\theta\quad(0\leqslant\theta\leqslant\pi)$.

其中 θ 表示$\langle\vec{a},\vec{b}\rangle$.

从而 $\vec{a}\cdot\vec{b}$ 也可以表示成 $\vec{a}\cdot\vec{b}=|\vec{a}|\cdot|\vec{b}|\cos\langle\vec{a},\vec{b}\rangle$.

注意　两个向量数量积的结果是一个实数,可能是正数,可能是负数,也可能是零.

想一想

如果 $\vec{a},\vec{b}$ 是两个非零向量,那么在什么条件下有以下结论:

(1)$\vec{a}\cdot\vec{b}>0$;　(2)$\vec{a}\cdot\vec{b}<0$;　(3)$\vec{a}\cdot\vec{b}=0$.

练一练

(1)如果 $|\vec{a}|=3,|\vec{b}|=2,\cos\theta=-\frac{1}{2}$,那么 $\vec{a}\cdot\vec{b}=$＿＿＿＿＿＿;

(2)如果 $|\vec{a}|=\frac{1}{2},|\vec{b}|=4,\theta=\frac{\pi}{3}$,那么 $\vec{a}\cdot\vec{b}=$＿＿＿＿＿＿.

例 1　根据下列条件分别求出 $\langle\vec{a},\vec{b}\rangle$:

(1)$|\vec{a}|=3,|\vec{b}|=4,\vec{a}\cdot\vec{b}=6$;　　(2)$|\vec{a}|=|\vec{b}|=\sqrt{2},\vec{a}\cdot\vec{b}=-\sqrt{2}$.

解　(1)因为 $\vec{a}\cdot\vec{b}=|\vec{a}|\cdot|\vec{b}|\cdot\cos\langle\vec{a},\vec{b}\rangle$,

将已知条件代入,得 $6=3\times4\cos\langle\vec{a},\vec{b}\rangle$,

所以 $\cos\langle\vec{a},\vec{b}\rangle=\frac{1}{2}$.

又因为 $0\leqslant\langle\vec{a},\vec{b}\rangle\leqslant\pi$,

所以 $\langle\vec{a},\vec{b}\rangle=\frac{\pi}{3}$.

(2)因为 $\vec{a}\cdot\vec{b}=|\vec{a}|\cdot|\vec{b}|\cos\langle\vec{a},\vec{b}\rangle$,

将已知条件代入,得 $-\sqrt{2}=\sqrt{2}\cdot\sqrt{2}\cos\langle\vec{a},\vec{b}\rangle$,

所以 $\cos\langle\vec{a},\vec{b}\rangle=-\frac{\sqrt{2}}{2}$.

又因为 $0\leqslant\langle\vec{a},\vec{b}\rangle\leqslant\pi$,

所以 $\langle\vec{a},\vec{b}\rangle=\frac{3\pi}{4}$.

向量的数量积运算满足交换律和分配律,即

(1)$\vec{a}\cdot\vec{b}=\vec{b}\cdot\vec{a}$;　　(2)$\vec{a}\cdot(\vec{b}+\vec{c})=\vec{a}\cdot\vec{b}+\vec{a}\cdot\vec{c}$.

但它不满足结合律,即 $(\vec{a}\cdot\vec{b})\cdot\vec{c}\neq\vec{a}\cdot(\vec{b}\cdot\vec{c})$.

当实数与向量相乘时,满足结合律,即

(3)$(k\vec{a})\cdot\vec{b}=k(\vec{a}\cdot\vec{b})$.

例 2 已知$|\vec{a}|=4$,$|\vec{b}|=3$,$<\vec{a},\vec{b}>=\frac{\pi}{3}$. 计算:

(1)$(\vec{a}+\vec{b})^2$; (2)$(2\vec{a}-\vec{b})\cdot(3\vec{a}+2\vec{b})$.

解 (1)
$$
\begin{aligned}
(\vec{a}+\vec{b})^2&=\vec{a}^2+2\vec{a}\cdot\vec{b}+\vec{b}^2\\
&=|\vec{a}|\cdot|\vec{a}|\cos 0+2|\vec{a}|\cdot|\vec{b}|\cos\frac{\pi}{3}+|\vec{b}|\cdot|\vec{b}|\cos 0\\
&=4\times4+2\times4\times3\times\frac{1}{2}+3\times3\\
&=16+12+9=37.
\end{aligned}
$$

(2)
$$
\begin{aligned}
(2\vec{a}-\vec{b})\cdot(3\vec{a}+2\vec{b})&=6\vec{a}^2+\vec{a}\cdot\vec{b}-2\vec{b}^2\\
&=6|\vec{a}|\cdot|\vec{a}|\cos 0+|\vec{a}|\cdot|\vec{b}|\cos\frac{\pi}{3}-2|\vec{b}|\cdot|\vec{b}|\cos 0\\
&=6\times4\times4+3\times4\times\frac{1}{2}-2\times3\times3=96+6-18=84.
\end{aligned}
$$

练 习

1. 已知$\vec{i}$,$\vec{j}$分别是平面直角坐标系中x轴和y轴上的单位向量,分别计算:

(1)$\vec{i}\cdot\vec{i}$; (2)$\vec{j}\cdot\vec{j}$; (3)$\vec{i}\cdot\vec{j}$.

2. 根据下列条件,求$\vec{a}\cdot\vec{b}$:

(1)$|\vec{a}|=3$,$|\vec{b}|=1$,$\langle\vec{a},\vec{b}\rangle=30°$; (2)$|\vec{a}|=5$,$|\vec{b}|=2$,$\langle\vec{a},\vec{b}\rangle=45°$;

(3)$|\vec{a}|=3$,$|\vec{b}|=6$,$\langle\vec{a},\vec{b}\rangle=60°$; (4)$|\vec{a}|=2$ $|\vec{b}|=2$,$\langle\vec{a},\vec{b}\rangle=120°$.

3. 已知$|\vec{a}|=2$,$|\vec{b}|=3$,$\vec{a}\cdot\vec{b}=3\sqrt{2}$,求$\langle\vec{a},\vec{b}\rangle$.

4. 已知$|\vec{a}|=2$,$|\vec{b}|=4$,$\langle\vec{a},\vec{b}\rangle=\frac{2\pi}{3}$,计算:

(1)$(2\vec{a}-\vec{b})^2$; (2)$\vec{a}\cdot(\vec{a}-2\vec{b})$;

(3)$(\vec{a}-\vec{b})^2$; (4)$2(\vec{a}-\vec{b})(3\vec{a}+\vec{b})$).

6.3.2 向量数量积的坐标运算

设向量$\vec{a}$的坐标为(x_1,y_1),即$\vec{a}=x_1\vec{i}+y_1\vec{j}$,向量$\vec{b}$的坐标为$(x_2,y_2)$即$\vec{b}=x_2\vec{i}+y_2\vec{j}$,则
$$
\begin{aligned}
\vec{a}\cdot\vec{b}&=(x_1\vec{i}+y_1\vec{j})\cdot(x_2\vec{i}+y_2\vec{j})\\
&=x_1\vec{i}\cdot x_2\vec{i}+x_1\vec{i}\cdot y_2\vec{j}+y_1\vec{j}\cdot x_2\vec{i}+y_1\vec{j}\cdot y_2\vec{j}\\
&=x_1x_2(\vec{i}\cdot\vec{i})+x_1y_2(\vec{i}\cdot\vec{j})+x_2y_1(\vec{i}\cdot\vec{j})+y_1y_2(\vec{j}\cdot\vec{j}).
\end{aligned}
$$

这里
$$\vec{i}\cdot\vec{i}=|\vec{i}|\cdot|\vec{i}|\cos 0=1,$$

$$\vec{i}\cdot\vec{j}=|\vec{i}|\cdot|\vec{j}|\cos\frac{\pi}{2}=0,$$

$$\vec{j}\cdot\vec{j}=|\vec{j}|\cdot|\vec{j}|\cos 0=1.$$

所以 $\vec{a}\cdot\vec{b}=x_1x_2+y_1y_2$.

就是说，在直角坐标系中，两个向量的数量积等于它们的横坐标之积与纵坐标之积的和.

例 1　已知 $\vec{a}=(3,-5)$，$\vec{b}=(-2,4)$，求 $\vec{a}\cdot\vec{b}$.

解　$\vec{a}\cdot\vec{b}=(3,-5)\cdot(-2,4)=3\times(-2)+(-5)\times4=-26$.

当两个向量垂直时，夹角为 $\frac{\pi}{2}$，此时有

$$\vec{a}\cdot\vec{b}=|\vec{a}|\cdot|\vec{b}|\cos\frac{\pi}{2}=0.$$

反之，若非零向量 $\vec{a}$，$\vec{b}$ 的数量积为 0，即 $\vec{a}\cdot\vec{b}=0$，则必然有 $\cos\theta=0$，即 $\theta=\frac{\pi}{2}$.

故有 $\vec{a}\perp\vec{b}\Leftrightarrow\vec{a}\cdot\vec{b}=0$.

如果 $\vec{a}=(x_1,y_1)$，$\vec{b}=(x_2,y_2)$，则有 $\vec{a}\perp\vec{b}\Leftrightarrow x_1x_2+y_1y_2=0$.

例 2　判断下列各题中的向量 $\vec{a}$ 与 $\vec{b}$ 是否垂直：

(1)$\vec{a}=(2,-3)$，$\vec{b}=(-6,-4)$；(2)$\vec{a}=(0,-1)$，$\vec{b}=(-1,2)$.

解　(1)因为
$$\begin{aligned}\vec{a}\cdot\vec{b}&=(2,-3)\cdot(-6,-4)\\&=2\times(-6)+(-3)\times(-4)\\&=-12+12=0.\end{aligned}$$

所以　$\vec{a}\perp\vec{b}$.

(2)因为
$$\begin{aligned}\vec{a}\cdot\vec{b}&=(0,-1)\times(-1,2)\\&=0\times(-1)+(-1)\times2=-2\neq0.\end{aligned}$$

所以　$\vec{a}$ 与 $\vec{b}$ 不垂直.

如果 $\vec{a}=(x,y)$，那么 $\vec{a}\cdot\vec{a}=|\vec{a}|\cdot|\vec{a}|\cos 0=|\vec{a}|^2$，

所以　$|\vec{a}|=\sqrt{\vec{a}\cdot\vec{a}}=\sqrt{(x,y)\cdot(x,y)}=\sqrt{x^2+y^2}$.

就是说，利用向量坐标，我们可以计算出它的模.

练一练

算出下列各向量的模：

(1)若 $\vec{a}=(-4,3)$，则 $|\vec{a}|=$________；

(2)若 $\vec{b}=(5,-12)$，则 $|\vec{b}|=$________；

(3)若 $\vec{a}=(2,-8)$，$\vec{b}=(8,-16)$，则 $|\vec{a}+\vec{b}|=$________；$|\vec{a}-\vec{b}|=$________.

如果点 A 坐标为(x_1,y_1),点 B 坐标为(x_2,y_2),

则$\overrightarrow{AB}=(x_2-x_1)\vec{i}+(y_2-y_1)\vec{j}$.

于是向量$\overrightarrow{AB}$的模

$$|\overrightarrow{AB}|=\sqrt{(x_2-x_1)^2+(y_2-y_1)^2}.$$

由于$\overrightarrow{AB}$的模就是点 A 和点 B 的距离,所以我们得到平面上两点间的距离公式

$$|AB|=\sqrt{(x_2-x_1)^2+(y_2-y_1)^2}.$$

例 3 已知 $A(8,-1)$,$B(2,7)$,求$|\overrightarrow{AB}|$.

解 $|\overrightarrow{AB}|=\sqrt{(2-8)^2+(7+1)^2}=\sqrt{100}=10$.

例 4 已知点 $A(-3,-7)$,$B(-1,-1)$,$C(2,-2)$,求证:$\triangle ABC$ 是直角三角形.

分析 可以通过判断某两边互相垂直,证得$\triangle ABC$ 是直角三角形;也可以利用勾股定理的逆定理证得结论.

证法 1:根据已知,得

$$\overrightarrow{AB}=(-1,-1)-(-3,-7)=(2,6),$$
$$\overrightarrow{BC}=(2,-2)-(-1,-1)=(3,-1),$$

而$\overrightarrow{AB}\cdot\overrightarrow{BC}=(2,6)\cdot(3,-1)=2\times3+6\times(-1)=0$,

所以$\overrightarrow{AB}\perp\overrightarrow{BC}$.

即$\angle ABC=90°$. 所以$\triangle ABC$ 是直角三角形.

证法 2:根据已知,得

$$|\overrightarrow{AB}|^2=(-1+3)^2+(-1+7)^2=40,$$
$$|\overrightarrow{BC}|^2=(2+1)^2+(-2+1)^2=10,$$
$$|\overrightarrow{CA}|^2=(-3-2)^2+(-7+2)^2=50,$$

显然$|\overrightarrow{CA}|^2=|\overrightarrow{AB}|^2+|\overrightarrow{BC}|^2$

即 $CA^2=AB^2+BC^2$. 所以$\triangle ABC$ 是直角三角形.

练　　习

1. 求 $\vec{a}\cdot\vec{b}$ 的值,当:

(1)$\vec{a}(2,4)$,$\vec{b}(1,2)$;　　(2)$\vec{a}(-2,4)$,$\vec{b}\left(\frac{1}{2},2\right)$;

(3)$\vec{a}(2,-1)$,$\vec{b}(-1,2)$;　　(4)$\vec{a}\left(\frac{1}{4},\frac{1}{3}\right)$,$\vec{b}\left(\frac{4}{3},2\right)$.

2. 已知 $M(6,4)$,$N(1,-8)$,求$|\overrightarrow{MN}|$.

3. 已知 $A(-4,7)$，$B(5,-5)$，求 $|\overrightarrow{AB}|$.

习　题　6.3

A　组

1. 选择题：

(1)已知 $|\vec{a}|=8$，$|\vec{b}|=6$，$\langle\vec{a},\vec{b}\rangle=150°$，则 $\vec{a}\cdot\vec{b}=($　　$)$.

A. -24　　B. $24\sqrt{3}$　　C. $-24\sqrt{3}$　　D. 16

(2)已知 $\vec{a}=(3,x)$，$\vec{b}=(7,12)$，且 $\vec{a}\perp\vec{b}$，则 $x=($　　$)$.

A. $-\frac{7}{4}$　　B. $\frac{7}{4}$　　C. $-\frac{7}{3}$　　D. $\frac{7}{3}$

2. 已知 $|\vec{a}|=3$，$|\vec{b}|=4$，$\langle\vec{a},\vec{b}\rangle=60°$，求：

(1)$\vec{a}\cdot\vec{b}$；　(2)$\vec{a}\cdot\vec{a}$；　(3)$\vec{b}\cdot\vec{b}$.

3. 已知 $\vec{a}\cdot\vec{b}=4\sqrt{3}$，$\langle\vec{a},\vec{b}\rangle=\frac{\pi}{6}$，$|\vec{a}|=\frac{1}{2}$，求 $|\vec{b}|$.

4. 已知 $\vec{a}=2\vec{i}+3\vec{j}$，$\vec{b}=4\vec{i}+11\vec{j}$，$\vec{c}=-\vec{i}+5\vec{j}$，求：

(1)$2\vec{a}+\vec{b}-\vec{c}$；　(2)$4\vec{a}+\vec{b}-2\vec{c}$；

(3)$\vec{a}-\vec{b}-\vec{c}$；　(4)$\frac{1}{2}(\vec{a}+\vec{b})-2\vec{c}$.

5. 已知 $\vec{a}\cdot\vec{b}=-8\sqrt{2}$，$|\vec{a}|=2$，$|\vec{b}|=8$，求 $\vec{a}$ 与 $\vec{b}$ 的夹角.

B　组

1. 已知 $|\vec{a}|=3$，$|\vec{b}|=4$，$\langle\vec{a},\vec{b}\rangle=60°$，求：

(1)$(\vec{a}+\vec{b})^2$；　(2)$(\vec{a}+\vec{b})(\vec{a}-\vec{b})$；

(3)$(2\vec{a}+\vec{b})^2$；　(4)$(2\vec{a}+\vec{b})(\vec{a}-3\vec{b})$.

2. 已知 $\vec{a}\cdot\vec{b}=4\sqrt{3}$，$\langle\vec{a},\vec{b}\rangle=\frac{\pi}{6}$，$|\vec{a}|=2|\vec{b}|$，求 $|\vec{a}|$ 和 $|\vec{b}|$.

3. 已知 $\vec{a}$ 是单位向量，且 $(\vec{x}+\vec{a})(\vec{x}-\vec{a})=4$，求 $|\vec{x}|$.

4. 已知 $A(1,4)$，$B(6,y)$ 的距离等于 $\sqrt{106}$，求 y 值.

思考与总结

本章主要学习向量的概念与向量的运算.

1. 向量的概念

具有____和____的量称做向量，一个向量可以用________直观表示，表示向量 $\overrightarrow{AB}$ 的有向线段的长度，称做向量 $\overrightarrow{AB}$ 的______. ______相等，______也相同的两个向量称做相等的向量．零向量的模等于______，单位向量的模等于______．平行向量又称共线向量，是指两个非零向量的方向______．

2. 向量的运算

加法、减法、数乘向量统称向量的______．这种运算的结果仍然是______．

若 $A(x_1,y_1)$，$B(x_2,y_2)$，则$\overrightarrow{AB}=$______．

若 $\vec{a}=(x_1,y_1)$，$\vec{b}=(x_2,y_2)$，则 $\vec{a}\pm\vec{b}=$______，$\lambda\vec{a}=$______($\lambda\in\mathbf{R}$)．

对于向量的数量积，我们规定：$\vec{a}\cdot\vec{b}=$______，其中 $\vec{a}$ 与 $\vec{b}$ 的夹角 θ 的范围是______．

若 $\vec{a}=(x_1,y_1)$，$\vec{b}=(x_2,y_2)$，则 $\vec{a}\cdot\vec{b}=$______．

向量的数量积，其结果是一个____，而不再是向量．

3. 本章中的公式与定理

若 $\vec{a}=(x,y)$，则$|\vec{a}|=$______．

若 $\vec{a}\neq\vec{0}$，则 $\vec{b}\parallel\vec{a}\Leftrightarrow$存在 $\lambda\in\mathbf{R}$，使得______．

若 $\vec{a}=(x_1,y_1)$，$\vec{b}=(x_2,y_2)$，则 $\vec{a}\parallel\vec{b}\Leftrightarrow$______．

若 $\vec{a}=(x_1,y_1)$，$\vec{b}=(x_2,y_2)$，则 $\vec{a}\perp\vec{b}\Leftrightarrow$______．

将向量(x,y)平移向量(a,b)得向量(x',y')，则平移公式：$x'=$______，$y'=$______．

若 $A(x_1,y_1)$，$B(x_2,y_2)$，线段 AB 的中点为 $M(x,y)$，则 $x=$______，$y=$______．

若 $A(x_1,y_1)$，$B(x_2,y_2)$，则$|AB|=$______．

复习题六

1. 填空题：

(1)求向量和$\overrightarrow{AB}-\overrightarrow{BC}+\overrightarrow{DC}+\overrightarrow{BD}=$______；

(2)求向量和$\overrightarrow{CD}+\overrightarrow{CF}+\overrightarrow{EC}+\overrightarrow{FC}=$______；

(3)已知 $\vec{a}=(2,1)$，$\vec{b}=(-1,-3)$，则 $3\vec{a}+4\vec{b}=$______；

(4)已知 $\vec{a}=(5,6)$，$\vec{b}=(-2,y)$，且 $\vec{a}\parallel\vec{b}$，则 $y=$______；

(5)已知 $\vec{a}=(m,-2)$，$\vec{b}=(6,-3)$，且 $\vec{a}\perp\vec{b}$，则 $m=$______；

(6)已知 $\vec{a}=(5,12)$，则$|\vec{a}|=$______；

(7)已知 $A(2,-1)$，$B(6,-4)$，则$|AB|=$______；

(8)已知 $\vec{a}=(7,-6)$，$\vec{b}=(5,1)$，则$|\vec{a}+\vec{b}|=$______；

(9)若向量的起点由$(4,-1)$移到$(-2,5)$，则其终点$(3,5)$将移到____；

(10)若$|\overrightarrow{AB}|=5$，$|\overrightarrow{AC}|=8$，$\angle A=60°$，则$\overrightarrow{AB}\cdot\overrightarrow{AC}=$______．

(11)设向量 $\vec{a}$ 和 $\vec{b}$ 的长度分别为 4 和 3,夹角为 60°,则 $|\vec{a}+\vec{b}|=$__________;

(12)向量 $\vec{a}=(0,1)$,$\vec{b}=(1,1)$,且 $\vec{b}+\lambda\vec{a}$ 与 $\vec{a}$ 垂直,则 $\lambda=$__________;

(13)已知 $\vec{a}=(-3,1)$,$\vec{b}=(-1,2)$,$\vec{a}$ 与 $\vec{b}$ 的夹角为 θ,则 $\cos\theta=$__________;

(14)与向量 $\vec{a}=(2,-1)$ 共线且满足 $\vec{a}\cdot\vec{x}=-18$ 的向量 $\vec{x}=$__________.

2. 选择题:

(1)下列命题中正确的是(　　).

A. 若 $|\vec{a}|=|\vec{b}|$,则 $\vec{a}=\vec{b}$　　B. 若 $\vec{a}=\vec{b}$,$\vec{b}=\vec{c}$,则 $\vec{a}=\vec{c}$

C. 若 $\vec{a}/\!/\vec{b}$,$\vec{b}/\!/\vec{c}$,则 $\vec{a}/\!/\vec{c}$　　D. 若 $\vec{a}/\!/\vec{b}$,则 $\vec{a}$ 与 $\vec{b}$ 的方向相同或相反

(2)若 $M(3,-2)$,$N(-5,-1)$,$\overrightarrow{MP}=\frac{1}{2}\overrightarrow{MN}$,则 P 点坐标为(　　).

A. $(-8,-1)$　　B. $(-1,-\frac{3}{2})$　　C. $(1,\frac{3}{2})$　　D. $(8,-1)$

(3)$\triangle ABC$ 中,$\overrightarrow{BC}=\vec{a}$,$\overrightarrow{CA}=\vec{b}$,则 $\overrightarrow{AB}=$(　　).

A. $\vec{a}+\vec{b}$　　B. $-(\vec{a}+\vec{b})$　　C. $\vec{a}-\vec{b}$　　D. $\vec{b}-\vec{a}$

(4)向量 $\vec{a}=(m,1)$ 与 $\vec{b}=(4,m)$ 共线且方向相同,则 $m=$(　　).

A. $\frac{1}{2}$　　B. $\pm\frac{1}{2}$　　C. 2　　D. ± 2

(5)已知 $\vec{a}=(1,2)$,$\vec{b}=(-3,2)$,当 $k\vec{a}+\vec{b}$ 与 $\vec{a}-3\vec{b}$ 垂直时,k 的值等于(　　).

A. 17　　B. 18　　C. 19　　D. 20

(6)已知向量 $\vec{a}$,$\vec{b}$ 满足 $|\vec{a}|=1$,$|\vec{b}|=4$,$\vec{a}\cdot\vec{b}=2\sqrt{3}$,则 $\vec{a}$ 与 $\vec{b}$ 所成的角为(　　).

A. 30°　　B. 45°　　C. 60°　　D. 90°

(7)已知 $\overrightarrow{AB}=(2,1)$,点 D 为 $(-3,1)$,$\overrightarrow{CD}=4\overrightarrow{AB}$,则 C 点的坐标为(　　).

A. $(11,9)$　　B. $(5,5)$　　C. $(-11,-3)$　　D. $(11,-3)$

(8)已知 $|\vec{a}|=6$,$|\vec{b}|=5$,$\langle\vec{a},\vec{b}\rangle=60°$,则 $\vec{a}\cdot\vec{b}=$(　　).

A. 30　　B. 20　　C. 15　　D. 10

(9)与向量(3,5)垂直的向量是(　　).

A. $(-3,5)$　　B. $(3,-5)$　　C. $(-3,-5)$　　D. $(-5,3)$

3. 解答题:

(1)在▱$ABCD$ 中,已知点 $A(0,2)$,$B(-4,1)$,$C(1,2)$,求点 D 的坐标.

(2)已知点 $A(3,-6)$,$B(-5,2)$,$C(6,-9)$,求证 A,B,C 三点共线.

(3)在 $\triangle ABC$ 中,已知 $|\overrightarrow{AB}|=5$,$|\overrightarrow{BC}|=8$,$\angle ABC=60°$,求 $|\overrightarrow{AC}|$.

(4)设 $\vec{a}=(-2,6)$,$\vec{b}=(-x,3x)$,且 $3\vec{a}\cdot\vec{b}=24$,求 x 的值.

(5)已知 $\vec{a}=(-1,2)$,$\vec{b}=(4,-3)$,实数 x,y 满足等式 $x\vec{a}+y\vec{b}=(6,3)$,求

x,y.

(6)已知$|\vec{a}|=2,|\vec{b}|=4$,且$(2\vec{a}+\lambda\vec{b})\perp(2\vec{a}-\lambda\vec{b})$,求实数$\lambda$.

(7)已知$\vec{a},\vec{b}$是两个不平行的向量,且$3\vec{a}+4\vec{b}=(m-1)\vec{a}+(2-n)\vec{b}$.求$m,n$的值.

(8)已知$\vec{a}=(3,-2),\vec{b}=(-1,0)$,且$[x\vec{a}+(3-x)\vec{b}]/\!/(3\vec{a}-2\vec{b})$.求$x$的值.

(9)已知$\vec{a}=(1,3),\vec{b}=(3,0)$,求:(1)$\langle\vec{a},\vec{b}\rangle$;(2)$\langle\vec{a}+\vec{b},\vec{a}\rangle$;(3)$\langle\vec{a}+\vec{b},\vec{a}-\vec{b}\rangle$.

(10)已知$\vec{a}=(3,4),\vec{b}=(8,6),\vec{c}=(2,m)$,其中$m$为常数.如果$\vec{a},\vec{b}$分别与$\vec{c}$所成的角相等,求$m$的值.

第7章　数　列

数列就是一列有顺序的数，数列讨论的是这些数彼此之间的关系以及变化规律.数列在生产实际与日常生活中的应用范围很广，一方面它是培养计算、推理、分析、综合等能力的重要题材，同时还是进一步学习数学的重要基础.

7.1 数　列

本节重点知识：

1. 数列的概念.
2. 数列的表示法.
3. 数列的通项公式.

7.1.1 数列的概念

引例　我国有用十二生肖纪年的习俗，每年都用一种动物来命名，12年轮回一次.2011年(农历辛卯年)是21世纪的第一个兔年，请列出21世纪所有兔年的年份.

分析　由于12年就轮回一次，所以21世纪的第二个兔年的年份是

$$2011+12=2023,$$

21世纪的第三个兔年的年份是

$$2011+12\times 2=2035,$$

……

21世纪第八个兔年的年份是

$$2011+12\times 7=2095.$$

把21世纪所有兔年的年份排成一列，得到

$$2011,2023,2035,2047,2059,2071,2083,2095. \qquad (1)$$

像(1)这样按一定次序排列的一列数，称做数列.

定义　按一定次序排列的一列数，称做**数列**.在数列中的每一个数称做这个数列的项，各项依次称做这个数列的第1项(或首项)、第2项……第n项.比如，2011是数列(1)的第1项，2095是数列(1)的第8项.

我们还可以举出一些数列的例子，例如，大于2小于10的自然数排成一列

$$3,4,5,6,7,8,9; \tag{2}$$

正奇数从小到大依次排成一列

$$1,3,5,7,9,\cdots; \tag{3}$$

正整数的倒数排成一列

$$1,\frac{1}{2},\frac{1}{3},\frac{1}{4},\cdots; \tag{4}$$

-1 的 1 次幂,2 次幂,3 次幂,4 次幂,…排成一列

$$-1,1,-1,1,-1,\cdots; \tag{5}$$

无穷多个 1 排成一列

$$1,1,1,1,1,1,\cdots; \tag{6}$$

这些都是数列.

项数有限的数列称做**有穷数列**,项数无限的数列称做**无穷数列**.例如上面数列(1)、(2)是有穷数列,数列(3)～(6)是无穷数列.

想一想

(1)请你举出几个实际生活中的数列的例子.

(2)根据数列的定义判断,下面数的排列是数列吗?

① 0,1,0,1,0,1.

② 2,2,2.

③ $\frac{1}{2},\frac{2}{3},\frac{3}{4},\frac{4}{5},\cdots$.

(3)根据数列的定义,判断下面各题中的两个数列是否是相同的数列.

① 1,2,3,…和 0,1,2,3,…;

② 1,3,5,7,9 和 1,3,5,7,9,…;

③ $1,\frac{1}{2},\frac{1}{3},\frac{1}{4},\frac{1}{5}$和$\frac{1}{5},\frac{1}{4},\frac{1}{3},\frac{1}{2},1$.

7.1.2 数列的表示法

数列从第 1 项开始,按顺序与正整数对应.所以数列的一般形式可以写成

$$a_1,a_2,a_3,\cdots,a_n,\cdots,$$

其中a_n 是数列的第 n 项,称做数列的**通项**,n 称做a_n 的**序号**.并把数列简记为$\{a_n\}$.例如,把数列

$$2,4,6,8,\cdots,2n,\cdots,$$

简记为$\{2n\}$.把数列

$$\frac{1}{2},\frac{1}{3},\frac{1}{4},\frac{1}{5},\cdots,\frac{1}{n+1},\cdots,$$

简记为$\left\{\frac{1}{n+1}\right\}$.

7.1.3　数列的通项公式

如果$a_n(n=1,2,3,\cdots)$与n之间的关系可用

$$a_n=f(n)$$

来表示,那么这个关系式称做这个数列的**通项公式**. 例如:

把正整数从小到大排成数列1,2,3,…的通项公式是

$$a_n=n,$$

把正奇数从小到大排成数列1,3,5,…的通项公式是

$$a_n=2n-1.$$

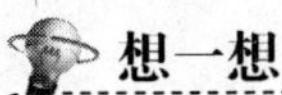
想一想

下面各数列与正整数列有着密切关系,请分别写出它们的通项公式:

(1)4,5,6,7,8,…;

(2)20,21,22,23,24,…;

(3)−1,−2,−3,−4,−5,…;

(4)0,1,2,3,4,…;

(5)$1,\frac{1}{2},\frac{1}{3},\frac{1}{4},\frac{1}{5},\cdots$;

(6)$-1,\frac{1}{2},-\frac{1}{3},\frac{1}{4},-\frac{1}{5},\cdots$;

(7)$1,-\frac{1}{2},\frac{1}{3},-\frac{1}{4},\frac{1}{5},\cdots$.

如果已知一个数列的通项公式,只要依次用正整数1,2,3,…去代替公式中的n,就可以求出数列中的各项.

例1　根据下面数列$\{a_n\}$的通项公式,分别写出它们的前5项与第20项:

(1)$a_n=\frac{2n-1}{2n}$;　　　　(2)$a_n=(-1)^n(2n+1)$.

解　(1)在通项公式中依次取$n=1,2,3,4,5,20$,可得到

$a_1=\frac{1}{2},a_2=\frac{3}{4},a_3=\frac{5}{6},a_4=\frac{7}{8},a_5=\frac{9}{10},a_{20}=\frac{39}{40}$.

(2)在通项公式中依次取$n=1,2,3,4,5,20$,可得到

$a_1=-3,a_2=5,a_3=-7,a_4=9,a_5=-11,a_{20}=41$.

例 2　写出数列的一个通项公式,使它的前 4 项分别是下列各数:

(1)$\frac{1}{2},\frac{2}{3},\frac{3}{4},\frac{4}{5},\cdots$;

(2)$\frac{2^2-1}{2},\frac{3^2-1}{3},\frac{4^2-1}{4},\frac{5^2-1}{5},\cdots$;

(3)$-\frac{1}{1\times2},\frac{1}{2\times3},-\frac{1}{3\times4},\frac{1}{4\times5},\cdots$.

解　(1)数列前 4 项$\frac{1}{2},\frac{2}{3},\frac{3}{4},\frac{4}{5}$的分母都是序号加上 1,分子都与序号相同,所以通项公式是

$$a_n=\frac{n}{n+1};$$

(2)数列前 4 项$\frac{2^2-1}{2},\frac{3^2-1}{3},\frac{4^2-1}{4},\frac{5^2-1}{5}$的分母都是序号加上 1,分子都是分母的平方减去 1,所以通项公式是$a_n=\frac{(n+1)^2-1}{n+1}=\frac{n(n+2)}{n+1}$;

(3)数列的前 4 项$-\frac{1}{1\times2},\frac{1}{2\times3},-\frac{1}{3\times4},\frac{1}{4\times5}$的绝对值都等于序号与序号加上 1 的积的倒数,且奇数项为负,偶数项为正,所以通项公式是　$a_n=\frac{(-1)^n}{n(n+1)}$.

练　习

1. 根据下列数列$\{a_n\}$的通项公式,说出它的前 5 项(口答):

(1)$a_n=n^3$;　　(2)$a_n=n(n+2)$;

(3)$a_n=5\times(-1)^{n+1}$;　　(4)$a_n=1+(-1)^n$.

2. 观察下列数列的特点,用适当的数填空,并写出它的通项公式:

(1)2,4,(　　),8,10,(　　),14,…; $a_n=$________;

(2)2,4,(　　),16,32,(　　),128,…; $a_n=$________;

(3)(　　),4,9,16,25,(　　),49,…; $a_n=$________;

(4)$1,\sqrt[3]{2}$,(　　),$\sqrt[3]{4},\sqrt[3]{5},\sqrt[3]{6},\sqrt[3]{7}$,(　　),…; $a_n=$________;

(5)3,(　　),1,0,−1,(　　),−3,…; $a_n=$________.

3. 题组训练:

写出数列的一个通项公式,使它的前 5 项分别是下列各数:

(1)0,1,0,1,0,…;

(2)1,3,5,7,9,…;

(3)−1,2,−3,4,−5,….

习 题 7.1

1. 填空题：

(1)数列$-1,2,5,8,11,14,17,20$共有________项，其中第1项(首项)为______.

(2)按数列项数分类，数列$1,2,3,4,\cdots,100$是____________数列；数列$1,\frac{1}{2},\frac{1}{4},\frac{1}{8},\cdots$是____________数列.

(3)已知数列的通项公式$a_n=\frac{1}{2n+3}$，则$a_8=$__________.

(4)数列$\frac{2}{2\times3},\frac{2}{3\times4},\frac{2}{4\times5},\cdots$的一个通项公式为____________.

(5)已知数列的通项公式为$a_n=-2^n+3$，则$a_3-a_2=$__________.

2. 解答题：

(1)已知无穷数列$\frac{1}{1\times2},\frac{1}{2\times3},\frac{1}{3\times4},\cdots,\frac{1}{n(n+1)},\cdots$，求这个数列的第8项，第36项，第100项.

(2)已知数列通项公式为$a_n=(-1)^n\cdot\frac{1}{2n+1}$，求$a_1,a_6,a_{2n-1}$.

(3)已知数列通项公式为$a_n=2n-3$，试判断47是不是该数列的一项，若是，求是第多少项.

(4)根据下列通项公式，写出数列的前5项与第20项：

①$a_n=n^3\ (-1)^{n-1}$； ②$a_n=\frac{n^2-1}{n^2+1}$；

③$a_n=n^{\frac{1}{n}}$； ④$a_n=\cos\frac{n\pi}{2}$.

(5)写出下面各数列的通项公式，使它的前4项分别是下列各数：

①$\frac{3}{2},\frac{6}{3},\frac{9}{4},\frac{12}{5},\cdots$； ②$-\frac{1}{2\times1},\frac{1}{2\times2},-\frac{1}{2\times3},\frac{1}{2\times4},\cdots$；

③$\sqrt{2},-\sqrt{3},\sqrt{4},-\sqrt{5},\cdots$； ④$0,2,4,6,\cdots$.

7.2 等差数列及其通项公式

本节重点知识：

1. 等差数列.
2. 等差数列通项公式.

3. 等差中项.

4. 等差数列前 n 项和.

7.2.1 等差数列

观察下面数列排列次序的特点:

(1)4,5,6,7,8,9,10,…;

(2)10,9,8,7,6,5,4,….

我们可以发现,从第 2 项起数列(1)的每一项都比它的前一项多 1;数列(2)的每一项都比它的前一项少 1;也就是说数列(1)和(2)从第 2 项起,每一项与它的前一项的差都等于同一个常数.

定义 如果一个数列 $a_1,a_2,a_3,\cdots,a_n,\cdots$,从它的第 2 项起,每一项与它的前一项的差都等于同一个常数 d,即

$$a_2-a_1=a_3-a_2=\cdots=a_n-a_{n-1}=\cdots=d,$$

则这个数列称做**等差数列**,这个常数称做等差数列的**公差**,公差通常用字母 d 来表示.例如,数列 $2,4,6,8,\cdots,2n,\cdots$ 就是等差数列,它的公差 $d=2$.

练　习

1. 上面数列(1)和(2)都是等差数列,它们的公差分别是____和____.

2. 列举两个公差是零的数列,并说出它们的特点.

3. 如果等差数列 $a_1,a_2,a_3,\cdots,a_n$ 的公差是 d,那么等差数列 $a_n,a_{n-1},\cdots,a_2,a_1$ 的公差是多少?

4. 说出下列等差数列的公差:

(1)2,3,4,5,…;　　(2)9,7,5,3,…;

(3)2,5,8,11,…;　　(4)−3,−7,−11,−15,…;

(5)8,7,6,5,…;　　(6)−10,−7,−4,−1,….

7.2.2 等差数列通项公式

已知一个数列 $a_1,a_2,a_3,\cdots,a_n,\cdots$ 是等差数列,它的公差是 d,如何算出它的任意项 a_n 呢?

由等差数列定义可知,

$a_2=a_1+d$,

$a_3=a_2+d=(a_1+d)+d=a_1+2d$,

$a_4=a_3+d=(a_1+2d)+d=a_1+3d$，

$a_5=a_4+d=(a_1+3d)+d=a_1+4d$，

……

由此可知，首项为a_1，公差为d的等差数列$\{a_n\}$的通项公式是

$$a_n=a_1+(n-1)d$$

例如，一个等差数列$\{a_n\}$的首项是3，公差是-2，那么将它们代入上面的公式，就得到这个数列的通项公式

$$a_n=3+(n-1)\cdot(-2),$$

即$a_n=5-2n$.

在等差数列通项公式中，有a_1，a_n，d和n四个变量，知道其中三个，就可以求出第四个.

例1　指出下面数列中的等差数列，并求出公差和通项公式：

(1)1,5,9,13,17,…；　　(2)1,4,16,64,256,…；

(3)$-1,-1,-1,-1,-1,\cdots$；　　(4)$1,\frac{1}{2},\frac{1}{3},\frac{1}{4},\frac{1}{5},\cdots$；

(5)$1\frac{1}{2},2\frac{1}{3},3\frac{1}{4},4\frac{1}{5},5\frac{1}{6},\cdots$；　　(6)$-\frac{1}{2},0,\frac{1}{2},1,1\frac{1}{2},\cdots$.

分析　如果一个数列是等差数列，必须满足等差数列的定义，即从第2项起，每一项与它的前一项的差等同于同一个常数，经验算(1)，(3)，(6)是等差数列.

解　(1)因为公差$d=4$，所以通项公式$a_n=1+(n-1)\cdot 4$，

即$a_n=4n-3$；

(3)因为公差$d=0$，所以通项公式$a_n=-1$；

(6)因为公差$d=\frac{1}{2}$，所以通项公式$a_n=-\frac{1}{2}+(n-1)\cdot\frac{1}{2}$，

即$a_n=\frac{1}{2}n-1$.

例2　求等差数列8,5,2,…的第20项.

分析　因为等差数列的a_1，a_2，a_3是已知的，又因为公差$d=a_2-a_1$，知道了a_1，d和n，所以利用通项公式$a_n=a_1+(n-1)d$就可以求出这个等差数列的第20项.

解　$a_1=8$，$d=5-8=-3$，$n=20$，

所以$a_{20}=8+(20-1)\times(-3)=-49$.

例3　等差数列$-5,-8,-11,\cdots$的第几项是-302?

分析　仿照例1可先求出公差d，由于a_1，d和a_n是已知的，利用通项公式求n.

解　因为$a_1=-5$，$d=-8-(-5)=-3$，$a_n=-302$，

所以 $a_n = a_1 + (n-1)d$

$= -5 + (n-1) \times (-3)$

$= -3n - 2$

即 $-302 = -3n - 2$.

解得 $n = 100$.

所以这个数列的第 100 项是 -302.

例 4 已知一个等差数列的第 3 项是 8,第 6 项是 17,求它的第 11 项.

分析 本题应首先求出这个等差数列,才能求第 11 项,即应先求出 a_1 和 d. 可以采用列方程组的方法求出,但这需要两个独立条件,而 $a_3 = 8$, $a_6 = 17$ 恰好是两个独立的条件.

解 设等差数列的首项为 a_1,公差为 d,根据题意,有

$$\begin{cases} a_1 + (3-1)d = 8 \\ a_1 + (6-1)d = 17 \end{cases},$$

整理,得 $\begin{cases} a_1 + 2d = 8 \\ a_1 + 5d = 17 \end{cases}$,

解得 $\begin{cases} a_1 = 2 \\ d = 3 \end{cases}$.

因此 $a_{11} = 2 + (11-1) \times 3 = 32$.

所以第 11 项是 32.

练一练

在等差数列中,根据下列条件,求公差 d:

(1) $a_3 = 6, a_7 = 14$;　　(2) $a_7 = -10, a_{20} = 3$;

(3) $a_{35} = -\dfrac{1}{2}, a_{40} = -\dfrac{1}{5}$;　　(4) $a_{10} = 30, a_{30} = 10$;

(5) $a_6 = 11, a_1 = 1$;　　(6) $b_{20} = 20, b_{30} = 30$.

例 5 已知三个数成等差数列,它们的和为 15,它们的积为 80,求这三个数.

分析 如果已知三个数成等差数列,并且知道它们的和,可将这三个数表示为 $a-d, a, a+d$,其中 d 是公差,运算时容易简化. 这是一个重要的方法,本题就可以采用这种方法设置未知数.

解 由于三个数成等差数列,则可设这三个数为 $a-d, a, a+d$(公差为 d).

因为 $(a-d) + a + (a+d) = 15$,

所以 $a = 5$.

由此可知所求的三个数为 $5-d, 5, 5+d$.

又因为$(5-d)\times 5\times(5+d)=80$，

所以$d=\pm 3$.

因此所求的三个数为2,5,8或8,5,2.

练一练

已知三个数成等差数列,和是36,且第一个数与第三个数的乘积是108,求这三个数.

解　根据三个数成等差数列,且和是36,则可设这三个数为________①.

因为________________②=36.

所以$a=$________________③.

即所求的三个数为________________④.

又因为________________⑤=108,

所以$d=$________________⑥.

因此所求的三个数为________________⑦.

答案　①$a-d,a,a+d$(d是公差);②$a-d+a+a+d$;

③12;④$12-d,12,12+d$;⑤$(12-d)\cdot(12+d)$;

⑥$d=\pm 6$;⑦6,12,18或18,12,6.

练　习

1. 填空题(求下列各等差数列的公差):

(1)11,7,3,…,则$d=$________;

(2)$1,\frac{1}{2},0,\cdots$,则$d=$________;

(3)$\sqrt{5}-\sqrt{3},\sqrt{5},\sqrt{5}+\sqrt{3},\cdots$,则$d=$________.

2. 在等差数列$\{a_n\}$中:

(1)$d=-\frac{1}{3},a_7=8$,求a_1;

(2)$a_1=10,d=-2$,求a_{20};

(3)$a_1=12,a_6=27$,求d.

3. 题组训练:

在等差数列$\{a_n\}$中,计算:

(1)$a_3=5,a_8=20$,求a_{25};

(2)$a_3=15,a_6=9$,求a_9;

(3)$a_4=7,a_7=4$,求a_{11};

(4)$a_5=12,a_{12}=5$,求a_{17}.

7.2.3 等差中项

一般地,如果在a与b之间插入一个数A,使a,A,b成等差数列,那么A称做a与b的等差中项.

如果A是a与b的等差中项,则

$$A-a=b-A,$$

所以

$$A=\frac{a+b}{2}.$$

这就表明两个数的等差中项就是它们的算数平均值.

在等差数列$a_1,a_2,a_3,\cdots,a_n,\cdots$中,

$$a_2=\frac{a_1+a_3}{2},$$

$$a_3=\frac{a_2+a_4}{2},$$

……

$$a_n=\frac{a_{n-1}+a_{n+1}}{2},$$

……

这就是说,在等差数列中,从第2项起,每一项(有限等差数列的末项除外)都是它的前一项与后一项的等差中项.

例1 在3与7之间插入一个数,使它与这两个数成等差数列,求插入的这个数.

分析 本题所求的数就是已知数3与7的等差中项,用等差中项公式可以求出.

解 设插入的数是A,则$A-3=7-A$,即$2A=3+7$,$A=\frac{3+7}{2}=5$.

所以插入的数是5.

例2 在6和30之间插入三个数,使它们与这两个数成等差数列,求这三个数.

分析 本题可考虑使用两种方法求解.解法1,因为在6和30之间插入三个数共五项,第三项可看成首末两项的等差中项,第二项是第一、第三的等差中项,第四项是第三、五项的等差中项,通过使用等差中项公式可求出这三个数.解法2,是把6看成a_1,由于插入了三个数,把30看成a_5,于是能求出公差d,然后再分别求这个等差数列的第二、第三、第四项,便可求出这三个数.

解法1 设插入的三个数为x,y,z,则$6,x,y,z,30$成等差数列,显然,y是6,

30 的等差中项，所以 $y=\frac{6+30}{2}=18$. 同样 x 是 6,18 的等差中项，z 是 18,30 的等差中项．

所以 $x=\frac{6+18}{2}=12$，$z=\frac{18+30}{2}=24$.

因此所求的三个数为 12,18,24.

解法 2 设插入的三个数为 x,y,z，则 $6,x,y,z,30$ 成等差数列．显然有

$$a_1=6, a_5=30.$$

所以 $a_5=6+4d$（d是公差）

所以 $d=\frac{30-6}{4}=6$.

$$x=6+6=12, y=12+6=18, z=18+6=24,$$

因此所求的三个数为 12,18,24.

想一想

(1)在等差数列中，从第 2 项起，每一项（有穷等差数列的末项除外）都是它的前一项与后一项的__________.

(2)在等差数列 $\{a_n\}$ 中，a_7 是不是 a_4 与 a_{10} 的等差中项？

练 习

1. 求下列各组数的等差中项：

(1)732 与 -136；　(2)$-\frac{2}{3}$ 和 $\frac{3}{4}$；　(3)$\sqrt{5}+3$ 和 $\sqrt{5}-3$.

2. 若 $\frac{5}{4}$ 和 x 的等差中项是 5，又 x 和 $3y+2$ 的等差中项是 7，求 x,y.

3. 在 -1 和 7 之间插入三个数，使它们与这两个数成等差数列，求这三个数．

7.2.4 等差数列前 *n* 项和

要计算形状如图 7-1 所示的一堆钢管总数，也就是求下面 6 个数：5,6,7,8,9,10 的和．当然依次相加可以算出它的结果，但是，如果层数很多，这样求和就非常麻烦．现在我们设想在这堆钢管的旁边倒放着同样一堆钢管，如图 7-2 所示．

从图 7-2 中可以看出每层的钢管数都相等，即

$$5+10=6+9=7+8=\cdots=10+5=15.$$

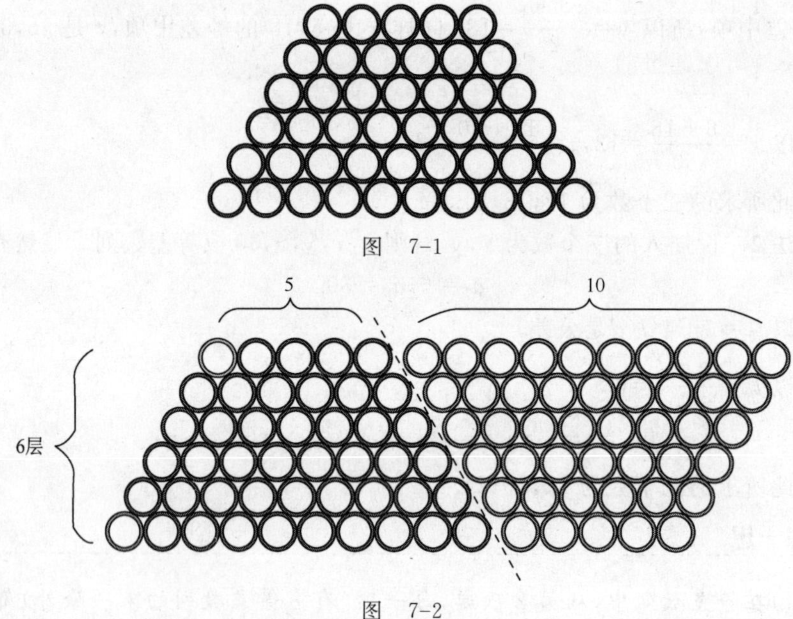

图　7-1

图　7-2

由于共有 6 层,两堆钢管的总数是$(5+10)\times6$,因此所求的钢管总数是

$$\frac{(5+10)\times6}{2}=45.$$

通过上面的具体例子,我们从分析等差数列的公差出发,利用"消去中间项"的基本思想,找出求和的简单方法.

一般地,设等差数列$a_1,a_2,a_3,\cdots,a_n,\cdots$,它的前 n 项和是 S_n,

即$S_n=a_1+a_2+a_3+\cdots+a_n$.

根据等差数列$\{a_n\}$的通项公式,上式可以写成

$$S_n=a_1+(a_1+d)+(a_1+2d)+\cdots+[a_1+(n-1)d]. \tag{1}$$

把(1)式中项的次序反过来,S_n 又可以写成

$$S_n=a_n+(a_n-d)+(a_n-2d)+\cdots+[a_n-(n-1)d]. \tag{2}$$

把(1),(2)两式的两边分别相加,得

$$2S_n=\overbrace{(a_1+a_n)+(a_1+a_n)+(a_1+a_n)+\cdots+(a_1+a_n)}^{n\text{个}(a_1+a_n)}=n(a_1+a_n)$$

由此得到等差数列$\{a_n\}$的前 n 项和公式

$$\boxed{S_n=\frac{n(a_1+a_n)}{2}}$$

由于$a_n=a_1+(n-1)d$,所以S_n 又可以用 a_1,d,n 表示成

$$\boxed{S_n=na_1+\frac{n(n-1)}{2}d}$$

上面两个求和公式给出了等差数列的 a_1, a_n, d, n, S_n 之间的关系．并且知道其中的三个量就可以通过前 n 项和公式及通项公式求出另外两个量．

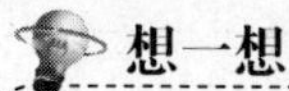

想一想

前 n 项和公式第一种形式与我们学过的梯形面积公式有什么相似之处？

例 1 在等差数列$\{a_n\}$中：

(1)已知$a_1=5, a_{10}=95$，求S_{10}；

(2)已知 $a_1=3, d=-\frac{1}{2}$，求S_{10}.

分析 (1)由已知条件知，应选择公式$S_n=\frac{n(a_1+a_n)}{2}$求解．

(2)由已知条件知，应选择公式$S_n=na_1+\frac{n(n-1)}{2}d$求解．

解 (1)因为 $a_1=5, a_{10}=95, n=10$，

所以$S_{10}=\frac{n(a_1+a_{10})}{2}=\frac{10(5+95)}{2}=500$；

(2)因为$a_1=3, d=-\frac{1}{2}, n=10$，

$$\begin{aligned}所以S_{10}&=na_1+\frac{n(n-1)}{2}d\\&=10\times3+\frac{1}{2}\times10(10-1)\times\left(-\frac{1}{2}\right)=7\frac{1}{2}.\end{aligned}$$

例 2 在等差数列$\{a_n\}$中，$d=2, a_n=1, S_n=-8$，求 n.

分析 根据已知条件可知，不能单独使用通项公式或前 n 项和公式求 n，因此需采用列方程组的方法求解．

解 把$d=2, a_n=1, S_n=-8$ 分别代入等差数列的通项公式和前 n 项和公式，得

$$\begin{cases}1=a_1+2(n-1), & (3)\\-8=na_1+n(n-1). & (4)\end{cases}$$

由(3)式得$a_1=3-2n$. (5)

把(5)式代入(4)式，并化简，得$n^2-2n-8=0$.

所以 $n=4, n=-2$.

由于项数不能是负整数，应把 $n=-2$ 舍去，所以 $n=4$.

说明 上述解法是用$a_n=a_1+(n-1)d$和$S_n=na_1+\frac{n(n-1)}{2}d$组成方程组求解．另外也可以用$a_n=a_1+(n-1)d$和 $S_n=\frac{n(a_1+a_n)}{2}$或$S_n=\frac{n(a_1+a_n)}{2}$和$S_n=na_1+$

$\frac{n(n-1)}{2}d$组成方程组求解．后两种方法请同学们自己完成．

练一练

求下列等差数列的和：

(1)$1+4+7+\cdots+28$；(2)$2+5+8+\cdots+29$；(3)$3+6+9+\cdots+30$.

练　　习

1. 填空题(根据下列等差数列$\{a_n\}$的条件,写出相应的S_n)：

(1)$a_1=1,a_{10}=10,S_{10}=$________；

(2)$a_1=50,d=-2,S_{25}=$________；

(3)$a_1=4,d=-3,S_{16}=$________.

2. 填空题：

(1)正整数列中前n个数的和,$S_n=$________；

(2)正整数列中前n个偶数的和,$S_n=$________；

(3)正整数列中前n个奇数的和,$S_n=$________.

3. 题组训练：

(1)已知等差数列$a_n=5n-2$,则$a_5+a_8=$________,$a_3+a_{10}=$________,$a_9+a_4=$________.

(2)已知等差数列$a_n=6n+3$,则$a_1+a_2+a_3=$________,$a_4+a_5+a_6=$______,$a_7+a_8+a_9=$________.

(3)在等差数列$\{a_n\}$中,已知三个量,将未知的量填入空格中：

题次	a_1	d	n	a_n	S_n
(1)	3	2		21	
(2)		4	26	105	
(3)		2.5		39.5	330
(4)	−28		9		0

习　题　7.2

1. 填空题：

(1)等差数列的通项公式$a_n=5+(n-1)\times(-3)$,则$a_1=$______,$d=$______.

(2)在等差数列 3,6,9,12,…中,$a_n=$________,90 是第________项.

(3)若四个数 6,x,y,-3 成等差数列,则 $x=$________,$y=$________.

(4)在等差数列$\{a_n\}$中,$a_2=3$,$a_5=9$,则 $a_{30}=$________.

(5)$\sqrt{2}+1$ 与$\sqrt{2}-1$ 的等差中项为________.

(6)已知等差数列$\{a_n\}$中,$a_1=4$,$d=-3$,则 $S_{16}=$________.

(7)已知等差数列$\{a_n\}$中,$S_n=n^2-2n$,则 $a_1=$________.

(8)已知等差数列$\{a_n\}$中,$S_9=-100$,则 $a_1+a_9=$________.

2. 解答题:

(1)等差数列$-3,-6,-9,-12,\cdots$的第多少项是-300?

(2)已知数列$\{a_n\}$为等差数列,且 $a_3=15$,$a_6=9$,求a_n.

(3)已知三个数成等差数列,其和为 9,首末两项的积为 5,求这三个数.

(4)已知等差数列$\{a_n\}$中,$a_2=3$,$a_8=17$,求 a_5 和 S_5.

(5)在等差数列$\{a_n\}$中,已知 $S_n=2n^2-n$,求 a_5.

(6)求等差数列 $6,3\frac{1}{2},1,\cdots$的第 12 项.

(7)一个等差数列的第 3 项是 9,第 9 项是 3,求它的第 12 项.

(8)等差数列的首项是-5,公差是 2,第几项是 81?

(9)三个数成等差数列,它们的和等于 9,它们的平方和等于 35,求这三个数.

7.3 等比数列及其通项公式

本节重点知识:

1. 等比数列.
2. 等比数列通项公式.
3. 等比中项.
4. 等比数列前 n 项和.

7.3.1 等比数列

我们来观察下面数列排列次序的特点:

(1)1,3,9,27,81;

(2)2,-4,8,-16,32,….

可以看出:从第 2 项起,数列(1)的每一项与它的前一项之比都等于 3,数列(2)的每一项和它的前一项之比都等于-2.

总之,每个数列,从第 2 项起,每一项与它的前一项之比都等于同一个常数.

定义 如果一个数列$a_1,a_2,a_3,\cdots,a_n,\cdots$,从第2项起,每一项与它的前一项之比都等于同一个非零常数q,即

$$\frac{a_2}{a_1}=\frac{a_3}{a_2}=\frac{a_4}{a_3}=\cdots=\frac{a_n}{a_{n-1}}=\cdots=q,$$

那么,这个数列就称做**等比数列**,常数q称做等比数列的**公比**.

想一想

(1)上面的数列(1)和(2)都是等比数列,它们的公比分别是____和______.

(2)在等比数列中,某一项能否是零?为什么?

(3)公比为1的等比数列有什么特点?

(4)说出下列等比数列的公比:

①1,2,4,8,…;②1,4,16,64,…;

③1,−8,64,−512,…;④$1,\frac{1}{2},\frac{1}{4},\frac{1}{8},\cdots$.

(5)如果等比数列$a_1,a_2,\cdots,a_n$的公比是q,那么数列$a_n,a_{n-1},\cdots,a_2,a_1$也是等比数列,且公比是________.

7.3.2 等比数列通项公式

如果一个数列$a_1,a_2,a_3,\cdots,a_n,\cdots$是等比数列,它的公比是$q$,那么

$a_2=a_1q$,

$a_3=a_2q=(a_1q)q=a_1q^2$,

$a_4=a_3q=(a_1q^2)q=a_1q^3$,

$a_5=a_4q=(a_1q^3)\cdot q=a_1q^4$,

…

由此可知等比数列的通项公式是

$$a_n=a_1q^{n-1}$$

上面的通项公式给出了等比数列中a_1,a_n,q和n之间的关系,知道其中的三个量,就可以求出另一个量.

例1 判断下列数列哪些是等比数列,并求出等比数列的公比和通项公式:

(1)2,−2,2,−2,…;　　(2)$\frac{1}{3},\frac{1}{6},\frac{1}{9},\frac{1}{12},\cdots$;

(3)1,1,1,1,…;　　(4)7,5,3,1,…;

(5)$1,\frac{1}{3},\frac{1}{9},\frac{1}{27},\cdots$;　　(6)$-\frac{1}{2},1,-2,4,\cdots$.

分析　如果一个数列是等比数列，必须满足等比数列的定义，即从第2项起，每一项与它的前一项之比等于同一个非零常数，经检验，上面(1)，(3)，(5)，(6)满足等比数列的定义．

解　由等比数列定义可以判定(1)，(3)，(5)，(6)是等比数列．其中

数列(1)的公比$q=-1$，通项公式是$a_n=2\cdot(-1)^{n-1}$；

数列(3)的公比$q=1$，通项公式是$a_n=1$；

数列(5)的公比$q=\frac{1}{3}$，通项公式是$a_n=\left(\frac{1}{3}\right)^{n-1}=\frac{1}{3^{n-1}}$；

数列(6)的公比$q=-2$，通项公式是$a_n=\left(-\frac{1}{2}\right)(-2)^{n-1}=(-2)^{n-2}$.

例2　已知等比数列的首项是5，公比是-3，求它的第5项．

解　因为$a_1=5,q=-3,n=5$，

所以$a_5=a_1q^{5-1}=5\times(-3)^4=405$.

例3　一个等比数列的第3项为125，第4项为-625，求它的首项．

分析　因为等比数列的是已知的，所以可以通过$\frac{a_4}{a_3}$求出公比q，再利用通项公式求出首项．

解　因为$a_3=125,a_4=-625$，

所以　公比$q=\frac{a_4}{a_3}=-5$.

因为　$a_3=a_1q^{3-1}$，即$125=a_1(-5)^2$，

所以　$a_1=5$.

注意　本题也可根据两个独立的已知条件，利用列方程组的方法求解．

根据题意，有$\begin{cases}a_1q^2=125 & (1)\\ a_1q^3=-625 & (2)\end{cases}$.

(2)式÷(1)式，得公比$q=-5$.

将$q=-5$代入(1)式得$a_1\cdot(-5)^2=125$.

所以$a_1=5$.

例4　根据下列条件，分别求出等比数列的公比q.

(1)$a_1=2,a_5=32$；　　　(2)$a_1=-2,a_6=64$.

分析：本题已知a_1,n,a_n，求q.

解　(1)因为$a_1=2,a_5=32$，

所以$2q^{5-1}=32$，即$q^4=16$.

所以$q=\pm2$.

(2)因为$a_1=-2,a_6=64$,

所以$(-2)\cdot q^{6-1}=64$. 即$q^5=-32$.

所以 $q=-2$.

说明:在实数范围内,当 n 是偶数时,q 有唯一解;当 n 是奇数时,q 有两解.

练一练

在等比数列中,根据下列条件,求公比q:

(1)$a_5=2,a_7=8$; (2)$a_{10}=3,a_{13}=-\dfrac{1}{9}$; (3)$a_{10}=-1,a_{25}=1$.

例 5 如果成等比数列的三个数的和为 14,乘积为 64,求这三个数.

分析 本题是已知三个数的和、三个数的积及三个数成等比数列,这三个独立条件,求三个数的问题. 可以列三元方程组求解,也可以利用三个数的积为常数这一条件,设这三个数为$\dfrac{a}{q},a,aq$(q 为公比).

解法 1 设这三个数依次为 x,y,z.

根据题意,有$\begin{cases}y^2=xz & (3)\\ x+y+z=14. & (4)\\ xyz=64 & (5)\end{cases}$

把(3)式代入(5)式,得$y^3=64$. $y=4$.

把 $y=4$ 分别代入(4)式,(3)式,得$\begin{cases}x+z=10\\ xz=16\end{cases}$.

由$\begin{cases}x+z=10\\ xz=16\end{cases}$,得$\begin{cases}x=2\\ z=8\end{cases}$或$\begin{cases}x=8\\ z=2\end{cases}$.

所以所求的三个数为 2,4,8 或 8,4,2.

解法 2 因为三个数成等比数列,故可设三个数为$\dfrac{a}{q},a,aq$(q 为公比). 那么由已知条件,有

$$\frac{a}{q}\cdot a\cdot aq=64,$$

所以$a^3=64$,从而$a=4$.

即所求的三个数为$\dfrac{4}{q},4,4q$.

于是有$\dfrac{4}{q}+4+4q=14$. 即$4q^2-10q+4=0$.

解之,得$q=2$ 或$q=\dfrac{1}{2}$.

所以所求的三个数为 2,4,8 或 8,4,2.

练一练

已知三个数成等比数列,积是 27,如果第三个数减去 4,且不改变顺序,则成等差数列,求原来的三个数.

解 根据三个数成等比数列,且积是 27,则可设这三个数为______①.因为______②=27,所以 $a=$______③.

即所求的三个数为______④.

因为______⑤成等差数列,

所以______⑥.

所以 $q=$______⑦.

因此所求的三个数为______⑧.

答案① $\frac{a}{q},a,aq$(q 为公比);② $\frac{a}{q}\cdot a\cdot aq$;③3;④ $\frac{3}{q},3,3q$;⑤ $\frac{3}{q},3,3q-4$;⑥ $\frac{3}{q}+3q-4=6$;⑦ $q=3$ 或 $q=\frac{1}{3}$;⑧1,3,9 或 9,3,1.

练 习

1. 填空题(求下列各等比数列的公比):

(1)5,−15,45,…,则 $q=$______;

(2)1.2,2.4,4.8,…,则 $q=$______;

(3)$\sqrt{2},1,\frac{\sqrt{2}}{2},\cdots$,则 $q=$______.

(4)2,−6,18,…,则 $a_5=$______;

(5)$1,\frac{1}{2},\frac{1}{4},\cdots$,则 $a_n=$______;

(6)9,−3,1,…中,$-\frac{1}{243}$是第______项.

2. 题组训练:

(1)已知等比数列 $a_n=2^{n-1}$,则 $a_1\cdot a_6=$______,$a_2\cdot a_5=$______,$a_3\cdot a_4=$______;

(2)已知等比数列 $a_n=3^{n-2}$,则 $a_1\cdot a_2=$______,$a_3\cdot a_4=$______,$a_5\cdot a_6=$______.

(3)在等比数列$\{a_n\}$中,已知三个量,将未知的量填入空格中:

题次 量	a_1	q	n	a_n
(1)	3	3		81
(2)	4	-3	5	
(3)		$\sqrt{2}$	8	16
(4)	$\frac{2}{3}$		4	$\frac{9}{32}$

7.3.3 等比中项

如果在a与b之间插入一个数G,使a,G,b成等比数列,那么G称做a与b的**等比中项**.

如果G是a与b的等比中项,那么$\frac{G}{a}=\frac{b}{G}$,即$G^2=ab$.

因此
$$G=\pm\sqrt{ab}\,(ab>0)$$

例 1 在6和24之间插入一个数,使它和这两个数成等比数列,求插入的这个数.

分析 本题所求的数就是已知数6和24的等比中项. 用等比中项公式可以求出.

解 设插入的数是x,则
$$x=\pm\sqrt{6\times24}=\pm12,$$
所以插入的数是±12.

例 2 在81和1之间插入三个正数,使它们与这两个数成等比数列,求这三个数.

分析 本题可以按两种方法来解. 第一种方法是把81看成a_1,1看成a_5,插入的三个数分别是a_2,a_3,a_4,用等比数列的通项公式可以求得这三个数. 第二种方法是利用求等比中项的方法. 第一种方法由同学们自己完成,下面只用第二种方法求插入的三个数.

解 设插入的三个正数为x,y,z,则81,x,y,z,1成等比数列.

因为y是81和1的等比中项,且y是正数,

所以$y=\sqrt{81\times1}=9$

又因为x是81和y的等比中项,z是y和1的等比中项,且x,z均为正数,

所以$x=\sqrt{81\times9}=27$,$z=\sqrt{9\times1}=3$,

因此所求的三个数是27,9,3.

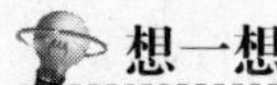

想一想

(1)在等比数列中,从第2项起,每一项(有穷等比数列的末项除外)都是它的前一项与后一项的________.

(2)在等比数列$\{a_n\}$中,a_7是不是a_4与a_{10}的等比中项?

练 习

1. 求下列各组数的等比中项：

(1)4 与 16； (2)2 与 18；

(3)2 与 32 ； (4)3 与 27；

(5)$\frac{2}{3}$与$\frac{27}{2}$； (6)$\frac{3}{7}$与$\frac{12}{7}$.

2. 2 和 x 的等比中项有一个是-8,x 和 $3y+1$ 的等比中项有一个是 4,求 x,y.

3. 在 1 和 36 之间插入三个正数,使它们与这两个数成等比数列,求这三个数.

7.3.4 等比数列前n项和

本节讨论求等比数列前n项和的问题．

设等比数列为$a_1,a_2,a_3,\cdots,a_n,\cdots$,

它的前n项和为S_n,即$S_n=a_1+a_2+a_3+\cdots+a_n$.

根据等比数列的通项公式,等比数列前n项和可写成

$$S_n=a_1+a_1q+a_1q^2+\cdots+a_1q^{n-2}+a_1q^{n-1}. \tag{1}$$

现将(1)式两边分别乘以公比q,得

$$qS_n=a_1q+a_1q^2+a_1q^3+\cdots+a_1q^{n-1}+a_1q^n. \tag{2}$$

观察(1)式和(2)式,可以看出,(1)式的右边从第 2 项到最后一项,与(2)式的右边从第 1 项到倒数第 2 项完全相同,于是,(1)式两边分别减去(2)式两边,得

$$(1-q)S_n=a_1-a_1q^n.$$

由此得到,当$q\neq1$ 时,等比数列$\{a_n\}$的前n项和公式

$$S_n=\frac{a_1(1-q^n)}{1-q}(q\neq1).$$

因为$a_1q^n=(a_1q^{n-1})q=a_nq$,

所以S_n 还可以用a_1,q,a_n 表示成

$$S_n=\frac{a_1-a_nq}{1-q}(q\neq1).$$

想一想

当$q=1$时,$S_n=$__________.

上面两个求和公式给出了等比数列中a_1,a_n,q,n,S_n之间的关系.并且知道其中的三个量就可以通过前n项和公式及通项公式求出另外两个量.

例 1 求等比数列$\frac{1}{2}$,$\frac{1}{4}$,$\frac{1}{8}$…的前 8 项的和.

解 因为$a_1=\frac{1}{2}$,$q=\frac{a_2}{a_1}=\frac{1}{2}$,$n=8$,

所以$S_8=\frac{a_1(1-q^8)}{1-q}=\frac{\frac{1}{2}\left[1-\left(\frac{1}{2}\right)^8\right]}{1-\frac{1}{2}}=\frac{255}{256}$.

例 2 已知等比数列前 4 项的和是$\frac{5}{9}$,公比是$-\frac{1}{3}$,求它的首项.

解 因为$S_4=\frac{a_1(1-q^4)}{1-q}$,得$\frac{a_1\left[1-\left(-\frac{1}{3}\right)^4\right]}{1-\left(-\frac{1}{3}\right)}=\frac{5}{9}$.

所以$\frac{80}{81}a_1=\frac{20}{27}$,即$a_1=\frac{3}{4}$.

所以这个数列的首项是$\frac{3}{4}$.

练　习

1. 根据下列各组条件,写出相应的等比数列的S_n:

(1)$a_1=2$,$q=3$,则$S_5=$________;

(2)$a_1=4.8$,$q=-0.2$,则$S_5=$________;

(3)$a_1=1$,$q=-\frac{1}{2}$,$n=8$ 则$S_8=$________.

2. 在等比数列$\{a_n\}$中,已知三个量,将未知的量填入空格中:

题次　量	a_1	q	n	a_n	S_n
(1)	2		5	8	
(2)		$-\frac{1}{2}$	7	7	
(3)	3	$\frac{1}{2}$		$\frac{3}{64}$	
(4)	-2.7	$-\frac{1}{3}$		$\frac{1}{90}$	

习　题　7.3

1. 填空题:

(1)等比数列 5,25,125,625,…的通项公式$a_n=$________.

(2)在等比数列$\{a_n\}$中,$q=\sqrt{3}$,$a_6=27$,则$a_1=$________.

(3)在等比数列$\{a_n\}$中,$a_3=3$,$a_6=9$,则$a_9=$________.

(4)等比数列$\frac{2}{3}$,$\frac{1}{2}$,$\frac{3}{8}$,$\frac{9}{32}$,…的公比$q=$________.

(5)数$7+2\sqrt{6}$与$7-2\sqrt{6}$的等比中项为________.

(6)等比数列$\{a_n\}$的前四项为$a,x,b,2x$,则$\frac{b}{a}=$________.

(7)如果$2,x,3$为等差数列,$10,4,y$成等比数列,则$xy=$________.

(8)在等比数列$\{a_n\}$中,$a_1=\frac{3}{2}$,$a_4=96$,则$S_4=$________.

(9)在等比数列$\{a_n\}$中,$a_1=3$,$q=-2$,$S_n=33$,则$n=$________.

2. 解答题:

(1)在等比数列$\{a_n\}$中,$a_1=2$,$a_5=32$,求通项公式.

(2)在等比数列$\{a_n\}$中,$a_1=3$,$a_n=81$,$q=3$,求n.

(3)一个等比数列的第2项和第5项分别是6和384,求它的a_1和q.

(4)已知三个数成等比数列,它们的和是13,积为27,求这三个数.

(5)在4与12之间插入两个数,使前三个数成等比数列,后三个数成等差数列,求这两个数.

(6)求等比数列$\sqrt{2}$,-1,$\frac{\sqrt{2}}{2}$,…的第7项.

(7)在4与128之间插入四个数,使它们和这两个数成等比数列,求这四个数.

(8)三个数成等比数列,它们的和是14,它们的积是64,求这三个数.

7.4 数列的应用

在实践中,有很多实际问题都可以化为数列的问题,然后用数列的相关知识求解.

例 某人在银行参加每月10元的零存整取储蓄,月利率是按单利0.5%计算,问12个月的本利合计是多少?(单利是指如果储蓄时间超过单位时间,利息不计入本金,就是说对上一单位时间给予的利息不再支付利息)

分析:第1个月存入的10元,计利12个月,到期本利是$(10+10\times\frac{0.5}{100}\times12)$元,第2个月存入的10元,计利11个月,到期本利是$(10+10\times\frac{0.5}{100}\times11)$元;…;第12个月存入的10元;计利1个月,到期本利是$(10+10\times\frac{0.5}{100}\times1)$元.由此可知,这是一个等差数列,其和就是所要求的12个月的本利总款数.

解　因为 $a_1=10+10\times\frac{0.5}{100}\times 12=10.60$，$a_{12}=10+10\times\frac{0.5}{100}\times 1=10.05$，

所以 $S_{12}=\frac{n(a_1+a_{12})}{2}=(10.60+10.05)\times 6=123.90$(元).

答:12 个月的本利合计是 123.90 元.

想一想

你能否将上面的应用题适当改动一下,分别得到求 S_n,a_n,q,a_1 四道新的应用题.

练　习

1. 梯子的最高一级宽 33cm,最低一级宽 89cm,中间还有 7 级,各级的宽度成等差数列,求中间各级的宽度.

2. 已知一个直角三角形的三条边的长度成等差数列,求证它们的比是 3∶4∶5.

3. 某多边形的周长是 204cm,所有各边的长成等差数列,最大的边长是 44cm,最小的边长是 24cm,求多边形的边数.

4. 一辆新汽车价值 25 万元,1 年内的折旧率为 10%,以后每年折旧率为 5%,问 5 年后这辆汽车的价值是多少万元?

5. 某家庭打算用 10 年时间储蓄 20 万元购置一套商品房,为此每年需存入银行额数相同的专款.假设年利率为 4%,按复利计算,问每年应存入银行多少钱?(精确到 1 元)

习　题　7.4

1. 填空题:

(1)三角形的三内角 A,B,C 成等差数列,则 $B=$ ＿＿＿＿＿＿度.

(2)有 20 个同学聚会,见面时如果每个人都和其他每一个人握手一次,那么共握手＿＿＿＿＿次.

(3)某工厂今年共生产某种车床 1 000 台,如果平均每年的产量比上一年增长 10%,则该厂到后年年底三年内共生产＿＿＿＿＿台车床.

2. 解答题:

(1)夏季某山上的温度从山顶处开始,每降低 100m,气温升高 0.6℃,现山脚处的温度为 31.6℃,山顶处的温度为 5.2℃,求此山的山顶相对与山脚的高度.

(2)林场计划在 4 年内共造林 4000 公顷,如果每年比上一年多造林 20%,第一年应造林多少公顷?

思考与总结

本章主要学习数列的概念、通项公式及前 n 项和公式．数列的极限的概念与计算．

1. 数列的概念

按________排列的一列数称做数列，数列中的每一个数称做这个数列的____．

项数有限的数列，称做______数列，项数无限的数列称做______数列．

如果数列 $\{a_n\}$ 的第 n 项 a_n 与项数 n 之间的关系可以用一个公式表示，这个公式就称做这个数列的________．

2. 两种最基本的数列

满足 $a_{n+1}-a_n=d$(常数)$(n=1,2,3,\cdots)$的数列 $\{a_n\}$ 称做____数列，满足 $\frac{a_{n+1}}{a_n}=q$ (常数)$(n=1,2,3,\cdots,q\neq0)$的数列 $\{a_n\}$ 称做____数列．

等差数列的通项公式：$a_n=$__________．

等比数列的通项公式：$a_n=$__________．

等差数列的前 n 项和公式：

$S_n=$__________或 $S_n=$__________．

等比数列的前 n 项和公式：

$q\neq1$ 时，$S_n=$__________或 $S_n=$__________．

$q=1$ 时，$S_n=$__________．

若 A 是 a 与 b 的等差中项，则 $A=$__________．

若 G 是 a 与 b 的等比中项，且 $a\cdot b>0$，则 $G=$__________．

复 习 题 七

A　组

1. 选择题：

(1)已知数列为等比数列且 $a_2=4,q=2$ 则 $a_n=$(　　)．

A. 2^{n-1}　　B. 2^n　　C. 3^n　　D. 2^{n-2}

(2)已知等比数列 1,2,4…中的第(　　)项为 64．

A. 4　　B. 5　　C. 6　　D. 7

(3)如果等比数列的前三个数和为 13，乘积为 27，这三个数是(　　)．

A. 2,8,4　　B. 2,4,8　　C. 1,3,9　　D. 2,1,4

(4)以下满足 $a_n=n^2(2n+1)$的前四项的数分别是(　　)．

A. 3,15,21,36　　B. 3,20,63,144;　C. 2,9,11,18;　D. 3,20,63,72;

(5)已知数列 $a_n=\frac{1}{2n+1}$则 $a_2=$(　　).

A. 1　　B. $\frac{1}{5}$　　C. 2　　D. 4

(6)若在 3 与 7 之间插入一个数,使它与这两个数成等差数列则插入的数为(　　).

A. 5　　B. -5　　C. 3　　D. 0.5

(7)求 2 与 6 的等差中项为(　　).

A. 5　　B. 4　　C. 3　　D. ±4

(8)已知数列的前三项为 3,-9,27 则这个数列为(　　).

A. 等差数列　　B. 等比数列

C. 既不是等差数列也不是等比数列　　D. 不是数列

(9)已知在等差数列中 $a_1=1,a_{10}=10$ 则 $s_{10}=$(　　).

A. 50　　B. 55　　C. 60　　D. 65

(10)已知数列为等比数列且 $a_2=4,q=2$ 则 $a_n=$(　　).

A. 2^{n-1}　　B. 2^n　　C. 3^n　　D. 2^{n-2}

2. 根据下列通项公式,写出数列的前 5 项与第 20 项:

(1)$a_n=5\ (-1)^{n+1}$;　　(2)$a_n=n^{\frac{1}{n}}$;

(3)$a_n=\frac{n^2-1}{n^2+1}$;　　(4)$a_n=\frac{(-1)^{n+1}}{n}$.

3. 写出下面各数列的一个通项公式,使它的前 4 项分别是下列各数:

(1) 0,-2,-4,-6,…;　　(2) 1,$\frac{1}{4}$,$\frac{1}{9}$,$\frac{1}{16}$,…;

(3)$-\frac{1}{2\times1}$,$\frac{1}{2\times2}$,$-\frac{1}{2\times3}$,$\frac{1}{2\times4}$,…;　　(4)$\frac{3}{2}$,$\frac{4}{3}$,$\frac{5}{4}$,$\frac{6}{5}$,….

4. 题组训练:

(1)等差数列 10,6,2,…的第 11 项.

(2)一个等差数列的第 3 项是 9,第 9 项是 3,求它的第 12 项.

(3)等差数列的首项是-5,公差是-4,第几项是-401?

(4)求等比数列$\sqrt{2}$,-1,$\frac{\sqrt{2}}{2}$,…的第 7 项.

(5)在 81 与 1 之间插入三个正数,使这五个数成等比数列,求这三个数.

(6)三个数成等比数列,它们的和是 7,它们的积是 8,求这三个数.

B　组

1. 先确定数列的项数,再求和:

(1) $2+4+6+\cdots+100$;

(2) $5+7+9+\cdots+(2n-1)$;

(3) $1+2+2^2+\cdots+2^n$.

2. 在等差数列中,$a_1=1$,$S_6=51$,求a_6 与d.

3. 在等比数列中,$a_3=\dfrac{3}{2}$,$S_3=\dfrac{9}{2}$,求a_1 与q.

4. 有三个数成等差数列,它们的和为 45,如果把这三个数依次加上 2、3、7,则新数列变等比数列,求这三个数.

5. 题组训练:

(1)已知三个数成等比数列,积为 729,如果第三个数减去 12,且不改变顺序,则成等差数列,求这三个数.

(2)已知$\{a_n\}$为等比数列且 $a_1=2$,$q=-2$ 求 a_n与 s_3.

(3)已知在等比数列中 $q=3$,$s_4=80$ 求 a_1,a_5.

(4)已知在 10 和 30 之间插入三个数,使它们与这两个数成等差数列,求这三个数.

第8章 直线和圆的方程

在数学中，用数字或其他符号来确定一个点或图形位置的方法称做坐标方法．坐标方法非常重要，它使得现代计算机不仅可以进行各种数值计算，还能解决几何问题，研究图形的性质与图形之间的关系．在实际生活中，常常用数字来确定位置．例如，用经度和纬度这两个数字确定地球表面的位置；看电影时，可根据电影票上标出的几排几号，找到自己的座位．

8.1 直线的方程

本节重点知识：

1. 两个斜率公式．

$$k=\tan\alpha(0°\leqslant\alpha<180°，且\ \alpha\neq 90°)$$

$$k=\frac{y_2-y_1}{x_2-x_1}(x_1\neq x_2)$$

2. 三个方程．

点斜式方程　　$y-y_1=k(x-x_1)$

斜截式方程　　$y=kx+b$

一般式方程　　$Ax+By+C=0$（A,B 不同时为零）

8.1.1 直线方程的点斜式和斜截式

1. 直线的倾斜角和斜率

观察图8-1，直线 l 在直角坐标系中与两条坐标轴有不同的夹角．我们规定，直线 l 向上的方向与 x 轴的正方向所成的最小正角，称做直线 l 的倾斜角，如图8-1中的 α．

特别地，当直线 l 与 x 轴平行或重合时，规定它的倾斜角为 $0°$．因此直线的倾斜角 α 的取值范围是 $0°\leqslant\alpha<180°$．

倾斜角不是 $90°$ 的直线，它的倾斜角的正切称做这条直线的**斜率**．直线的斜率通常用 k 表示，即

$$k=\tan\alpha$$

倾斜角是 $90°$ 的直线的斜率不存在；倾斜角不是 $90°$ 的直线都有确定的斜率．

如果一条直线经过两个已知点 $P_1(x_1,y_1)$，$P_2(x_2,y_2)$，并且直线的倾斜角不

等于 90°,下面研究怎样依据直线上两个已知点的坐标来计算这条直线的斜率.

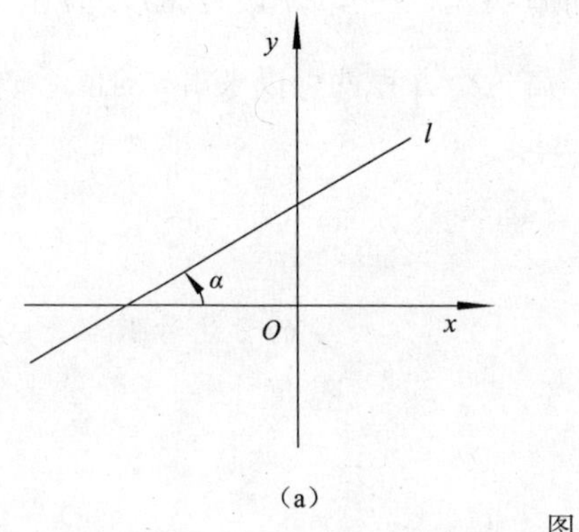

(a)

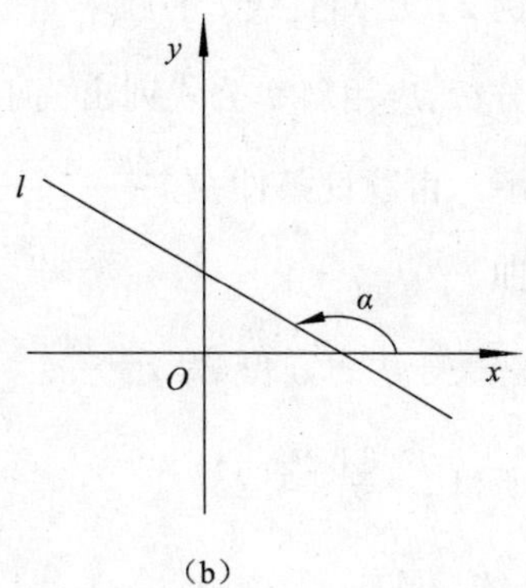

(b)

图 8-1

设直线 P_1P_2 的倾斜角是 α,斜率是 k,向量 $\overrightarrow{P_1P_2}$ 的方向是向上的(见图 8-2),向量 $\overrightarrow{P_1P_2}$ 的坐标是 (x_2-x_1,y_2-y_1),过原点作向量 $\overrightarrow{OP}=\overrightarrow{P_1P_2}$,则点 P 的坐标是 (x_2-x_1,y_2-y_1),而且直线 OP 的倾斜角也是 α,根据正切函数的定义 $\tan\alpha=\dfrac{y_2-y_1}{x_2-x_1}$,

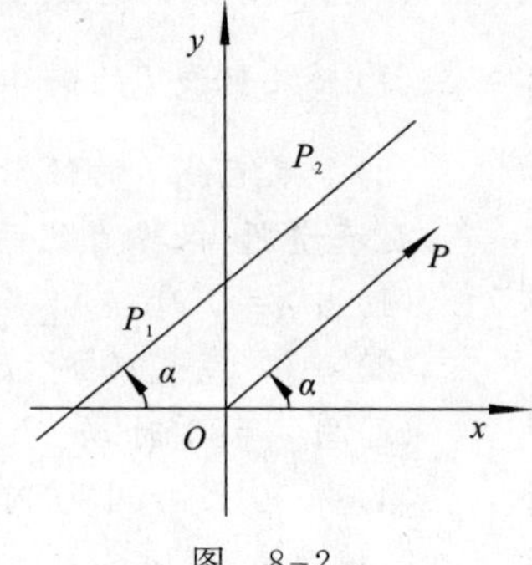

图 8-2

即 $$k=\frac{y_2-y_1}{x_2-x_1}(x_1\neq x_2)$$

同样,当向量 $\overrightarrow{P_2P_1}$ 的方向向上时,

$$\tan\alpha=\frac{y_1-y_2}{x_1-x_2}=\frac{y_2-y_1}{x_2-x_1},$$

即 $$k=\frac{y_2-y_1}{x_2-x_1}(x_1\neq x_2)$$

综上所述,我们得到经过点 $P_1(x_1,y_1)$,$P_2(x_2,y_2)$ 两点的直线的斜率公式

$$k=\frac{y_2-y_1}{x_2-x_1}$$

注意 当 $x_1=x_2$ 时,直线的倾斜角是 90°,斜率 k 不存在.

例 1 求经过 $A(-2,3)$,$B(2,-1)$ 两点的直线的斜率和倾斜角.

解 把两点的坐标 $(-2,3)$,$(2,-1)$ 代入斜率公式,得

$$k=\frac{-1-3}{2-(-2)}=-1.$$

即 $\tan\alpha=-1$.

因为 $0°\leqslant\alpha<180°$,

所以 $\alpha=135°$.

因此,这条直线的斜率是 -1,倾斜角是 135°.

例 2 已知直线 l 的斜率 $k=\frac{2}{3}$,且经过点 $A(4,2t-1)$,$B(-2,6)$,求 t 的值.

分析:应用斜率公式列出关于 t 的方程,解这个方程就可以求出 t 的值.

解 由题设条件,有 $\frac{2t-1-6}{4-(-2)}=\frac{2}{3}$.

即 $2t-7=4$.

解关于 t 的方程,得 $t=\frac{11}{2}$.

所以 $t=\frac{11}{2}$.

练一练

1. 已知直线 l 过点 $A(t,2)$,$B(-3,4)$,

(1)如果直线 l 的斜率 $k=-\frac{1}{2}$,求 t;

(2)如果直线 l 的倾斜角 $\alpha=30°$,求 t

2. 填空题:根据直线的倾斜角 α 的取值,确定斜率 k 的数值或范围.

(1)当 $\alpha=0°$ 时,k ______________;

(2)当 $0°<\alpha<90°$ 时,k ______________;

(3)当 $\alpha=90°$ 时,k ______________;

(4)当 $90°<\alpha<180°$ 时,k ______________.

3. 填写表 8-1.

表 8-1

直线倾斜角 α	30°	45°	60°	120°	135°	150°		
斜率 k							0	不存在

4. 根据下列条件确定直线 l 的倾斜角 α 和斜率 k.

(1)直线 l 平行于 x 轴时,则 $\alpha=$ __________,$k=$ __________;

(2)直线 l 平行于 y 轴时,则 $\alpha=$ __________,$k=$ __________.

5. 根据下列条件,求直线的倾斜角:

(1)直线的斜率 $k=\sqrt{3}$; (2)直线的斜率 $k=-1$;

(3)直线的斜率 $k=-\frac{\sqrt{3}}{3}$; (4)直线与 x 轴平行.

6. 求经过下列每两点的直线的斜率和倾斜角:

(1)$(0,-2)$,$(4,2)$; (2)$(0,-4)$,$(-\sqrt{3},-1)$;

(3)$(0,0)$,$(-1,-\sqrt{3})$; (4)$(-\sqrt{3},\sqrt{2})$,$(\sqrt{2},-\sqrt{3})$.

2. 直线方程的点斜式和斜截式

(1)点斜式

已知直线 l 的斜率是 k，并且经过点 $P_1(x_1,y_1)$，求直线 l 的方程(见图 8-3).

图　8-3

设点 $P(x,y)$是直线 l 上不同于 P_1 的任意一点. 因直线 l 的斜率为 k，根据经过两点的直线的斜率公式，得

$$k=\frac{y-y_1}{x-x_1},$$

上式可化为

$$y-y_1=k(x-x_1)$$

这个方程就是斜率为 k 且过点 $P_1(x_1,y_1)$的直线 l 的方程.

由于这个方程是由直线上一点和直线的斜率确定的，所以称做直线方程的**点斜式**.

例 3　已知直线 l 的倾斜角是 60°，且过点 $A(\sqrt{3},-2)$，求直线 l 的方程，并画出相应的图形.

解　直线 l 的斜率是

$$k=\tan 60°=\sqrt{3}.$$

又知直线 l 过点 $A(\sqrt{3},-2)$，代入点斜式方程，

得
$$y-(-2)=\sqrt{3}(x-\sqrt{3})$$

即
$$\sqrt{3}x-y-5=0.$$

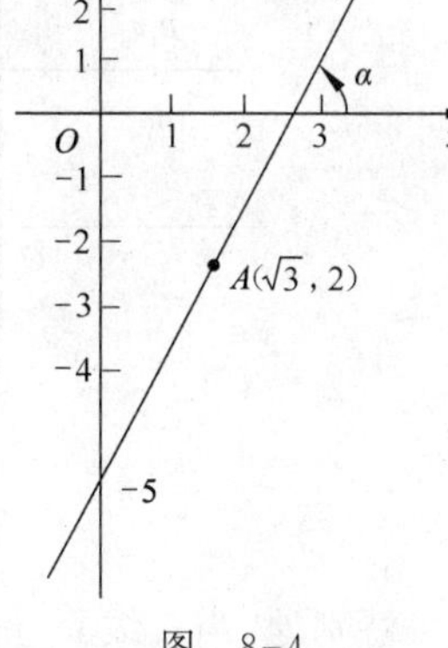

图　8-4

图形如图 8-4 所示.

直线的点斜式方程作为代数方程还应进行化简，下面题目中所说的“求直线的方程”，都要对方程进行化简.

练一练

1. 填空题：

根据下列条件写出直线的点斜式方程：

(1)斜率是 2，且过点 $P(-3,5)$，__________；

(2)倾斜角 135°，且过点 $A(-1,-2)$，__________.

2. 根据下列直线的点斜式方程，说出各直线的斜率、倾斜角和直线经过的已知点的坐标：

(1) $y-3=x+2$；　　(2) $y+4=-(x-1)$；

(3) $y+2=\sqrt{3}(x+5)$；　　(4) $y-7=-\frac{\sqrt{3}}{3}(x+2)$.

现在来考虑两种特殊情况.

①直线 l 过点 $P_1(x_1,y_1)$,且平行于 x 轴,求直线 l 的方程(如图 8-5(a)所示).

因为直线 l 平行于 x 轴,所以倾斜角 $\alpha=0°$,斜率 $k=0$,由点斜式得直线 l 的方程为

$$y-y_1=0(x-x_1),$$

即

$$y=y_1.$$

② 直线 l 过点 $P_1(x_1,y_1)$,且平行于 y 轴,求直线 l 的方程(如图 8-5(b)所示).

因为直线 l 平行于 y 轴,所以倾斜角 $\alpha=90°$,直线 l 没有斜率,它的方程不能用点斜式表示,但因 l 上每一点的横坐标都等于 x_1,所以它的方程是

$$x=x_1.$$

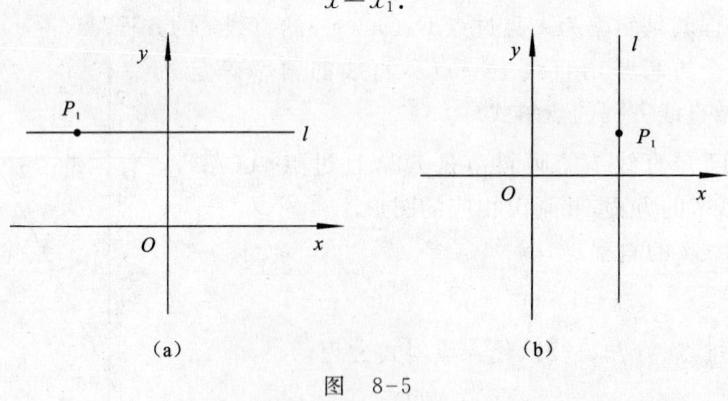

图 8-5

特别地,当直线 l 与 x 轴重合时,它的方程为 $y=0$,当直线 l 与 y 轴重合时,它的方程为 $x=0$.

练一练

填空题:

(1)过点 $A(2,-3)$,倾斜角是 $0°$的直线方程是__________.

(2)过点 $B(5,-1)$,倾斜角是 $90°$的直线方程是__________.

(3)过点 $C(0,4)$,且平行于 x 轴的直线方程是__________.

(4)过点 $D(6,3)$,且平行于 y 轴的直线方程是__________.

(5)直线 $x-3=0$ 过点(　　)与________轴平行.

(6)直线 $y+5=0$ 过点(　　)与________轴平行.

(2)斜截式

一条直线与 x 轴交点的横坐标,称做这条直线在 x 轴上的**截距**;直线与 y 轴交点的纵坐标,称做这条直线在 y 轴上的**截距**. 例如直线 l 与 x 轴交于点 $(a,0)$,与 y

轴交于点$(0,b)$，如图 8-6(a)所示，则 a 就是直线 l 在 x 轴上的截距，b 就是直线 l 在 y 轴上的截距.

如果已知直线 l 的斜率是 k，在 y 轴上的截距是 b（见图 8-6(b)），如何求出直线 l 的方程呢？

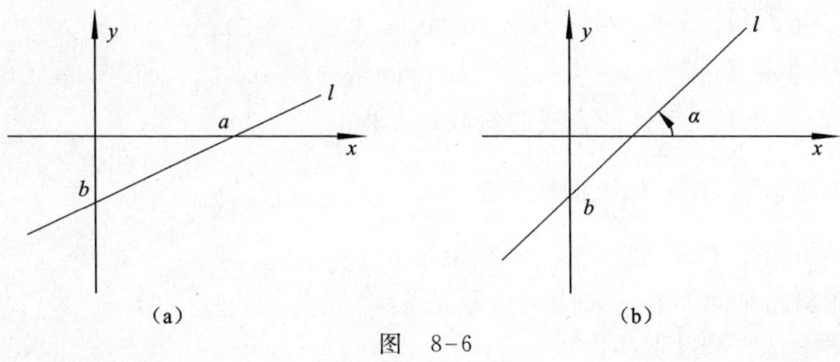

图　8-6

因为 b 是直线 l 与 y 轴交点的纵坐标，所以直线 l 与 y 轴交于点$(0,b)$，又知直线 l 的斜率为 k，代入点斜式就得出直线 l 的方程

$$y-b=k(x-0).$$

即

$$y=kx+b.$$

这个方程是由直线 l 的斜率和它在 y 轴上的截距确定的，所以称做直线方程的**斜截式**.

例 4　求与 y 轴交于点$(0,-4)$，且倾斜角为 $150°$ 的直线方程.

解　已知直线在 y 轴上的截距 $b=-4$，斜率 $k=\tan 150°=-\frac{\sqrt{3}}{3}$，代入斜截式，

得
$$y=-\frac{\sqrt{3}}{3}x-4.$$

即
$$\sqrt{3}x+3y+12=0.$$

例 5　化直线 l 的点斜式方程 $y-2=\frac{1}{3}(x+4)$ 为直线的斜截式方程，并指出方程的斜率和在 y 轴上的截距.

解　因为直线 l 的点斜式方程为 $y-2=\frac{1}{3}(x+4)$.

所以
$$y=\frac{1}{3}x+\frac{4}{3}+2.$$

因为直线 l 的斜截式方程为 $y=\frac{1}{3}x+\frac{10}{3}$.

由直线 l 的斜截式方程得它的斜率为$\frac{1}{3}$，在 y 轴上的截距为$\frac{10}{3}$.

练　习

1. 说出下列直线的斜率 k，在 y 轴上的截距 b 及在 x 轴上的截距 a 的值.

(1) $y=2x+3$；　　(2) $y=-\sqrt{3}(x+5)$；

(3) $x=2y-1$；　　(4) $2x-y-7=0$.

2. 写出适合下列条件的直线的斜截式方程.

(1)斜率是 $\frac{\sqrt{3}}{3}$，在 y 轴上的截距是 -2，________；

(2)倾斜角是 $135°$，在 y 轴上的截距是 3，________；

(3)倾斜角是 $60°$，在 x 轴上的截距是 5，________；

(4)斜率是 -2，过点 $(0,4)$，________；

3. 化下列直线的点斜式方程为斜截式方程，并指出方程的斜率和在 y 轴上的截距.

(1) $y+5=\frac{1}{2}(x+6)$；　　(2) $y-4=-\frac{1}{3}(x+3)$；

(3) $y-\frac{1}{2}=\frac{3}{4}(x+2)$；　　(4) $y+7=\frac{3}{5}(x+10)$.

8.1.2　直线方程的一般式

前面我们学习了直线方程的几种特殊形式，它们都是二元一次方程，下面进一步研究直线和二元一次方程的关系.

在平面直角坐标系中，任何直线的方程都可以表示成 $Ax+By+C=0$（A,B 不同时为零）的形式，这是因为在直角坐标系中，任何直线都有倾斜角 α（$0°\leqslant\alpha<180°$），当 $\alpha\neq 90°$ 时，它们都有斜率，方程可以写成如下形式

$$y=kx+b.$$

当 $\alpha=90°$ 时，方程可以写成 $x=x_1$ 的形式，（可以看成 $x+0\cdot y=x_1$），这个方程也是关于 x,y 的二元一次方程，其中 y 的系数是 0.

由上述可知，在直角坐标平面内，任何直线都可以求得它的方程，而且是二元一次方程，也就是说，直线的方程都可以写成关于 x,y 的二元一次方程 $Ax+By+C=0$（A,B 不同时为零）.

反之，方程 $Ax+By+C=0$（A,B 不同时为零）总表示直线.

我们知道，关于 x,y 的二元一次方程的一般形式是

$$Ax+By+C=0. \qquad (1)$$

其中 A,B,C 是任意实数，但 A,B 不能同时为零，因此，B 必有两种情况：$B\neq 0$ 和 $B=0$. 现分别加以讨论.

(1)若 $B\neq0$,则方程(1)可化为

$$y=-\frac{A}{B}x-\frac{C}{B}.$$

这是直线的斜截式方程,它表示斜率 $k=-\frac{A}{B}$,在 y 轴上的截距 $b=-\frac{C}{B}$ 的直线.

(2)若 $B=0$,这时必有 $A\neq0$,方程(1)可化为

$$x=-\frac{C}{A}.$$

它表示一条与 y 轴平行($C\neq0$)或重合($C=0$)的直线.

由上述可知,关于 x,y 的一次方程表示一条直线,我们称方程

$$Ax+By+C=0$$

是直线方程的**一般形式**(其中 A,B 不同时为零).

为了方便起见,直线 l 的方程是 $Ax+By+C=0$,可以记做

$$l:Ax+By+C=0.$$

例 1　求直线 $l:2x-3y+6=0$ 的斜率和在 y 轴上的截距.

解法 1　将直线 l 的方程化为斜截式.

将原方程移项,得 $3y=2x+6$.

两边同除以 3,得斜截式 $y=\frac{2}{3}x+2$.

所以直线 l 的斜率为 $\frac{2}{3}$,在 y 轴上的截距是 2.

解法 2　根据 $k=-\frac{A}{B}$,$b=-\frac{C}{B}$,求 k,b.

因为 $A=2,B=-3,C=6$,

所以 $k=-\frac{A}{B}=-\frac{2}{-3}=\frac{2}{3}$,$b=-\frac{C}{B}=-\frac{6}{-3}=2$,

直线 l 的斜率为 $\frac{2}{3}$,在 y 轴上的截距为 2.

例 2　画出方程 $4x-3y-12=0$ 表示的直线.

解　在方程 $4x-3y-12=0$ 中,令 $x=0$ 得 $y=-4$,令 $y=0$ 得 $x=3$,可知直线经过点 $A(0,-4)$ 和 $B(3,0)$,

在坐标系中,做出点 $A(0,-4)$ 和 $B(3,0)$,过 A,B 两点做直线,则直线 AB 就是方程 $4x-3y-12=0$ 的直线(见图 8-7).

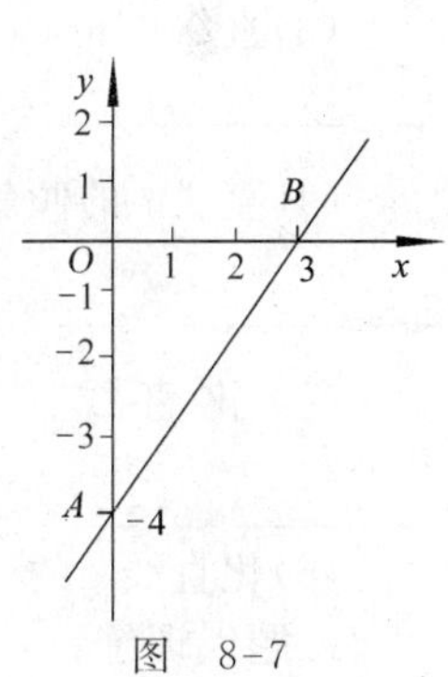

图　8-7

练　习

1. 填空题:

(1)当 $B\neq0$ 时,直线 $Ax+By+C=0$ 的斜率 $k=$________,在 y 轴上的截距

$b=$________;在 x 轴上的截距(当 $A\neq 0$ 时)$a=$________;

(2)当 $B=0$ 时,直线 $Ax+By+C=0$ 与________轴平行或重合,它的斜率是________;

(3)当________时,直线 $Ax+By+C=0$ 通过原点.

2.由下列条件写出直线的方程,并化成一般式:

(1)经过点 $A(-3,5)$,斜率是 -2;

(2)经过点 $P_1(-3,5)$ 和 $P_2(-1,4)$;

(3)在 x 轴和 y 轴上的截距分别是 5 和 -3;

(4)倾斜角是 $30°$,在 y 轴上的截距是 -4.

3.分别画出下列直线:

(1)$3x+y-6=0$;　(2)$y=\frac{1}{3}x+4$;　(3)$2x+y=0$;　(4)$4y+3=0$.

习　题　8.1

A　组

1.填空题:

(1)直线 l 的斜率为 $\frac{2}{5}$,且经过点 $(-3,1)$,则直线 l 的点斜式方程为________________,一般式方程为________________.

(2)直线 l 的斜率为 $-\frac{1}{4}$,且经过点 $(2,-6)$,则直线 l 的点斜式方程为________________,一般式方程为________________.

(3)直线 l 的倾斜角为 $120°$,且经过点 $(6,-5)$,则直线 l 的点斜式方程为________________,一般式方程为________________.

(4)直线 l 的倾斜角为 $\frac{\pi}{4}$,且在 y 轴上的截距为 -8,则直线 l 的斜截式方程为________________,一般式方程为________________.

(5)化直线 l 的点斜式方程 $y+10=\frac{5}{6}(x-2)$ 为斜截式方程:________________,它在 y 轴上的截距为________________.

(6)化直线 l 的一般式方程 $3x+4y-5=0$ 为斜截式方程:________________.

2.题组训练:

直线 l 过点 $M(0,4)$,根据下列条件分别求直线 l 的方程:

(1)倾斜角 $\alpha=\frac{\pi}{6}$;　(2)倾斜角 $\alpha=\frac{\pi}{4}$;

(3)斜率 $k=2$;　(4)斜率 $k=-4$;

(5)倾斜角 $\alpha=\frac{5\pi}{6}$;　(6)倾斜角 $\alpha=\frac{3\pi}{4}$.

B　组

1. 一直线通过$(-a,3)$和$(5,-a)$两点，且斜率等于 1，求 a 的值.

2. 已知直线的斜率 $k=2$，$P_1(3,5)$，$P_2(x_2,7)$$P_3(-1,y_3)$是这条直线上的三个点，求 x_2，y_3.

3. 判断下列各题中的三点是否在同一直线上：

(1)$A(2,3)$，$B(1,-3)$，$C(3,9)$；

(2)$P_1(2,1)$，$P_2(3,-2)$，$P_3(-4,-1)$；

(3)$C(1,3)$，$D(5,7)$，$E(10,12)$.

4. 根据下列条件写出直线的方程，并画出图形：

(1)经过点 $A(-3,7)$，倾斜角为 $30°$；

(2)经过点 $B(2,-5)$，且与 y 轴垂直；

(3)斜率为-2，在 y 轴上的截距是 8；

(4)过原点且平分两坐标轴所夹的角.

5. 已知$\triangle ABC$ 三个顶点是 $A(2,1)$，$B(0,7)$，$C(-4,-1)$，求三边所在的直线的方程.

6. 题组训练：

(1)α 为何值时，过点 $A(a,2)$，$B(3,-1)$的直线的倾斜角是锐角？是钝角？是直角？

(2)当且仅当 m 为何值时，经过两点 $A(m,2)$，$B(-m,2m-1)$的直线的倾斜角是 $45°$？

8.2　两条直线的位置关系

本节重点知识：

1. 两个公式.

(1)夹角公式：$\tan\theta=\left|\dfrac{k_1-k_2}{1+k_1k_2}\right|$

(2)点到直线距离公式：$d=\dfrac{|Ax_0+By_0+C|}{\sqrt{A^2+B^2}}$

2. 两个定理.

(1)$l_1 /\!/ l_2 \Leftrightarrow k_1=k_2$，$b_1\neq b_2$.

(2)$l_1\perp l_2\Leftrightarrow k_1\cdot k_2=-1$ 或 $l_1\perp l_2\Leftrightarrow k_1=-\dfrac{1}{k_2}$.

8.2.1　两条直线的平行和垂直

1. 两条直线的平行

在初中几何里，我们研究过平面内两条直线相互平行和垂直的位置关系. 现在

我们研究怎样通过直线的方程来判定平面直角坐标系中两条直线的平行或垂直的位置关系.

先研究两条直线平行的情况.

设直线 l_1 和 l_2 分别有如下的斜截式方程:

$$l_1: y=k_1x+b_1,$$
$$l_2: y=k_2x+b_2.$$

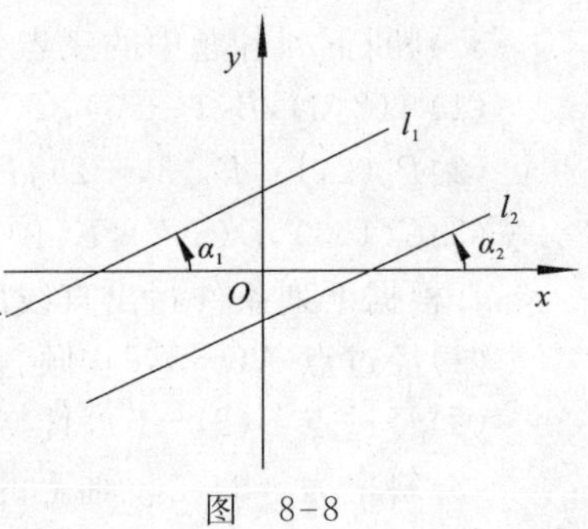

图 8-8

如果 $l_1 /\!/ l_2$(见图 8-8),那么,它们的倾斜角相等且纵截距不等.

即 $\alpha_1=\alpha_2, b_1\neq b_2$,

由 $\alpha_1=\alpha_2$ 得 $\tan\alpha_1=\tan\alpha_2$,

则 $k_1=k_2$;

反过来,如果 l_1 和 l_2 的斜率相等且不重合,

即 $k_1=k_2, b_1\neq b_2$,

由 $k_1=k_2$ 得 $\tan\alpha_1=\tan\alpha_2$,

因为 $0°\leqslant\alpha_1<180°, 0°\leqslant\alpha_2<180°$,

所以 $\alpha_1=\alpha_2$.

由于 $b_1\neq b_2$,则知 $l_1 /\!/ l_2$.

由上述可知,两条直线有斜率,如果它们平行,则斜率相等且纵截距不等;反之,如果它们的斜率相等且纵截距不等,则它们平行,也就是说,有斜率的两条直线,它们的斜率相等且纵截距不等,是它们平行的充要条件.

$$l_1 /\!/ l_2 \Leftrightarrow k_1=k_2, b_1\neq b_2$$

由此我们立即得出,有斜率的两条直线,它们的斜率相等且纵截距也相等,是它们重合的充要条件.

$$l_1 \text{ 与 } l_2 \text{ 重合} \Leftrightarrow k_1=k_2, b_1=b_2$$

注意 上面两个充要条件的前提条件是每一条直线的斜率都存在.

例 1 已知两条直线的方程分别为 $l_1: 2x-3y+6=0$; $l_2: 4x-6y-5=0$.

求证:$l_1 /\!/ l_2$.

证明 把 l_1, l_2 的方程写成斜截式

$$l_1: y=\frac{2}{3}x+2, l_2: y=\frac{2}{3}x-\frac{5}{6},$$

可知 l_1 和 l_2 的斜率 $k_1=k_2=\frac{2}{3}$.

又 l_1 和 l_2 在 y 轴上的截距分别是

$$b_1=2, b_2=-\frac{5}{6}.$$

因为 $k_1=k_2$ 且 $b_1\neq b_2$,

所以 $l_1 /\!/ l_2$.

想一想

如果直线 $2x+3y+5=0$ 与直线 $2x+3y+m=0$ 平行，那么 m 的取值范围是什么？

例 2　已知点 $A(-3,5)$ 和直线 $l:4x-3y+7=0$，求过点 A 且与直线 l 平行的直线方程.

解　因为所求直线与直线 l 平行，所以所求直线的斜率 $k=\frac{4}{3}$.

由点斜式得到所求直线的方程为

$$y-5=\frac{4}{3}(x+3),$$

即

$$4x-3y+27=0.$$

练一练

1. 判断正误：

(1)如果两条直线的斜率相等，且在 y 轴上的截距不相等，那么这两条直线平行.(　　)

(2)如果两条直线平行，那么它们的斜率一定相等.　(　　)

(3)斜率相等且在 y 轴上的截距也相等是两条直线重合的充要条件.(　　)

(4)斜率相等是两条直线平行的充分且不必要条件.　(　　)

2. 判断下列各对直线是否平行：

(1) $2x-4y+3=0$ 与 $x-2y-5=0$；

(2) $3x+3y-4=0$ 与 $x=y$；

(3) $5x-3y=6$ 与 $3x-5y=8$；

(4) $x+y=3$ 与 $2x+2y=6$.

3. 根据下列条件，求直线的方程：

(1)经过点 $A(-2,3)$，且平行于直线 $4x-3y+5=0$；

(2)经过点 $B(0,-4)$，且平行于直线 $x+2y-6=0$.

2. 两条直线的垂直

现在研究两条直线垂直的情况.

如果 $l_1\perp l_2$，显然 $\alpha_1\neq\alpha_2$，设 $\alpha_1>\alpha_2$（见图 8-9）. 由三角形外角定理知

$$\alpha_1=90^\circ+\alpha_2.$$

若 l_1 与 l_2 都有斜率，且分别为 k_1,k_2，则 l_1,l_2 都不平行于 y 轴，必有 $\alpha_1\neq 90^\circ$ 时，$\alpha_2\neq 0^\circ$.

$\tan\alpha_1=\tan(90°+\alpha_2)=-\dfrac{1}{\tan\alpha_2}$,

即 $k_1=-\dfrac{1}{k_2}$ 或 $k_1\cdot k_2=-1$.

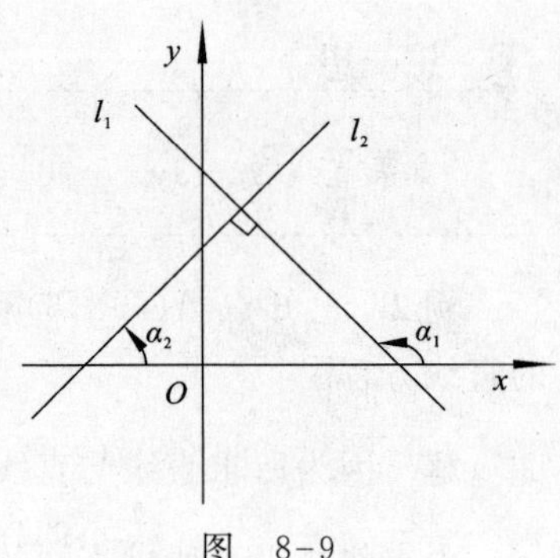

图 8-9

反之,如果 $k_1=-\dfrac{1}{k_2}$,

则有 $\tan\alpha_1=-\dfrac{1}{\tan\alpha_2}=-\cot\alpha_2=\tan(90°+\alpha_2)$.

因为 $0°\leqslant\alpha_1<180°,0°\leqslant\alpha_2<180°$

所以 $\alpha_1=90°+\alpha_2$

所以 $l_1\perp l_2$.

由上述可知,两条直线都有斜率时,如果它们相互垂直,则它们的斜率互为负倒数;反之,如果它们的斜率互为负倒数,则它们互相垂直,也就是说,有斜率的两条直线,它们的斜率互为负倒数是它们互相垂直的充要条件.

即

$$l_1\perp l_2\Leftrightarrow k_1=-\frac{1}{k_2}(l_1,l_2\text{ 有斜率})$$

或 $l_1\perp l_2\Leftrightarrow k_1\cdot k_2=-1$ $l_1\perp l_2\Leftrightarrow k_1\cdot k_2=-1$ $l_1\perp l_2\Leftrightarrow k_1\cdot k_2=-1$

$$l_1\perp l_2\Leftrightarrow k_1\cdot k_2=-1.$$

注意 上面充要条件的前提条件是每一条直线的斜率都存在.

例 3 已知两条直线 $l_1:2x-4y+5=0$ 和 $l_2:2x+y-3=0$,求证 $l_1\perp l_2$.

证明 直线 l_1 与 l_2 的斜率分别是 $k_1=\dfrac{1}{2},k_2=-2$.

因为 $k_1\cdot k_2=\dfrac{1}{2}\times(-2)=-1$,

所以 $l_1\perp l_2$.

想一想

已知直线 l_1 与 l_2,其中 l_1 的斜率不存在,那么 l_1 与 l_2 何时垂直?

例 4 求过点 $P(-4,3)$,且与直线 $l:2x+3y-6=0$ 垂直的直线方程.

解 直线 l 的斜率是 $-\dfrac{2}{3}$,

因所求直线与直线 l 垂直,所以所求直线的斜率是 $k=\dfrac{3}{2}$.

又直线过点 $P(-4,3)$,根据点斜式得到所求直线的方程为

$$y-3=\frac{3}{2}(x+4).$$

即
$$3x-2y+18=0.$$

注意

(1)与已知直线垂直是确定所求直线斜率的重要条件.

(2)求一个数的负倒数时,一定要完成两步运算:①变号;②求倒数.

练　习

1.判断正误:

(1)互相垂直的两条直线的斜率一定互为负倒数.　(　　)

(2)斜率互为负倒数的两条直线一定互相垂直.　(　　)

2.判断下列各对直线是否互相垂直:

(1)$x-y+3=0$ 和 $x+y-3=0$;

(2)$5x+2y-4=0$ 和 $2x-5y+8=0$;

(3)$2x+y-7=0$ 和 $2x-y-1=0$;

(4)$x=y$ 和 $2x+2y-5=0$.

3.根据下列条件,求直线的方程:

(1)经过点 $A(-1,4)$,且与直线 $2x-3y+5=0$ 垂直;

(2)经过原点,且与直线 $4x+y-7=0$ 垂直.

8.2.2　两条直线的夹角

两条直线相交所构成的四个角中,我们把不大于 90°的角称做**两条直线的夹角**.下面我们研究怎样根据两条直线的斜率,求它们的夹角.

设两条相交直线 l_1 与 l_2 的方程是

$$l_1:y=k_1x+b_1,l_2:y=k_2x+b_2.$$

它们的夹角为 θ,倾斜角分别为 α_1,α_2,

则有 $k_1=\tan\alpha_1,k_2=\tan\alpha_2$.

首先,当 $k_1\cdot k_2=-1$ 时,两条直线互相垂直,因而得 $\theta=90°$.

现在来研究 $k_1\cdot k_2\neq-1$ 时的情况.

因为 l_1 与 l_2 是相交直线,倾斜角 $\alpha_1\neq\alpha_2$,不妨设 $\alpha_1\geqslant\alpha_2$.

当 $0°<\alpha_1-\alpha_2<90°$时(见图 8-10(a)),$\theta=\alpha_1-\alpha_2$ 则有 $\tan\theta=\tan(\alpha_1-\alpha_2)>0$.

当 $90°<\alpha_1-\alpha_2<180°$时(见图 8-10(b)),$180°-\theta=\alpha_1-\alpha_2$,即 $\theta=180°-(\alpha_1-\alpha_2)$,

则 $\tan\theta=\tan[180°-(\alpha_1-\alpha_2)]=-\tan(\alpha_1-\alpha_2)>0$.

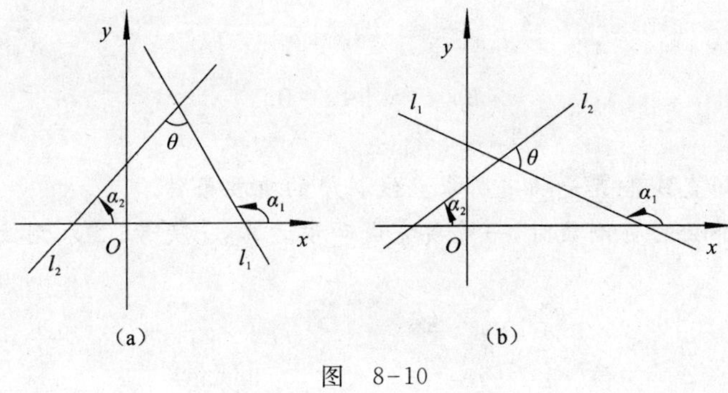

图 8-10

由上述可知,不论 $\alpha_1-\alpha_2$ 是锐角还是钝角,

都有 $\tan\theta=|\tan(\alpha_1-\alpha_2)|=\left|\dfrac{\tan\alpha_1-\tan\alpha_2}{1+\tan\alpha_1\tan\alpha_2}\right|$.

即

$$\tan\theta=\left|\frac{k_1-k_2}{1+k_1k_2}\right|.$$

这就是当 $k_1\cdot k_2\neq-1$ 时,两条相交直线的夹角正切公式,其中 $0°<\theta<90°$.

例 1 求下列各对相交直线的夹角:

(1) $l_1:3x-y+2=0$ 和 $l_2:x+3y-12=0$;

(2) $l_1:4x-2y+3=0$ 和 $l_2:3x+y-2=0$.

解 (1)先求出两条直线的斜率 $k_1=3,k_2=-\dfrac{1}{3}$.

因为 $k_1\cdot k_2=3\times\left(-\dfrac{1}{3}\right)=-1$,

所以 $l_1\perp l_2,\theta=90°$.

(2)两条直线的斜率是 $k_1=2,k_2=-3$.

代入两条直线的夹角正切公式,

得 $\tan\theta=\left|\dfrac{2-(-3)}{1+2\times(-3)}\right|=\left|\dfrac{5}{-5}\right|=1$.

所以 $\theta=45°$.

练一练

(1)求直线 $x-y+5=0$ 和 $x=3$ 的夹角;

(2)求直线 $x=2$ 和 $y=5$ 的夹角.

例 2 已知直线 l 与直线 $x-2y+3=0$ 的夹角是 $\dfrac{\pi}{4}$,求直线 l 的斜率.

解法 1　设直线 l 的斜率是 k，又直线 $x-2y+3=0$ 的斜率是 $\frac{1}{2}$，则由两条相交直线的夹角正切公式，

有 $\left|\dfrac{k-\frac{1}{2}}{1+\frac{1}{2}k}\right|=\tan\dfrac{\pi}{4}=1$.

所以 $\left(k-\frac{1}{2}\right)^2=\left(1+\frac{k}{2}\right)^2$.

整理，得 $3k^2-8k-3=0$.

解这个方程，得 $k=3$ 或 $k=-\frac{1}{3}$.

所以直线 l 的斜率是 3 或 $-\frac{1}{3}$.

解法 2　设直线 l 的斜率是 k，又直线 $x-2y+3=0$ 的斜率是 $\frac{1}{2}$，则由两条相交直线的夹角正切公式，

有 $\left|\dfrac{k-\frac{1}{2}}{1+\frac{1}{2}k}\right|=\tan\dfrac{\pi}{4}=1$.

所以 $\dfrac{k-\frac{1}{2}}{1+\frac{1}{2}k}=\pm1$.

即 $\dfrac{k-\frac{1}{2}}{1+\frac{1}{2}k}=1$ 或 $\dfrac{k-\frac{1}{2}}{1+\frac{1}{2}k}=-1$.

整理，得 $k-\frac{1}{2}=1+\frac{1}{2}k$ 或 $k-\frac{1}{2}=-\left(1+\frac{1}{2}k\right)$.

解这个方程，得 $k=3$ 或 $k=-\frac{1}{3}$.

练　习

求下列各对直线的夹角：

(1)l_1：$5x-3y+1=0$ 和 l_2：$6x+10y-7=0$；

(2)l_1：$x-y+3=0$ 和 l_2：$y-5=0$；

(3) $l_1: 2x+y-7=0$ 和 $l_2: x-3y-4=0$;

(4) $l_1: \sqrt{3}x-y-1=0$ 和 $l_2: \sqrt{3}x-3y+6=0$.

8.2.3 两条直线的交点

设两条直线的方程是

$l_1: A_1x+B_1y+C_1=0$,

$l_2: A_2x+B_2y+C_2=0$.

如果这两条直线相交,由于交点同时在这两条直线上,交点的坐标一定是这两个方程的唯一公共解;反过来,如果这两个二元一次方程只要有一个公共解,那么以这个解必是直线 l_1 与 l_2 的交点.因此,两条直线是否有交点,就要看这两条直线的方程所组成的方程组

$$\begin{cases}A_1x+B_1y+C_1=0\\A_2x+B_2y+C_2=0\end{cases},$$

是否有唯一解.

例 1 求下列两条直线的交点.

$$l_1: 3x+4y-2=0 \qquad l_2: 2x+y+2=0$$

解 解方程组

$$\begin{cases}3x+4y-2=0\\2x+y+2=0\end{cases},$$

得
$$\begin{cases}x=-2\\y=2\end{cases}.$$

所以,l_1 与 l_2 的交点是 $M(-2,2)$,如图 8-11 所示.

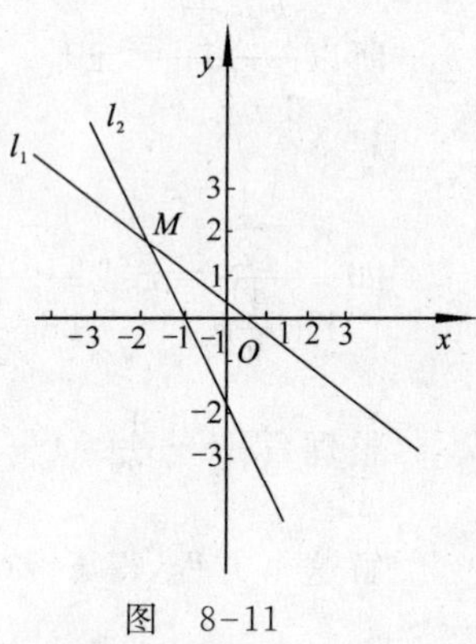

图 8-11

例 2 求经过原点且经过以下两条直线的交点的直线方程:

$$l_1: x-2y+2=0, \quad l_2: 2x-y-2=0.$$

解 解方程组

$$\begin{cases}x-2y+2=0\\2x-y-2=0\end{cases},$$

得
$$\begin{cases}x=2\\y=2\end{cases}.$$

所以 l_1 与 l_2 的交点是(2,2).

设经过原点的直线方程为 $y=kx$,把点(2,2)的坐标代入以上方程,得 $k=1$.所以,所求直线方程为 $y=x$.

练一练

已知直线分别满足下列条件，求直线方程：

(1)斜率为 5，且过两直线 $2x-y-3=0$ 和 $4x+5y+1=0$ 的交点；

(2)过两直线 $x-2y+3=0$ 和 $x+2y-9=0$ 的交点和原点；

(3)经过两直线 $x+y-5=0$ 和 $2x-y-1=0$ 的交点，且垂直于直线 $x-3y+10=0$；

(4)经过两条直线 $x+y=0$ 和 $3x+y-2=0$ 的交点，且平行与直线 $x-y+1=0$；

(5)经过直线 $y=2x+3$ 和 $3x-y+2=0$ 的交点，且垂直于第一条直线.

练　习

1. 求下列各对直线的交点，并画出相应的图形：

(1) l_1：$2x+3y=12$ 和 l_2：$x-2y=4$；

(2) l_1：$x=2$ 和 l_2：$3x+2y-12=0$.

2. 判定下列各对直线的位置关系. 如果相交，则求出交点的坐标：

(1) l_1：$2x-y=7$，l_2：$4x+2y=1$；

(2) l_1：$2x-6y+4=0$，l_2：$y=\dfrac{x}{3}+\dfrac{2}{3}$；

(3) l_1：$(\sqrt{2}-1)x+y=3$，l_2：$x+(\sqrt{2}+1)y=2$.

8.2.4　点到直线的距离

我们可以推出平面内一点 $P(x_0,y_0)$ 到一条直线 $Ax+By+C=0$(A，B 不同时为零)的距离公式，即

$$Ax+By+C=0$$

$$d=\frac{|Ax_0+By_0+C|}{\sqrt{A^2+B^2}}$$

注　方程必须为一般式(A、B 不同时为零).

如果 $A=0$ 或 $B=0$，该公式仍然成立，不过，此时直线 l 平行于 x 轴或 y 轴，所以不必利用这个公式就可以求出点 P 到直线 l 的距离.

例 1　求点 $A(-2,3)$ 到直线 l_1：$3x-4y-2=0$ 及到直线 l_2：$x=7$ 的距离.

解　设点 A 到直线 l_1 的距离为 d_1(图 8-12(a))，

则
$$d_1=\frac{|3\times(-2)-4\times3-2|}{\sqrt{3^2+(-4^2)}}=\frac{20}{5}=4,$$

设点 A 到直线 l_2 的距离为 d_2(图 8-12(b)),

因为直线 l_2 平行于 y 轴,

所以,$d_2=|7-(-2)|=9$.

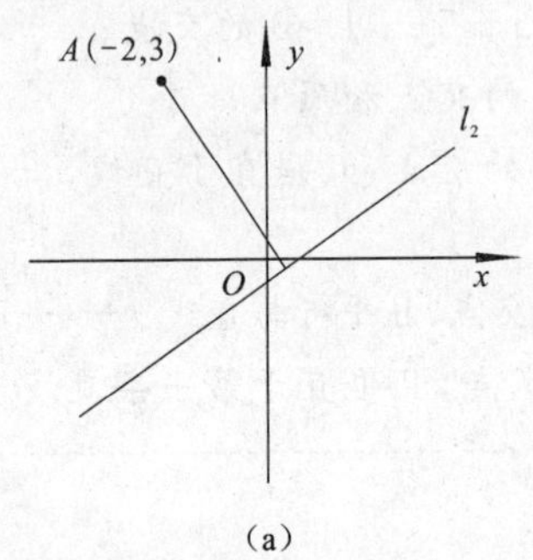

(a)

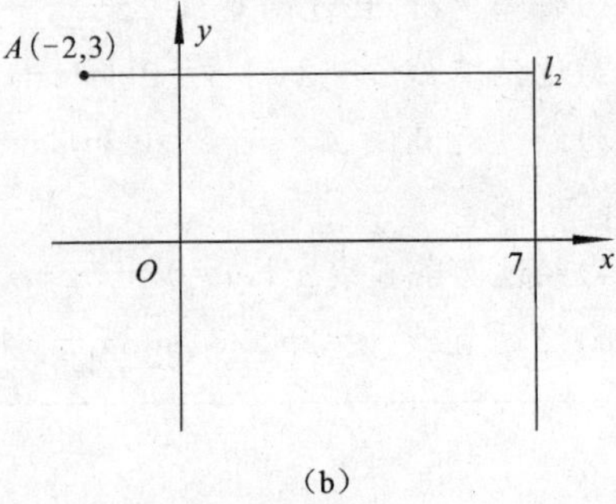

(b)

图 8-12

练一练

求下列各点到相应直线的距离 d:

(1)$O(0,0)$,$3x+4y-1=0$;　(2)$O(0,0)$,$x-y+5=0$;

(3)$O(0,0)$,$y=2x+10$;　(4)$A(2,3)$,$x-5=0$;

(5)$B(-1,1)$,$y=3$.

例 2　已知两条平行直线 $l_1:Ax+By+C_1=0$ 和 $l_2:Ax+By+C_2=0$.

求证:l_1 与 l_2 的距离 $d=\frac{|C_2-C_1|}{\sqrt{A^2+B^2}}$.

证明　因为 l_1 上任意一点到 l_2 的距离就是平行直线 l_1 与 l_2 的距离.

设 $P(x_0,y_0)$是直线 l_1 上任意一点,

则 P 到直线 l_2 的距离是

$$d=\frac{|Ax_0+By_0+C_2|}{\sqrt{A^2+B^2}}.$$

由 $Ax_0+By_0+C_1=0$ 知 $Ax_0+By_0=-C_1$,

所以 $d=\frac{|C_2-C_1|}{\sqrt{A^2+B^2}}$.

例 2 中的结论,可以作为公式求两条平行直线的距离.

注意　使用公式 $d=\frac{|C_2-C_1|}{\sqrt{A^2+B^2}}$ 求两条平行直线的距离时,x,y 的系数必须分别对应相等.

想一想

怎样用点到直线的距离公式证明一个点在一条直线上？

练一练

用多种方法证明 $A(-1,1)$，$B(3,3)$，$C(5,4)$ 三点在一条直线上（从直线的斜率公式、直线方程、两条直线的位置关系、点到直线距离公式等多方面考虑）.

练　习

1. 求下列点到直线的距离：

(1) $O(0,0)$，$3x+2y-26=0$；　(2) $A(-3,2)$，$3x+4y+11=0$；

(3) $B(1,0)$，$\sqrt{3}x+y-\sqrt{3}=0$；　(4) $C(1,-2)$，$4x+3y=0$.

(5) $D(4,-3)$，$y-5=0$.

2. 求下列两条平行直线间的距离：

(1) $x+3y-8=0$ 和 $x+3y+18=0$；

(2) $3x+4y-12=0$ 和 $6x+8y+11=0$.

3. 已知$\triangle ABC$三个顶点是 $A(4,0)$，$B(6,7)$，$C(0,3)$，求 BC 边上的高 AD 的长.

习　题　8.2

A　组

1. 判断下列各对直线的位置关系：

(1) $x+y+1=0$ 与 $x-y+1=0$；

(2) $2x-3y+1=0$ 与 $4x-6y+5=0$；

(3) $5x+2y-7=0$ 与 $4x+3y+9=0$；

(4) $\frac{1}{2}x+\frac{1}{3}y+\frac{1}{4}=0$ 与 $x+\frac{2}{3}y+\frac{1}{2}=0$.

2. 求下列两条直线的夹角：

(1) $x=5$ 与 $y=-7$；

(2) $4x+3y+7=0$ 与 $3x-4y+7=0$.

3. 求下列两条直线的交点：

(1)$2x+y-3=0$ 与 $3x+2y+1=0$；

(2)$y=x-3$ 与 $x+y-4=0$.

4. 求下列点到直线的距离：

(1)$A(0,0)$，$2x+y+3=0$；

(2)$B(1,-2)$，$x-y-4=0$；

(3)$C(-3,1)$，$2x-3y=5$；

(4)$D(0,5)$，$x=7$.

B　组

1. 根据下列条件，求直线的方程：

(1)过点 $A(-1,-1)$，与直线 $2x-y+1=0$ 平行；

(2)过点 $B(3,0)$，与直线 $4x+5y-2=0$ 垂直；

(3)已知直线 l 与直线 $x-y-2=0$ 的夹角$\frac{\pi}{3}$，求直线 l 的斜率.

(4)求经过 $C(-2,1)$ 且经过以下两条直线的交点的直线方程：

l_1：$x-y+3=0$ 与 l_1：$2x+y+1=0$

2. 求下列两条平行线间的距离：

(1)$4x-3y+2=0$ 与 $4x-3y-5=0$；

(2)$6x-4y+1=0$ 与 $12x-8y-7=0$.

8.3　曲线和方程

本节重点知识：

1. 重要概念.

曲线的方程，方程的曲线.

2. 重要方法.

已知曲线求它的方程，求两条曲线的交点.

1. 曲线和方程

在本章开始时，我们研究过直线的各种方程，讨论了直线和二元一次方程的关系. 下面，我们进一步研究一般曲线(包括直线)和方程的关系.

我们知道，两坐标轴所成的角位于第一，三象限的平分线的方程是 $x-y=0$. 这就是说，如果点 $M(x_0,y_0)$是这条直线上的任意一点，它到两坐标轴的距离一定相等，即 $x_0=y_0$，那么它的坐标(x_0,y_0)是方程 $x-y=0$ 的解；反过来，如果(x_0,y_0)是方程 $x-y=0$ 的解，即 $x_0=y_0$，那么以这个解为坐标的点到两轴的距离相等，它一定在这条平分线上(见图 8-13).

又如，函数 $y=ax^2$ 的图像是关于 y 轴对称的抛物线. 这条抛物线是所有以方程 $y=ax^2$ 的解为坐标的点组成的. 这就是说，如果 $M(x_0,y_0)$ 是抛物线上的点，那么 (x_0,y_0) 一定是这个方程的解；反过来，如果 (x_0,y_0) 是方程 $y=ax^2$ 的解，那么以它为坐标的点一定在这条抛物线上. 这样，我们就说 $y=ax^2$ 是这条抛物线的方程（见图 8-14）.

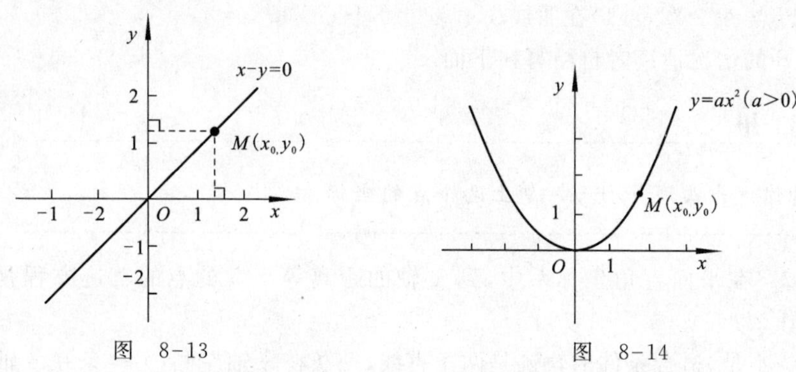

图　8-13　　　图　8-14

练一练

下述方程分别表示的是图 8-15 中的哪一个图形？为什么？

(1) $\sqrt{x}-\sqrt{y}=0$；　(2) $|x|-|y|=0$；　(3) $x-|y|=0$.

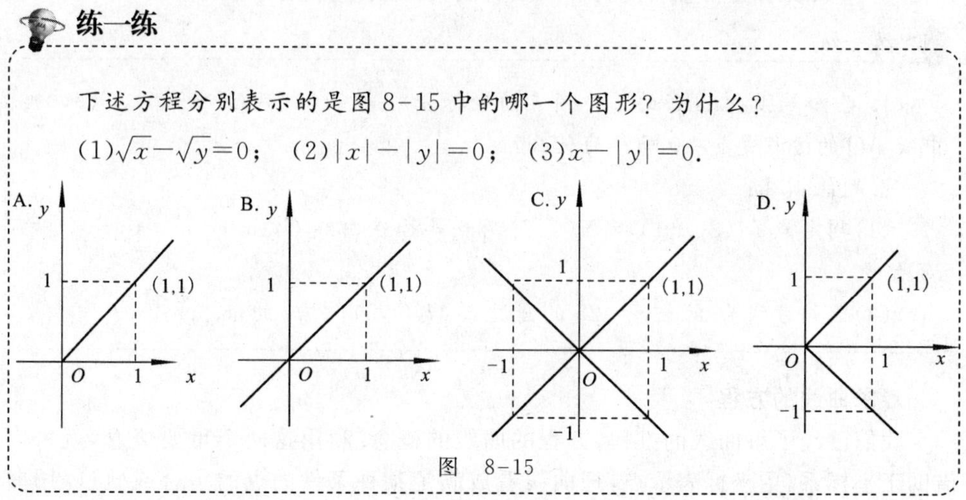

图　8-15

一般地，如果某曲线 C 上的点与一个二元方程 $f(x,y)=0$ 的解具有如下的对应关系：

(1) 曲线上的点的坐标都是这个方程的解；

(2) 以这个方程的解为坐标的点都在曲线上.

那么，这个方程是曲线的方程；这条曲线称做方程的曲线（图形）.

由曲线的方程的定义可知，如果曲线 C 的方程是 $f(x,y)=0$，那么点 $P_0(x_0,y_0)$ 在曲线 C 上的充要条件是 $f(x_0,y_0)=0$.

例 1 判定点 $A(2\sqrt{2},-1)$ 和 $B(-2,-2)$ 两点是否在曲线 $x^2+y^2=9$ 上.

解 将点 A 的坐标代入方程 $x^2+y^2=9$,

得 $(2\sqrt{2})^2+(-1)^2=8+1=9$.

因为点 A 的坐标满足方程 $x^2+y^2=9$,

所以点 $A(2\sqrt{2},-1)$ 在曲线 $x^2+y^2=9$ 上.

关于点 B 的情况请读者自己写在下面.

想一想

请你说出曲线 $x^2+y^2=9$ 上两个点的坐标.

例 2 在平面直角坐标系中,到 y 轴的距离等于 5 的点的轨迹方程是 $x=5$ 吗? 为什么?

解 不是,适合条件的轨迹是两条直线,一条在 y 轴左侧,另一条在 y 轴右侧. 方程 $x=5$ 只表示在 y 轴右侧的那一条直线,另一条直线的方程是 $x=-5$.

练一练

1. 已知等腰$\triangle ABC$的三个顶点的坐标分别是 $A(0,5)$,$B(-3,0)$,$C(3,0)$. 中线 AO 的方程是 $x=0$ 吗? 为什么?

2. 题组训练:

(1)判定点 $M(2,-1)$ 和 $N(1,7)$ 两点是否在曲线 C:$(x+1)^2+(y-3)^2=25$ 上;

(2)已知方程为 $x^2+y^2=25$ 的圆过点 $M(m,3)$,求 m 的值.

2. 求曲线的方程

我们已经了解曲线的方程、方程的曲线的概念. 利用这两个重要概念,就可以借助于坐标系,用坐标表示点,把曲线看成满足某种条件的点的集合或轨迹,用曲线上点的坐标 (x,y) 所满足的方程 $f(x,y)=0$ 表示曲线,通过研究方程的性质间接地研究曲线的性质. 我们把这种借助坐标系研究几何图形的方法称做**坐标法**. 在数学中,用坐标法研究几何图形的知识形成了一门称做**解析几何**的学科. 因此可以说,解析几何是用代数方法研究几何问题的一门数学学科. 平面解析几何研究的主要问题是:

(1)根据已知条件,求出表示平面曲线的方程;

(2)通过方程,研究平面曲线的性质.

下面首先讨论求曲线的方程.

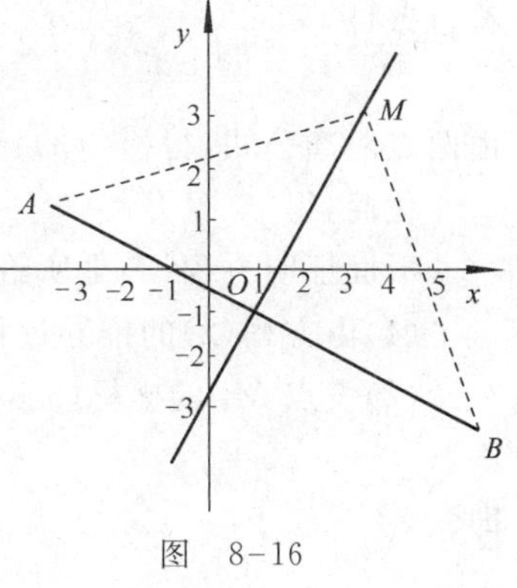

图　8-16

例 3　已知曲线 C 是与平面内两定点 $A(-3,1)$,$B(5,-3)$ 等距离的点的轨迹,求曲线 C 的方程(见图 8-16).

解　设 $M(x,y)$ 为曲线 C 上的任意一点,则点 M 适合条件 $|MA|=|MB|$.

根据两点的距离公式,得

$$\sqrt{(x+3)^2+(y-1)^2}=\sqrt{(x-5)^2+(y+3)^2}.$$

两边平方,得

$$(x+3)^2+(y-1)^2=(x-5)^2+(y+3)^2.$$

化简,得
$$2x-y-3=0. \tag{1}$$

下面证明方程(1)就是曲线 C 的方程.

(1)由方程(1)的推导过程可知,方程(1)是由曲线 C 上任意一点 $M(x,y)$ 适合条件的前提下推出的,因此曲线 C 上每一点的坐标都是方程的解.

(2)设点 M_1 的坐标(x_1,y_1)是方程的解,即

$$2x_1-y_1-3=0, y_1=2x_1-3$$

点 M_1 到 A,B 的距离分别是

$$\begin{aligned}|M_1A|&=\sqrt{(x_1+3)^2+(y_1-1)^2}\\&=\sqrt{(x_1+3)^2+(2x_1-4)^2}=\sqrt{5(x_1^2-2x_1+5)}.\\|M_1B|&=\sqrt{(x_1-5)^2+(y_1+3)^2}\\&=\sqrt{(x_1-5)^2+(2x_1)^2}=\sqrt{5(x_1^2-2x_1+5)}.\end{aligned}$$

所以 $|M_1A|=|M_1B|$.

即点 M_1 在曲线 C 上.

所以方程(1)是曲线 C 的方程.

因为平面内与两定点等距离的点的轨迹是连接两定点所得线段的垂直平分线,所以方程(1)是线段 AB 的垂直平分线的方程.

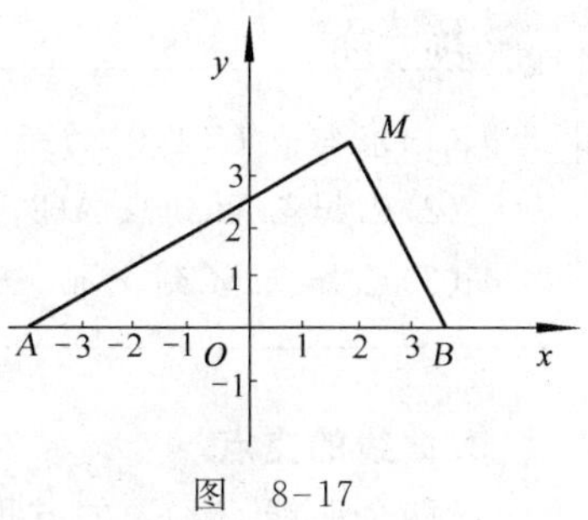

图　8-17

例 4　已知两个定点 A 和 B 的距离为 6,点 M 到这两个定点的距离的平方和为 26,求点 M 的轨迹方程.

解　如图 8-17 所示,取两定点 A 和 B 所在直线为 x 轴,线段 AB 的垂直平分线为 y 轴,建立直角坐标系.

设点 $M(x,y)$ 是轨迹上任意一点,$|AB|=6$,则 A,B 两点的坐标分别是$(-3,0)$,$(3,0)$,点 M

符合条件

$$|MA|^2+|MB|^2=26.$$

由两点距离公式,得$(x+3)^2+y^2+(x-3)^2+y^2=26$

化简,得
$$x^2+y^2=4 \tag{2}$$

下面证明方程(2)是所给轨迹曲线的方程.

(1)由方程(2)的推导过程可知轨迹上任意一点的坐标都是方程(2)的解.

(2)设点 M_1 的坐标(x_1,y_1)是方程(2)的解,

则
$$x_1^2+y_1^2=4,$$

即
$$y_1^2=4-x_1^2.$$

$$\begin{aligned}&|MA|^2+|MB|^2\\=&(x_1+3)^2+y_1^2+(x_1-3)^2+y_1^2\\=&2x_1^2+18+8-2x_1^2=26.\end{aligned}$$

所以点 M_1 是轨迹曲线上的点.

所以方程(2)是所求的方程.

想一想

通过观察和分析上述两个例题的解题过程,请读者概括出求曲线方程的一般步骤:

(1)________________;

(2)写出点 M 所适合的条件等式;

(3)________________;

(4)________________;

(5)证明所得方程确为已知曲线的方程.

由于化简过程一般是同解变形过程,以后步骤(5)可以省略不写.根据情况,也可以省略步骤(2),直接列出曲线方程.

练一练

(1)求与点 $C(4,0)$的距离等于 5 的点的轨迹方程.

(2)已知点 M 到点 $A(2,0)$的距离等于它到 y 轴的距离,求点 M 的轨迹方程.

(3)已知点 M 到 x 轴、y 轴的距离的乘积等于 1,求点 M 的轨迹方程.

3. 曲线的交点

设两个曲线 C_1,C_2 的方程分别是 $f_1(x,y)=0$ 和 $f_2(x,y)=0$,如果曲线 C_1 和 C_2 相交,则必有交点,假设 $P_1(x_1,y_1)$是一个交点,因 P_1 既在曲线 C_1 上,又在曲线

C_2 上，P_1 的坐标(x_1,y_1)必然是方程 $f_1(x,y)=0$ 的解，同时又是方程 $f_2(x,y)=0$ 的解，即(x_1,y_1)是方程组$\begin{cases}f_1(x,y)=0\\f_2(x,y)=0\end{cases}$的解.

反之，如果方程组$\begin{cases}f_1(x,y)=0\\f_2(x,y)=0\end{cases}$，有一个实数解$\begin{cases}x=x_1\\y=y_1\end{cases}$，那么，以 x_1，y_1 为坐标的点(x_1,y_1)必然既在曲线 C_1 上，又在曲线 C_2 上. 即以(x_1,y_1)为坐标的点是曲线 C_1，C_2 的交点.

方程组有几个实数解，两条曲线就有几个交点，方程组没有实数解，两条曲线就没有交点，可见，求曲线的交点问题，就是求曲线的方程所组成的方程组的实数解的问题.

例 5　求直线 $y=2x-5$ 与曲线 $x^2+y^2=5$ 的交点，并判断它们的位置关系.

解　解方程组$\begin{cases}y=2x-5\\x^2+y^2=5\end{cases}$.

方程组的解为$\begin{cases}x=2\\y=-1\end{cases}$，

可知，直线 $y=2x-5$ 与圆 $x^2+y^2=5$ 只有一个交点，它的坐标是$(2,-1)$，直线与曲线的位置关系是相切（见图 8-18）.

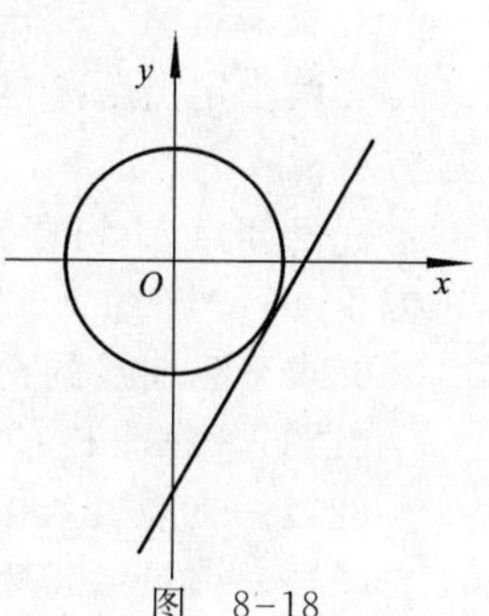

图　8-18

练　习

求下列各对曲线的交点：

(1) $2x+3y-12=0$ 和 $x-2y-4=0$；

(2) $2x-2y+3=0$ 和 $x^2-2y=0$；

(3) $x+y-1=0$ 和 $x^2+y^2=16$.

习　题　8.3

A　组

1. 判断坐标原点是否在下列曲线上：

(1) $y=2x^2-5x$；　　(2) $y=\dfrac{x}{1-2x}$.

2. 判断 $P(-1,2)$是否在下列曲线上：

(1) $y=-\dfrac{2x}{x+2}$；　　(2) $y=\dfrac{x^2+2x+7}{x^2-x+1}$.

3. 若点 $P(x_0,-4)$ 是曲线 $x^2-4x-2y-5=0$ 上一点,求 P 点的横坐标.

4. 若点 $Q(3t^2-4,2t^2-3t)$ 在直线 $x-y=0$ 上,求 Q 点的坐标.

B 组

1. 填空题:

(1)方程 $y=ax^2+bx+c$ 的曲线经过原点的条件是__________;

(2)方程 $(x+a)^2+(y+b)^2=r^2$ 的曲线经过原点的条件是__________.

2. 判断正误:

(1)到两条坐标轴距离相等的点的轨迹方程是 $x=y$. ( )

(2)到原点的距离等于 5 的点的轨迹方程是 $x^2+y^2=25$. ( )

3. 求与点 $A(-2,-4)$ 和 $B(1,-3)$ 距离相等的点的轨迹方程.

4. 两个定点距离是 8,点 M 到这两个定点的距离的平方差为 24,求点 M 的轨迹方程.

5. 已知点 M 到直线 $x=8$ 的距离是它到点 $A(2,0)$ 的距离的 2 倍,求点 M 的轨迹方程.

6. 求下列曲线的交点:

(1) $3x+2y+1=0$ 和 $5x-3y-11=0$;

(2) $2x+9y+3=0$ 和 $x^2+9y=0$;

(3) $x^2+4y^2=52$ 和 $x^2-y^2=7$;

(4) $4x^2-9y^2=36$ 和 $y=1$.

7. 题组训练:

(1) k 为何值时,直线 $2x-y-k=0$ 与曲线 $x^2+y^2=5$ 有两个不同交点? 只有一个交点? 没有交点?

(2)若抛物线 $y=-x^2-2x+m$ 与直线 $y=2x$ 相交于不同的两点 A,B,求:①m的取值范围;②$|AB|$;③线段 AB 的中点坐标.

(3)点 $P(2,1)$ 是否在过两条曲线 $x^2+y^2+3x-y=0$ 和 $3x^2+3y^2+2x+y=0$ 交点的直线 l 上?

8.4 圆

本节重点知识:

1. 圆的标准方程.

$$(x-a)^2+(y-b)^2=r^2(r>0)$$

2. 圆的一般方程.

$$x^2+y^2+Dx+Ey+F=0(D^2+E^2-4F>0)$$

8.4.1 圆的标准方程

圆是生活中随处可见的一种曲线,如各种圆柱形容器横断面的轮廓、车轮的轮廓、球体截面的轮廓等.

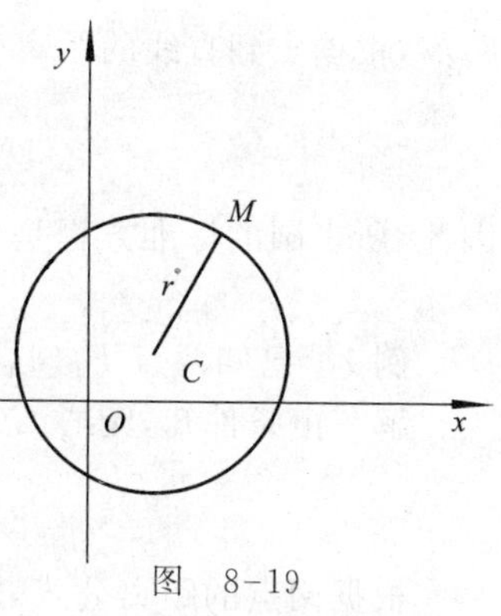

图　8-19

在平面几何中,我们已经知道圆的定义,即平面内与一个定点的距离等于定长的点的集合(轨迹)称做圆,其中,定点称做圆的圆心,定长称做圆的半径.

现在,根据圆的定义,来求圆心为 $C(a,b)$,半径为 r 的圆的方程.

如图 8-19 所示,设 $M(x,y)$是圆上任意一点,则点 M 符合条件

$$|MC|=r \quad (r>0),$$

根据两点的距离公式可得

$$\sqrt{(x-a)^2+(y-b)^2}=r,$$

两边平方,得

$$(x-a)^2+(y-b)^2=r^2,$$

这个方程就是圆心为 $C(a,b)$,半径为 r 的圆的方程,我们把它称做圆的**标准方程**.

如果圆心在坐标原点,这时 $a=0,b=0$,圆的方程就是

$$x^2+y^2=r^2.$$

练一练

1.(口答)说出下列各圆的圆心坐标和半径:

(1)$x^2+y^2=4$;　(2)$(x-2)^2+(y+3)^2=16$;

(3)$(x+1)^2+y^2=5$;　(4)$x^2+(y-b)^2=b^2(b\neq0)$.

2. 写出下列圆的方程,并画出图形:

(1)圆心在原点,半径是 5;

(2)圆心在点 $C(-1,3)$,半径是 2;

(3)圆心在点 $C(-3,0)$,半径是 3.

3. 题组训练:

已知圆的半径是 1,并且和两坐标轴都相切,则:

如果圆心在第一象限,则圆的方程为__________;

如果圆心在第二象限,则圆的方程为__________;

如果圆心在第三象限,则圆的方程为__________;

如果圆心在第四象限,则圆的方程为__________.

例 1　求以 $C(5,2)$为圆心,并且和直线 $3x-4y+8=0$ 相切的圆的标准方程.

解　已知圆心是 $C(5,2)$,只需求出半径,就能写出圆的方程.

因为圆 C 与直线 $3x-4y+8=0$ 相切,所以半径 r 等于圆心 C 到这条直线的

距离,根据点到直线的距离公式,得

$$r=\frac{|3\times5-4\times2+8|}{\sqrt{3^2+(-4)^2}}=3,$$

因此,所求圆的标准方程是

$$(x-5)^2+(y-2)^2=9.$$

例 2 已知两点 $P_1(4,-9)$,$P_2(6,3)$,求以 P_1P_2 为直径的圆的标准方程.

解 由条件知,圆心 $C(a,b)$ 是 P_1P_2 的中点,那么它的坐标为

$$a=\frac{4+6}{2}=5,b=\frac{-9+3}{2}=-3.$$

根据两点的距离公式,圆的半径是

$$r=|CP_1|=\sqrt{(4-5)^2+(-9+3)^2}=\sqrt{37}.$$

因此,所求圆的标准方程是

$$(x-5)^2+(y+3)^2=37.$$

由该例可见,确定圆的标准方程,就是要确定 a,b,r 三个值.

想一想

上述解法需要确定圆心和半径.如果设 $P(x,y)$ 是所求圆上任一点.则从图形上动点性质 $PP_1\perp PP_2$ 或 $|PP_1|^2+|PP_2|^2=|P_1P_2|^2$,你是否可以找到其他解法.

练　习

1.题组训练:

(1)如果圆 $(x-2)^2+(y-3)^2=r^2(r>0)$ 和 x 轴相切,则 $r=$__________;

(2)如果圆 $(x-2)^2+(y-3)^2=r^2(r>0)$ 和 y 轴相切,则 $r=$__________;

(3)如果圆 $(x-a)^2+(y+4)^2=9$ 和 y 轴相切,则 $a=$__________;

(4)如果圆 $(x-5)^2+(y+b)^2=4$ 和 x 轴相切,则 $b=$__________.

2.求符合下列条件的圆的方程:

(1)圆心在原点,并与直线 $3x-4y+8=0$ 相切.

(2)圆心在点 $C(2,-3)$,并与直线 $2x-3y+13=0$ 相切.

(3)圆心在点 $O(0,2)$,与 x 轴相切.

(4)经过点 $P(5,1)$,圆心在点 $C(8,-3)$.

8.4.2 圆的一般方程

把圆的标准方程 $(x-a)^2+(y-b)^2=r^2$ 展开,得

$$x^2+y^2-2ax-2by+(a^2+b^2-r^2)=0,$$

设 $D=-2a, E=-2b, F=a^2+b^2-r^2$，可见任意一个圆的方程都可化为如下形式：

$$x^2+y^2+Dx+Ey+F=0,$$

由题设知，$a=-\frac{D}{2}, b=-\frac{E}{2}$，将 a,b 代入 $F=a^2+b^2-r^2$，

得 $r^2=\frac{1}{4}(D^2+E^2-4F)$

因为半径 $r>0$，所以必须有 $D^2+E^2-4F>0$.

因此，当 $D^2+E^2-4F>0$ 时，方程 $x^2+y^2+Dx+Ey+F=0$ 称做**圆的一般方程**. 圆心坐标是 $\left(-\frac{D}{2},-\frac{E}{2}\right)$，半径是 $\frac{1}{2}\sqrt{D^2+E^2-4F}$.

对比二元二次方程 $Ax^2+Bxy+Cy^2+Dx+Ey+F=0$，圆的一般方程的特点是：

(1) x^2 和 y^2 的系数相同，且不等于零；

(2) 不含 xy 项.

(3) $D^2+E^2-4F>0$

圆的标准方程的特点是，圆心坐标和半径在方程中显而易见. 而从方程的形式上看，圆的一般方程较标准方程简练. 解题中，有时要进行圆的标准方程与一般方程的互化. 把标准方程化为一般方程时，只要将标准方程展开整理便可得到；把一般方程化为标准方程时，可用配方法或直接代入一般方程 $x^2+y^2+Dx+Ey+F=0$ 配方后的公式

$$\left(x+\frac{D}{2}\right)^2+\left(y+\frac{E}{2}\right)^2=\frac{D^2+E^2-4F}{4}.$$

例 1　化下列圆的一般方程为标准方程，并指出各圆的圆心坐标和半径：

(1) $4x^2+4y^2-12x+16y+9=0$；

(2) $x^2+y^2+ax-by=0$（a,b 不全为零）.

解　(1) 把原方程化为

$$x^2+y^2-3x+4y+\frac{9}{4}=0,$$

经配方、整理，得

$$\left(x-\frac{3}{2}\right)^2+(y+2)^2=4.$$

所以圆心坐标为 $\left(\frac{3}{2},-2\right)$，半径 $r=2$.

(2)把原方程配方,整理得

$$\left(x+\frac{a}{2}\right)^2+\left(y-\frac{b}{2}\right)^2=\frac{a^2+b^2}{2},$$

所以圆心坐标为$\left(-\frac{a}{2},\frac{b}{2}\right)$,半径 $r=\frac{\sqrt{a^2+b^2}}{2}$.

练一练

1. 对于圆的方程$(x-a)^2+(y-b)^2=r^2$ 和 $x^2+y^2+Dx+Ey+F=0$,针对圆的不同位置,请把相应的圆的标准方程和一般方程填入表 8-2:

表 8-2

圆的位置	圆的标准方程	圆的一般方程
以原点为圆心的圆		
过原点的圆		
圆心在 x 轴上的圆		
圆心在 y 轴上的圆		
圆心在 x 轴上且与 y 轴相切的圆		
圆心在 y 轴上且与 x 轴相切的圆		

2. 把下列圆的标准方程化为一般方程:

(1)$(x-2)^2+(y+3)^2=5$;　　(2)$(x+3)^2+y^2=16$.

3. 把下列圆的一般方程化为标准方程:

(1)$x^2+y^2+8x-6y=0$;　　(2)$x^2+y^2-2x+4y-6=0$.

4. 指出下列方程中表示圆的方程:

(1)$x^2+2y^2-4x+2y-1=0$;　　(2)$x^2+y^2=0$;

(3)$x^2+y^2-6x=0$;　　(4)$x^2+y^2+2x-4y+8=0$.

5. 求下列各圆的圆心坐标和半径:

(1)$x^2+y^2-10x+8y=0$;　　(2)$x^2+y^2-4y-2=0$;

(3)$2x^2+2y^2-4x+6y-5=0$;　　(4)$x^2+y^2-2ay-2a^2=0\quad(a\neq0)$.

例 2　求过三点 $P(1,-2)$,$M(2,-1)$,$N(5,0)$的圆的方程.

解　设所求的圆的方程为

$$x^2+y^2+Dx+Ey+F=0,$$

下面用待定系数法来确定 D,E,F.

因为 P,M,N 三点在圆上，所以它们的坐标是方程的解. 把它们的坐标依次代入上面的方程，得到关于 D,E,F 的三元一次方程组

$$\begin{cases}D-2E+F+5=0\\2D-E+F+5=0,\\5D+F+25=0\end{cases}$$

解这个方程组，得 $D=-10,E=10,F=25$，于是得到所求圆的方程

$$x^2+y^2-10x+10y+25=0.$$

由该例可见，确定圆的一般方程，就是要确定 D,E,F 三个值.

练　习

求符合下列条件的圆的方程：

(1)过三点 $A(1,-1),B(2,0),C(1,1)$；

(2)过点 $C(-1,1)$和 $D(1,3)$，圆心在 x 轴上.

习　题　8.4

A　组

1. 填空题：

(1)圆 $(x-5)^2+(y+4)^2=36$ 的圆心坐标是__________，半径是__________；

(2)圆心在点 $C(-1,5)$，半径是 10 的圆的标准方程是__________；

(3)圆心在点 $C(3,2)$，并过点 $P(-1,4)$的圆的方程是__________；

(4)圆 $x^2+y^2-4x+2y=0$ 的圆心坐标是__________，半径是__________.

2. 根据下述条件求圆的方程：

(1)圆心在原点，半径是 8；

(2)圆心在$(5,-4)$，半径是 7；

(3)圆心在$(-2,3)$，并与直线 $3x+4y+3=0$ 相切；

(4)过点$(0,0)$，$(1,1)$，$(4,2)$.

B　组

1. 求下列各圆的方程：

(1)过直线 $x+3y+7=0$ 与 $3x-2y-12=0$ 的交点，圆心为点 $C(-1,1)$；

(2)半径是 5，圆心在 y 轴上，且与直线 $y=6$ 相切；

(3)半径是 6,圆心在 x 轴上,且与直线 $3x-4y-6=0$ 相切;

(4)过点 $A(1,2)$,且与两坐标轴同时相切.

2.已知$\triangle ABC$ 三个顶点是 $A(-1,5)$,$B(5,5)$,$C(6,-2)$,求$\triangle ABC$ 的外接圆的方程.

3.求下列曲线的交点坐标:

(1)直线 $x+y=1$ 与圆 $x^2+y^2=16$;

(2)直线 $4x-3y=20$ 与圆 $x^2+y^2=25$.

思考与总结

1.直线 l ________的方向与________所成的________,称做直线 l 的倾斜角.

2.直线 l 倾斜角的取值范围是________.

3.倾斜角不是 90°的直线,它的倾斜角的正切称做这条直线的________,用________表示.即________.

4.经过点 $P_1(x_1,y_1)$,$P_2(x_2,y_2)$两点的直线的斜率公式:________,其中________,否则直线的斜率就不存在.

5.斜率为 k 且过点 $P_1(x_1,y_1)$的直线 l 的点斜式方程是:________,直线 l 过点 $P_1(x_1,y_1)$,且平行于 x 轴,直线 l 的方程:________,当直线过点 $P_1(x_1,y_1)$,且平行于 y 轴时,直线的方程是:________.

6.一条直线与 x 轴交点的横坐标,称做这条直线在________,用________表示,直线与 y 轴交点的纵坐标,称做这条直线在________,用________表示.

7.由直线的斜率 k 和它在 y 轴上的截距 b 确定的直线的斜截式方程是:________.

8. 直线方程的一般式是:________,若 $B\neq0$,则该直线的斜率________,在 y 轴上的截距________,若 $B=0$,则必有________表示的直线.

9.两条直线有斜率且不重合时,如果它们平行,则________相等;反之,如果它们的斜率相等,则它们________,也就是说,有________的两条直线,它们的斜率相等,是它们平行的充要条件.即________.

10.两条直线都有斜率时,如果它们互相垂直,则它们的斜率________;反之,如果它们的斜率________,则它们互相垂直,也就是说,有斜率的两条直线,它们的斜率是它们互相垂直的充要条件.即________或________.

11.两条直线相交所构成的四个角中,我们把________称做两条直线的夹角,当________时,两条相交直线的夹角正切公式是:________,其中________.

12.两条直线是否有交点,取决于这两条直线的方程所组成的方程组

$\begin{cases}A_1x+B_1y+C_1=0\\A_2x+B_2y+C_2=0\end{cases}$________.

13. 平面内一点 $P(x_0,y_0)$到一条直线 $Ax+By+C=0$(A,B 不同时为零)的距离公式:________.

14. 两条平行直线 l_1 : $Ax+By+C_1=0$ 和 l_2 : $Ax+By+C_2=0$ 的距离是________.

15. 一般地,如果某曲线 C 上的点与一个二元方程 $f(x,y)=0$ 的解具有如下的对应关系:

(1)________________;

(2)________________.

那么,这个方程是________;这条曲线称________(图形).

16. 求曲线方程的一般步骤:

(1)________________;

(2)________________;

(3)________________;

(4)________________;

(5)________________.

17. 圆心是 $C(a,b)$,半径是 r 的圆的标准方程________,如果圆心在坐标原点,这时________,圆的方程就是________.

18. 圆的一般方程是________,圆心坐标是________,半径是________.

复习题八

1. 选择题:

(1)若直线 l 的斜率是 1,且原点到直线 l 的距离是$\frac{\sqrt{2}}{2}$,则直线 l 的方程是(　　).

A. $x+y+1=0$ 或 $x+y-1=0$

B. $x+y+\sqrt{2}=0$ 或 $x+y-\sqrt{2}=0$

C. $x-y+1=0$ 或 $x-y-1=0$

D. $x-y+\sqrt{2}=0$ 或 $x-y-\sqrt{2}=0$

(2)下列表示圆的方程是(　　).

A. $x^2+y^2-12x=0$　　B. $x^2+y^2=0$

C. $x^2+2y^2+4x-2y-3=0$　　D. $x^2+y^2+x-4y+6=0$

(3)设直线的方程是 $x=3+2(y-4)$，则此直线在 y 轴上的截距是(　　).

A. 5　　B. -5　　C. $\frac{5}{2}$　　D. $-\frac{5}{2}$

(4)圆 $(x-2)^2+(y-13)^2=49$ 的半径是(　　).

A. 7　　B. 49　　C. 13　　D. 15

(5)判断下列哪个点在曲线 $x^2+y^2-9=0$ 上。(　　).

A. $(0,-\sqrt{3})$　　B. $(1,2)$　　C. $(3,1)$　　D. $(-\sqrt{5},2)$

(6)下列哪两组直线是平行直线(　　).

A. $2x-y+4=0$ 与 $2x+y+4=0$　　B. $5x-y-4=0$ 与 $-5x+y=0$

C. $-x+y=3$ 与 $2x-y=3$　　D. $x+2y-2=0$ 与 $2x-y-3=0$

2. 填空题:

(1)直线 l 的斜率为 $\frac{2}{5}$，且经过点 $(-2,1)$，则直线 l 的点斜式方程为________，一般式方程为________.

(2)求 $(x+1)^2+y^2=5$ 的圆心坐标________和半径________.

(3)化直线 l 的点斜式方程 $y+10=\frac{5}{6}(x-2)$ 为斜截式方程：________，它在 x 轴上的截距为________.

(4)已知点 0(2,1)到直线 y=2x−5 的距离等于________.

(5)直线 $3x+4y-1=0$ 和 $6x+8y+11=0$ 间的距离等于________.

(6)直线 $5x-3y+3=0$ 和 l_2: $6x+10y-7=0$ 的夹角为________.

(7)当 $B=0$ 时，直线 $Ax+By+C=0$ 与________轴平行或重合，它的斜率是________.

(8)直线 l 平行于 x 轴时，则倾斜角 $\alpha=$________，斜率 $k=$________.

(9)直线 $x-3=0$ 过点(　　)与________轴平行.

(10)由 $M(\sqrt{3},5)$ 和 $N(2\sqrt{3},-6)$ 所确定的直线的斜率＝________，倾斜角＝________，直线方程为________，直线在 y 轴上的截距＝________.

(11)过原点且平行于直线 $3x-4y+5=0$ 的直线的方程是________，过原点且垂直于直线 $3x-4y+5=0$ 的直线的方程是________.

(12)过点 $A(4,2)$ 和 $B(-3,-2)$，圆心在 y 轴上的圆的标准方程是________.

(13)圆心为 $(-1,6)$，并且与直线 $8x-15y-4=0$ 相切的圆的方程是________.

3. 解答题:

(1)$\triangle ABC$ 的三个顶点是 $A(0,2)$，$B(3,-3)$，$C(-5,0)$，求 $\triangle ABC$ 三条高所在直线的方程.

(2)求过点 $A(-1,3)$，且与直线 $2x+y-5=0$ 平行的直线方程.

(3)求倾斜角是 $45°$，过点 $A(-2,3)$的直线方程.

(4)求经过两直线 $x+y-5=0$ 和 $2x-y-1=0$ 的交点，且垂直于直线 $x-3y+10=0$ 的直线方程.

(5)求经过两条直线 $x+y=0$ 和 $3x+y-2=0$ 的交点，且平行与直线 $3x-y+1=0$ 的直线方程.

(6)圆心在点 $C(2,-3)$，并与直线 $2x-3y+13=0$ 相切的圆的方程.

(7)已知直线 l 与直线 $x-y-2=0$ 的夹角是$\frac{\pi}{4}$，求直线 l 的斜率.

第9章 圆锥曲线方程

圆锥曲线包括椭圆、抛物线、双曲线和圆，通过直角坐标系，它们又与二次方程对应，所以，圆锥曲线又称二次曲线．圆锥曲线一直是几何学研究的重要课题之一，在我们的实际生活中也存在着许许多多的圆锥曲线．地球每时每刻都在环绕太阳的椭圆轨迹上运行，太阳系其他行星也如此，太阳则位于椭圆的一个焦点上．如果这些行星运行速度增大到某种程度，它们就会沿抛物线或双曲线运行．人类发射人造地球卫星或人造行星就要遵照这个原理．相对于一个物体，按万有引力定律受它吸引的另一物体的运动，不再有其他任何轨道．因而，圆锥曲线在这种意义上讲，它构成了宇宙的基本形式．

9.1 椭　圆

本节重点知识：

1．椭圆的定义．

2．椭圆的标准方程．

$\frac{x^2}{a^2}+\frac{y^2}{b^2}=1(a>b>0)$

$\frac{y^2}{a^2}+\frac{x^2}{b^2}=1(a>b>0)$

3．重要关系式　$a^2=b^2+c^2$．

4．椭圆的简单几何性质．

9.1.1　椭圆及其标准方程

上一章我们学习了日常生活中常见的一种曲线——圆．椭圆是我们日常生活中又一种常见的曲线，如汽车油罐横截面的轮廓、宇宙间一些天体运行的轨道等都是椭圆．

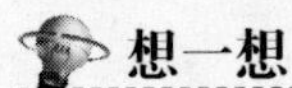

想一想

你能举出几个椭圆图形的实例吗？

如图 9-1 所示，取一条没有伸缩性的细绳，把它的两端用图钉固定在图板上的两点 F_1 和 F_2 上(绳的长度大于 $|F_1F_2|$)，然后用笔尖将细绳拉紧，并使笔尖在图板上慢慢移动一周，则笔尖画出的曲线就是一个椭圆.

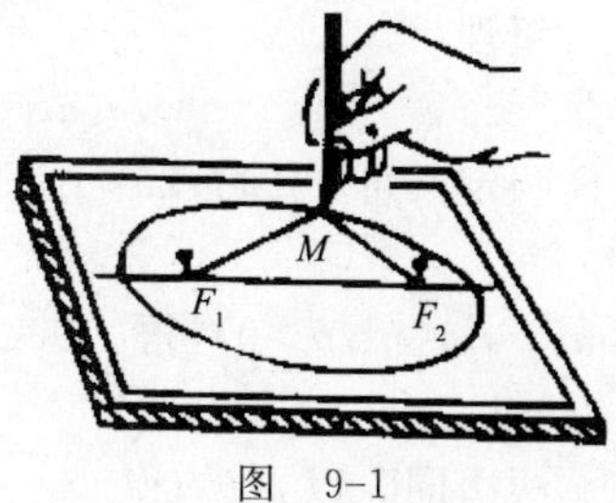

图　9-1

想一想

(1)在画出一个椭圆的过程中，F_1 和 F_2 两点是固定的还是运动的？

(2)在画椭圆的过程中，绳子的长度是否改变？这说明了什么？

(3)在画椭圆的过程中，绳子的长度与两定点距离大小有怎样的关系？

(4)若不满足(3)的条件，动点的轨迹又怎样？

根据上面的分析，可以得到椭圆的定义：

平面内与两个定点 F_1，F_2 的距离之和等于常数(大于 $|F_1F_2|$)的点的轨迹称做**椭圆**. 这两个定点 F_1 和 F_2 称做椭圆的**焦点**，两焦点间的距离 $|F_1F_2|$ 称做**焦距**.

下面，根据椭圆的定义来求椭圆的方程.

如图 9-2 所示，以过焦点 F_1，F_2 的直线为 x 轴，线段 F_1F_2 的垂直平分线为 y 轴，建立直接坐标系.

设 $M(x,y)$ 为椭圆上任意一点，它到两焦点 F_1 和 F_2 的距离之和是定长 $2a(a>0)$. 椭圆的焦距是 $2c$ $(c>0)$，则 F_1，F_2 的坐标分别是 $(-c,0)$，$(c,0)$. 根据椭圆的定义，点 M 满足条件

$$|MF_1|+|MF_2|=2a.$$

图　9-2

由两点距离公式，点 M 满足的条件可表示为

$$\sqrt{(x+c)^2+y^2}+\sqrt{(x-c)^2+y^2}=2a,$$

移项，得

$$\sqrt{(x+c)^2+y^2}=2a-\sqrt{(x-c)^2+y^2},$$

两边平方，得

$$(x+c)^2+y^2=4a^2-4a\sqrt{(x-c)^2+y^2}+(x-c)^2+y^2.$$

化简，得

$$a\sqrt{(x-c)^2+y^2}=a^2-cx,$$

两边再平方，得

$$a^2x^2-2a^2cx+a^2c^2+a^2y^2=a^4-2a^2cx+c^2x^2,$$

整理,得

$$(a^2-c^2)x^2+a^2y^2=a^2(a^2-c^2).$$

由椭圆定义可知 $2a>2c>0$,即 $a>c>0$,所以 $a^2>c^2$,即

$$a^2-c^2>0$$

设 $a^2-c^2=b^2(b>0)$,得

$$b^2x^2+a^2y^2=a^2b^2.$$

两边同除以 a^2b^2,得

$$\boxed{\frac{x^2}{a^2}+\frac{y^2}{b^2}=1(a>b>0)}$$

这个方程称做**椭圆的标准方程**.它所表示的椭圆的焦点在 x 轴上,椭圆上任意一点到两焦点距离之和是 $2a$,焦点坐标是 $F_1(-c,0)$,$F_2(c,0)$,焦距是 $2c$,此处 $c^2=a^2-b^2$,即 $c=\sqrt{a^2-b^2}$.

如图 9-3 所示,如果椭圆的焦点在 y 轴上,则焦点坐标是 $F_1(0,-c)$,$F_2(0,c)$.

将焦点在 x 轴上的椭圆的标准方程中的 x 和 y 互换,就可以得到它的方程

$$\boxed{\frac{y^2}{a^2}+\frac{x^2}{b^2}=1(a>b>0)}$$

这个方程也是椭圆的标准方程.

不论椭圆的焦点在 x 轴上,还是在 y 轴上,下面的式子总是成立.

$$\boxed{a^2=b^2+c^2}$$

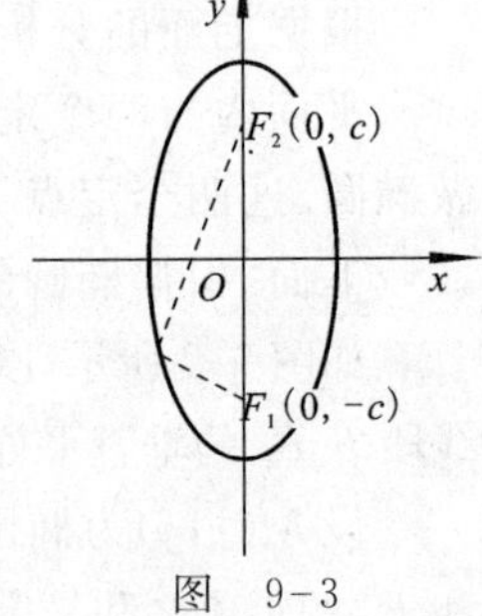

图 9-3

练一练

判断下列椭圆焦点的位置:

(1)椭圆 $\frac{x^2}{16}+\frac{y^2}{9}=1$ 的焦点在__________轴上.

(2)椭圆 $\frac{x^2}{10}+\frac{y^2}{11}=1$ 的焦点在__________轴上.

(3)椭圆 $\frac{y^2}{5}+\frac{x^2}{4}=1$ 的焦点在__________轴上.

(4)椭圆 $\frac{y^2}{4}+\frac{x^2}{5}=1$ 的焦点在__________轴上.

(5)椭圆 $\frac{4x^2}{5}+\frac{3y^2}{5}=1$ 的焦点在__________轴上.

(6)椭圆 $4x^2+5y^2=20$ 的焦点在__________轴上.

通过完成这组题，请你总结出怎样根据方程，判断椭圆焦点在哪个坐标轴上的步骤与方法.

例 1　已知椭圆的焦点坐标是 $F_1(-4,0)$ 和 $F_2(4,0)$，椭圆上的任意一点到 F_1 和 F_2 的距离之和是 10，求椭圆的标准方程.

解　由已知，得

$c=$ ________ ①，$2a=$ ________ ②，$a=$ ________ ③.

所以 $b^2=$ ________ $=$ ________ $=$ ________ . ④

因为，所求椭圆的焦点在 x 轴上，所以它的标准方程是 ________________ ⑤.

答案　①4；　②10；　③5；④a^2-c^2，5^2-4^2，9；　⑤$\dfrac{x^2}{25}+\dfrac{y^2}{9}=1$.

例 2　设椭圆的一个焦点是 $F_1(0,-4)$，且 $\dfrac{c}{a}=\dfrac{4}{5}$，求椭圆的标准方程.

解　由已知，得 $c=$ ______ ①.

因为 $\dfrac{c}{a}=\dfrac{4}{5}$，

所以 $a=5$，

所以 $b^2=$ ______ $=$ ______ $=$ ______ . ②

因为所求椭圆的焦点在 y 轴上，所以它的标准方程是 ________ ③.

答案　①4；②a^2-c^2，5^2-4^2，9；　③$\dfrac{y^2}{25}+\dfrac{x^2}{9}=1$.

例 3　求焦点在 x 轴上，$a=4$，且经过 $A(2,\sqrt{3})$ 的椭圆的标准方程.

解　因为所求椭圆的焦点在 x 轴上，且 $a=4$，所以它的标准方程是 ________ ①. 又因为所求椭圆经过点 $A(2,\sqrt{3})$，所以点 A 的坐标 $(2,\sqrt{3})$ 满足椭圆的方程，得 ________，②，所以 $b^2=$ __________ ③.

因此，求椭圆的标准方程是 ________ ④.

答案　①$\dfrac{x^2}{4^2}+\dfrac{y^2}{b^2}=1$；　②$\dfrac{2^2}{4^2}+\dfrac{(\sqrt{3})^2}{b^2}=1$；　③4；　④$\dfrac{x^2}{16}+\dfrac{y^2}{4}=1$.

练一练

(1)已知椭圆方程为 $\dfrac{x^2}{18}+\dfrac{y^2}{12}=1$，则 $a=$ ____ ，$b=$ ____ ，$c=$ ______，焦点在 ____ 轴上；

(2)已知椭圆方程为 $3x^2+4y^2=5$，则则 $a=$ ____ ，$b=$ ______ ，$c=$ ______，焦点在 ____ 轴上；

(3)写出 $a=3$，$b=2$ 的椭圆的标准方程.

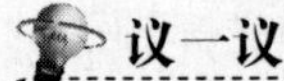

议一议

以 2～3 名同学为一组，准备一架照相机，拍摄几幅与椭圆有关的物体，并说明它们为什么用椭圆这种图形，然后在全班交流.

练 习

1. 填空题：

(1)椭圆方程是$\frac{x^2}{9}+\frac{y^2}{4}=1$，则 $a=$______，$b=$______，$c=$______，焦点坐标是__________，焦距是_________，椭圆上任意一点到两焦点的距离之和是_________.

(2) 椭圆方程是 $x^2+5y^2=5$，则 $a=$______，$b=$______，$c=$______，焦点坐标是____，焦距是____，椭圆上任意一点到两焦点的距离之和是__________.

(3) 椭圆方程是$\frac{x^2}{4}+y^2=1$，则 $a=$____，$b=$____，$c=$____，焦点在______轴上.

(4) 椭圆方程是$\frac{x^2}{9}+\frac{y^2}{18}=1$，则 $a=$______，$b=$______，$c=$______，焦点在________轴上.

2. 写出符合下列条件的椭圆的标准方程：

(1)$a=3$，$b=1$，焦点在 x 轴上；

(2)$a=5$，焦距等于 6，焦点在 x 轴上；

(3)$b=6$，焦点坐标为 $F_1(-1,0)$ 和 $F_2(1,0)$；

(4)$a=3$，$b=1$，焦点在 y 轴上；

(5)$a=5$，$b=3$，焦点在 y 轴上.

9.1.2 椭圆的简单几何性质

首先我们根据椭圆的标准方程

$$\frac{x^2}{a^2}+\frac{y^2}{b^2}=1(a>b>0).$$

来研究椭圆的几何性质.

1. 范围

由标准方程，得

$$y=\pm\frac{b}{a}\sqrt{a^2-x^2}; \qquad (1)$$

$$x=\pm\frac{a}{b}\sqrt{b^2-y^2}. \tag{2}$$

在(1)式中，要使 y 有意义，必须有

$$a^2-x^2\geqslant 0,$$

即

$$-a\leqslant x\leqslant a.$$

在(2)式中，要使 x 有意义，必须有

$$b^2-y^2\geqslant 0,$$

即

$$-b\leqslant x\leqslant b.$$

所以椭圆位于直线 $x=\pm a$ 和 $y=\pm b$ 所围成的矩形内（见图 9-4）. 此矩形的两组对边长分别等于 $2a$ 和 $2b$，对角线交点是坐标原点.

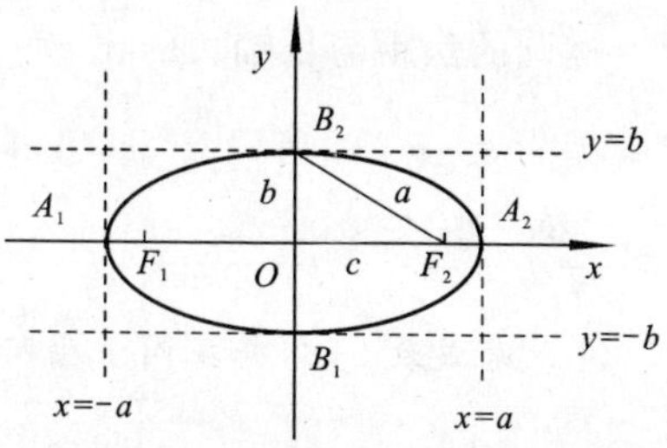

图 9-4

2. 对称性

在椭圆的标准方程中，把 x 换成 $-x$，方程不变，这说明当点 $M(x,y)$ 在这个椭圆上时，它的关于 y 轴的对称点 $M_1(-x,y)$ 也在这个椭圆上，所以这个椭圆关于 y 轴对称；同理，在椭圆的标准方程中，把 y 换成 $-y$，方程不变，这说明这个椭圆关于 x 轴对称；把 x 换成 $-x$，同时把 y 换成 $-y$，方程不变，说明这个椭圆关于原点对称.

由此可知，椭圆 $\frac{x^2}{a^2}+\frac{y^2}{b^2}=1$ 有两条对称轴，即 x 轴和 y 轴；椭圆有一个对称中心，即原点；椭圆的对称中心称为**椭圆的中心**.

上面关于椭圆的对称性的讨论，也适用于一般曲线，现列表 9-1.

表 9-1

条件	结论
以 $-x$ 代替 x，方程不变	曲线关于 y 轴对称
以 $-y$ 代替 y，方程不变	曲线关于 x 轴对称
以 $-x$ 代替 x，同时以 $-y$ 代替 y，方程不变	曲线关于原点对称

3. 顶点

在椭圆的标准方程 $\frac{x^2}{a^2}+\frac{y^2}{b^2}=1$ 中，令 $x=0$，得 $y=\pm b$，所以椭圆与 y 轴的两个交点是 $B_1(0,-b)$ 和 $B_2(0,b)$，同样，在椭圆方程中，令 $y=0$，则得 $x=\pm a$. 所以椭圆与 x 轴的两个交点是 $A_1(-a,0)$ 和 $A_2(a,0)$.

A_1,A_2,B_1,B_2 是椭圆与它的对称轴的四个交点，它们称做椭圆的**顶点**.

线段 A_1A_2，B_1B_2 分别称做椭圆的**长轴**和**短轴**. 它们的长分别等于 $2a$ 和 $2b$，a 和 b 称做**长半轴长**和**短半轴长**.

综合上述讨论，再根据 x, y 的对应值的变化情况，我们即可断定椭圆的形状.

同样，可以对椭圆$\dfrac{y^2}{a^2}+\dfrac{x^2}{b^2}=1(a>b>0)$进行类似的讨论.

4. 离心率

椭圆的焦距与长轴长的比 $e=\dfrac{2c}{2a}=\dfrac{c}{a}$称做椭圆的离心率.

因为 $a>c>0$，所以 $0<e<1$，即椭圆的离心率是小于 1 的正数.

练一练

1. 完成表 9-2，并在同一坐标系中画出焦点在 x 轴上的椭圆草图.

表 9-2

	c	b	图形
$a=10$ $e=\dfrac{1}{5}$	2	$4\sqrt{6}\approx 9.6$	
$a=10$ $e=\dfrac{3}{5}$			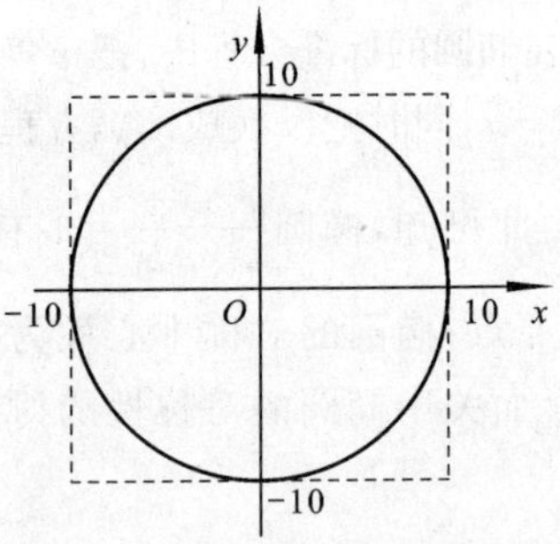
$a=10$ $e=\dfrac{4}{5}$			

2. 填写表 9-3.

表 9-3

标准方程	$\dfrac{x^2}{a^2}+\dfrac{y^2}{b^2}=1(a>b>0)$	$\dfrac{y^2}{a^2}+\dfrac{x^2}{b^2}=1(a>b>0)$
图形	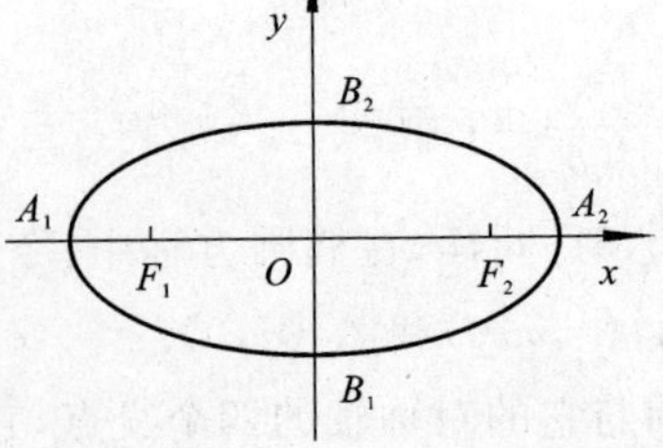	

练一练

续表

标准方程	$\frac{x^2}{a^2}+\frac{y^2}{b^2}=1(a>b>0)$	$\frac{y^2}{a^2}+\frac{x^2}{b^2}=1(a>b>0)$
顶点坐标	A_1(　　),A_2(　　) B_1(　　),B_2(　　)	
对称轴及长、短轴的长	x 轴:长轴长 $2a$, y 轴:短轴长 $2b$	
焦点坐标	$F_1(-c,0),F_2(c,0)$	

想一想

离心率 e 的大小对椭圆的扁平程度有什么影响?

例 1　求椭圆 $9x^2+25y^2=225$ 的长轴、短轴、顶点坐标和焦点坐标,并用描点法画出它的图形.

解　把已知方程化为标准方程,得

$$\frac{x^2}{5^2}+\frac{y^2}{3^2}=1$$

所以　$a=5,b=3,c=\sqrt{25-9}=4$

因此椭圆的长轴为 10,短轴为 6,顶点坐标是 $A_1(-5,0)$ 和 $A_2(5,0)$, $B_1(0,-3)$ 和 $B_2(0,3)$,焦点坐标是 $F_1(-4,0),F_2(4,0)$.

由已知方程,得　$y=\pm\frac{3}{5}\sqrt{25-x^2}$,

根据上式,在第一象限 $x\leqslant5$ 的范围内计算出 x,y 的几组对应值:

x	0	1	2	3	4	5
y	3	2.9	2.7	2.4	1.8	0

先描点画出椭圆在第一象限的图形,再利用椭圆的对称性,画出整个椭圆,如图 9-5所示.

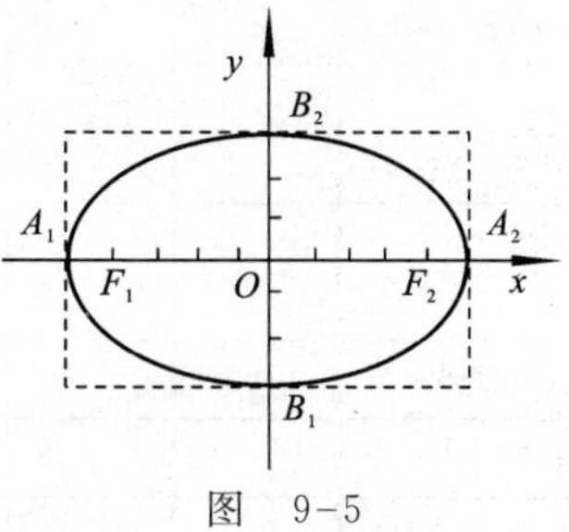

图　9-5

例 2　椭圆的离心率 $e=\frac{1}{2}$,焦距是 10,焦点在 y 轴上,求椭圆的标准方程.

解　由已知,得

$c=$____①$,e=$____$=$____$=\frac{1}{2}$,②

所以 $a=$____③,$b^2=$____$=$____$=$____④

因此所求椭圆的标准方程为______⑤.

答案 ①5; ②$\frac{c}{a},\frac{5}{a}$; ③10; ④$a^2-c^2,100-25,75$; ⑤$\frac{y^2}{100}+\frac{x^2}{75}=1$.

想一想

若例 2 中去掉"焦点在 y 轴上"这一条件,所求椭圆的标准方程有几个?请说出它们的方程.

例 3 设椭圆的焦距与长半轴长的和为 10,离心率$\frac{1}{3}$,求椭圆的标准方程.

解 由已知,得

$$\begin{cases}2c+a=10\\ \dfrac{c}{a}=\dfrac{1}{3}\end{cases},$$

解得 $a=6,c=2,b^2=a^2-c^2=36-4=32$;

所以所求椭圆方程为$\frac{x^2}{36}+\frac{y^2}{32}=1$ 或$\frac{y^2}{36}+\frac{x^2}{32}=1$.

练一练

用椭圆和其他图形设计一幅建筑的装饰图案.

练 习

1. 填写表 9-4.

表 9-4

椭圆方程	a	b	c	长轴长	短轴长	焦距	焦点坐标	顶点坐标	离心率
$\frac{x^2}{100}+\frac{y^2}{36}=1$									
$\frac{x^2}{4}+\frac{y^2}{5}=1$									
$x^2+2y^2=1$									
$9x^2+y^2=81$									
$4x^2+9y^2=1$									

2. 求适合下列条件的椭圆的标准方程：

(1)两个顶点坐标是$(\pm 4,0)$，一个焦点坐标是$(2,0)$；

(2)经过点 $M_1(3,0)$，$M_2(0,-4)$；

(3)$c=6$，离心率 $e=\frac{3}{5}$，长轴在 y 轴上；

(4)离心率 $e=\frac{4}{5}$，短轴长是 6.

习　题　9.1

A　组

1. 填空题：

(1)椭圆$\frac{x^2}{9}+\frac{y^2}{4}=1$的焦点是 F_1，F_2 椭圆上一点 P 到 F_1 的距离是 1，则 P 到 F_2 的距离是__________.

(2) 椭圆$\frac{x^2}{9}+\frac{y^2}{12}=1$的焦点是 F_1，F_2 椭圆上一点 P 到 F_1 的距离是 3，则 P 到 F_2 的距离是__________.

(3)椭圆$\frac{x^2}{100}+\frac{y^2}{64}=1$的焦点坐标是__________，离心率 $e=$__________.

(4)椭圆$\frac{x^2}{36}+\frac{y^2}{64}=1$的焦点坐标是__________，离心率 $e=$__________.

(5)椭圆$\frac{x^2}{m-1}+\frac{y^2}{64}=1$的焦点在 x 轴上，则 m 的取值范围是__________.

(6)椭圆$\frac{x^2}{a^2}+\frac{y^2}{9}=1$的离心率是$\frac{4}{5}$，焦点在 x 轴上，则 $a(a>0)=$__________.

2. 根据下列条件，求椭圆的标准方程：

(1)长轴长为 20，离心率为 0.6，焦点在 x 轴上.

(2)短半轴长为 5，离心率为$\frac{12}{13}$，焦点在 y 轴上.

(3)焦距长为 8，短轴长为 6，焦点在 x 轴上.

(4)焦点坐标为 $F_1(0,-3)$，$F_2(0,3)$，长轴长为 16.

(5)焦点坐标为 $F_1(-5,0)$，$F_2(5,0)$，离心率为$\frac{1}{2}$.

(6)椭圆过点$(0,5)$，焦点坐标为 $F_1(0,-2)$，$F_2(0,2)$.

(7)椭圆过点$(-3,0)$，$(0,-2)$.

B 组

1. 填空题:

(1)椭圆 $9x^2+4y^2=36$ 的长轴长是________,短轴长是________,顶点坐标是________,焦点坐标是________,离心率是________.

(2)将(1)中的椭圆绕中心旋转 $90°$后,所得到的椭圆方程是__________,长轴长是________,短轴长是________,顶点坐标是________,焦点坐标是________,离心率是________.

2. 求适合下列条件的椭圆的方程:

(1)一个焦点是(5,0),且经过一点(0,3).

(2)长轴是短轴的 3 倍,经过点(0,3).

(3)与椭圆$\frac{x^2}{16}+\frac{y^2}{4}=1$有相同的焦点,并且经过点$(\sqrt{5},-\sqrt{6})$.

(4)离心率是 0.8,焦距是 8.

9.2 双 曲 线

本节重点知识:

1. 双曲线的定义.

2. 双曲线的标准方程.

$$\frac{x^2}{a^2}-\frac{y^2}{b^2}=1(a>0,b>0)$$

$$\frac{y^2}{a^2}-\frac{x^2}{b^2}=1(a>0,b>0)$$

3. 重要关系式 $c^2=a^2+b^2$.

4. 双曲线的简单几何性质.

9.2.1 双曲线及其标准方程

双曲线也是一种我们经常见到的曲线,如发电厂双曲线型通体运行的轨道等都是双曲线.

如图 9-6 所示,取一条拉链,先拉开它的一部分,分成两支,在两支上分别选取两点 F_1 和 F_2($|MF_1|\neq|MF_2|$),用图钉固定在图板上,把笔尖放在 M 处,笔尖随着拉链的开、合,就在图板上画出一支曲线;然后,把拉链两支上的两点交换位置,分别固定在 F_1 和 F_2 上,用同样的方法可以画出另一支曲线,这两支曲线就是双曲线.

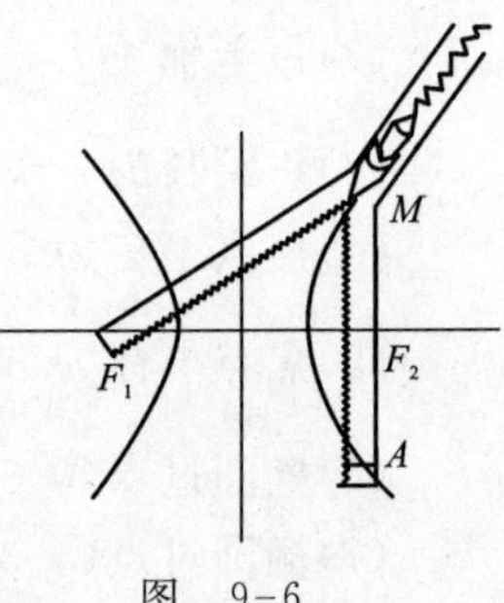

图 9-6

从上面的画图过程不难看出：

(1)笔尖在不停地移动(动点).

(2)拉链 F_2A 的长度，即 $|MA|-|MF_2|$ 的长度，也就是 $|MF_1|-|MF_2|$ 的长度，始终保存不变(定长).

(3)F_1，F_2 两点的位置保持不变(定点).

根据上面的分析，可以得到双曲线的定义：

平面内与两个定点 F_1，F_2 的距离的差的绝对值是常数(小于 $|F_1F_2|$)，且不等于零的点的轨迹称做**双曲线**．这两个定点 F_1 和 F_2 称做双曲线的**焦点**，两焦点间的距离 $|F_1F_2|$ 称做**焦距**．

**想一想**

定义中为什么规定动点与两个定点的距离的差的绝对值小于 $|F_1F_2|$ 且不等于零？

现在，根据双曲线的定义来求双曲线的方程．

如图 9-7 所示，以过焦点 F_1，F_2 的直线为 x 轴，线段 F_1F_2 的垂直平分线为 y 轴，建立直角坐标系．

设 $M(x,y)$ 为双曲线上任意一点，它到两焦点 F_1 和 F_2 的距离之差的绝对值是定长 $2a(a>0)$．设双曲线的焦距是 $2c(c>0)$，则 F_1、F_2 的坐标分别是 $(-c,0)$，$(c,0)$.

根据双曲线的定义，点 M 满足条件

$$|MF_1|-|MF_2|=\pm 2a.$$

由两点距离公式，点 M 满足的条件可表示为

$$\sqrt{(x+c)^2+y^2}-\sqrt{(x-c)^2+y^2}=\pm 2a,$$

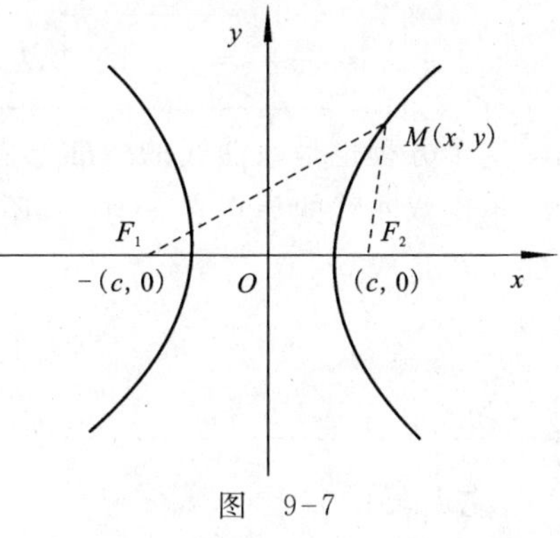

图　9-7

移项，得

$$\sqrt{(x+c)^2+y^2}=\pm 2a+\sqrt{(x-c)^2+y^2},$$

两边平方，得

$$(x+c)^2+y^2=4a^2\pm 4a\sqrt{(x-c)^2+y^2}+(x-c)^2+y^2,$$

化简，得

$$\pm a\sqrt{(x-c)^2+y^2}=a^2-cx,$$

两边再平方，得

$$a^2x^2-2a^2cx+a^2c^2+a^2y^2=a^4-2a^2cx+c^2x^2,$$

整理，得

$$(c^2-a^2)x^2-a^2y^2=a^2(c^2-a^2).$$

由双曲线定义可知 $2c>2a>0$,即 $c>a>0$,所以 $c^2>a^2$,即 $c^2-a^2>0$

设 $c^2-a^2=b^2(b>0)$,得 $b^2x^2-a^2y^2=a^2b^2$.

两边同除以 a^2b^2,得

$$\boxed{\frac{x^2}{a^2}-\frac{y^2}{b^2}=1 \quad (a>0,b>0)}$$

这个方程称做**双曲线的标准方程**. 它所表示的双曲线的焦点在 x 轴上,双曲线上任意一点到两焦点距离之差的绝对值是 $2a$,焦点坐标是 $F_1(-c,0)$,$F_2(c,0)$ 焦距是 $2c$,此处 $c^2=a^2+b^2$,即

$$c=\sqrt{a^2+b^2}.$$

如果 $a=b$,则方程变为

$$\frac{x^2}{a^2}-\frac{y^2}{a^2}=1 \quad 或写成 \quad x^2-y^2=a^2.$$

此方程所表示的双曲线称做**等轴双曲线**.

如图 9-8 所示,如果双曲线的焦点在 y 轴上,则焦点坐标是 $F_1(0,-c)$,$F_2(0,c)$. 将焦点在 x 轴上的双曲线的标准方程中的 y 和 x 互换,就可以得到它的方程

$$\boxed{\frac{y^2}{a^2}-\frac{x^2}{b^2}=1 \quad (a>0,b>0)}$$

这个方程也是双曲线的标准方程.

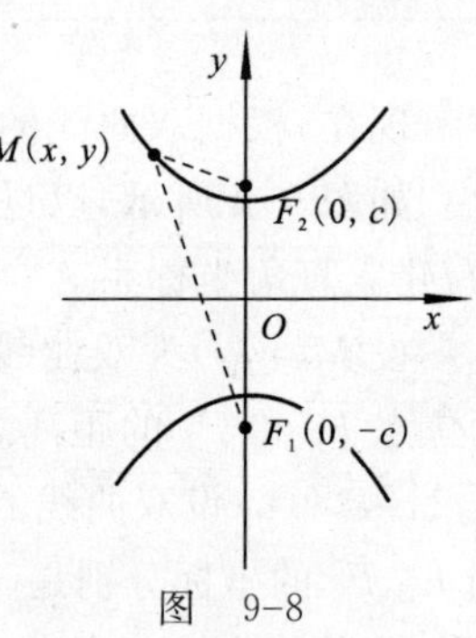

图 9-8

不论双曲线的焦点在 x 轴上,还是在 y 轴上,下面的式子总是成立.

$$\boxed{c^2=b^2+a^2}$$

练一练

完成表 9-5.

表 9-5

双曲线方程	$\frac{x^2}{12}-\frac{y^2}{5}=1$	$-\frac{x^2}{5}+\frac{y^2}{4}=1$	$x^2-y^2=100$	$\frac{y^2}{9}-\frac{x^2}{16}=1$
焦点所在坐标轴				

请你总结根据方程判断双曲线焦点在哪个坐标轴上的步骤与方法.

例 1 已知双曲线的焦点是 $F_1(-\sqrt{13},0)$,$F_2(\sqrt{13},0)$,且双曲线上任意一点到它们的距离之差的绝对值是 4,求双曲线的标准方程.

解　由已知,得

$$c=\sqrt{13},2a=4,a=2,$$

所以　$b^2=c^2-a^2=13-4=9$,

因此所求双曲线的标准方程是$\frac{x^2}{4}-\frac{y^2}{9}=1$.

例 2　设双曲线的一个焦点是 $F_1(0,-5)$,且$\frac{c}{a}=\frac{5}{4}$,求双曲线的标准方程.

解　由已知,得

$$c=5,\frac{c}{a}=\frac{5}{4},$$

所以　$a=4$, $b^2=c^2-a^2=5^2-4^2=9$

因此所求双曲线的标准方程是$\frac{y^2}{16}-\frac{x^2}{9}=1$.

想一想

若把本题中"一个焦点是 $F_1(0,-5)$"换成"焦距是 10"或换成"$a=4$" 或换成"$b=3$",则本题有几个解?你能说出道理吗?

练一练

(1) 已知双曲线方程为$-\frac{x^2}{4}+\frac{y^2}{9}=1$,则 $a=$________, $b=$________,$c=$________,焦点坐标是________.

(2) 已知双曲线方程为$-4x^2+9y^2=-36$,则 $a=$________,$b=$________,$c=$________, 焦点坐标是________.

(3) 已知双曲线方程为 $x^2-y^2=1$,则 $a=$________,$b=$________,$c=$________, 焦点坐标是________.

(4) 写出 $a=3,b=2$ 的双曲线方程.

练　习

1. 填空题:

(1)双曲线方程是$\frac{x^2}{2}-\frac{y^2}{3}=1$, 则 $a=$________,$b=$________,$c=$________,焦点坐标是________,焦距是________,双曲线上任意一点到两焦点的距离之差的绝对值是________.

(2)双曲线方程是 $x^2-y^2-6=0$，则 $a=$________，$b=$________，$c=$________，焦点坐标是________，焦距是________，双曲线上任意一点到两焦点的距离之差的绝对值是________.

(3)双曲线方程是$\frac{y^2}{9}-\frac{x^2}{16}=1$，则 $a=$________，$b=$________，$c=$________，焦点坐标是________，焦距是________，双曲线上任意一点到两焦点的距离之差的绝对值是________.

(4)双曲线方程是 $x^2-y^2=-4$，则 $a=$________，$b=$________，$c=$________，焦点坐标是________，焦距是________，双曲线上任意一点到两焦点的距离之差的绝对值是________.

2. 根据下列条件，分别求双曲线的标准方程：

(1)$a=6,b=8$，焦点在 x 轴上.

(2) $a=2,c=4$，焦点在 y 轴上.

(3)$a=b=6$.

(4)$c=3,b=1$ 焦点在 x 轴上.

9.2.2 双曲线的简单几何性质

首先我们根据双曲线的标准方程

$$\frac{x^2}{a^2}-\frac{y^2}{b^2}=1.$$

来研究双曲线的几何性质.

1. 范围

由标准方程，得

$$y=\pm\frac{b}{a}\sqrt{x^2-a^2}, \quad (1)$$

$$x=\pm\frac{a}{b}\sqrt{b^2+y^2}. \quad (2)$$

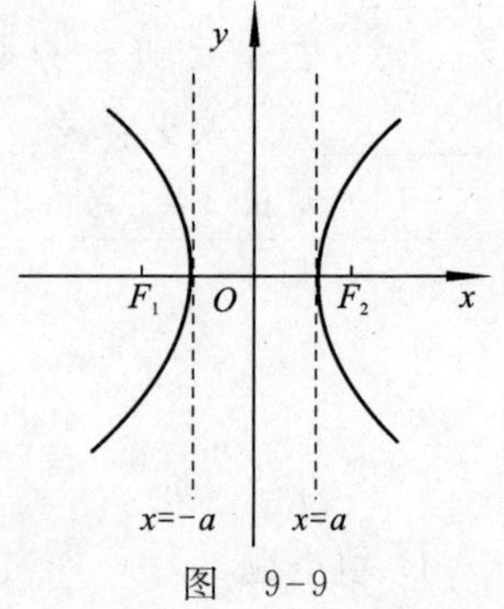

图 9-9

在(1)式中，要使 y 有意义，必须有

$$x^2-a^2\geqslant 0,$$

即 $x\geqslant a$ 或 $x\leqslant -a$.

在(2)式中，使 x 有意义的 y 的取值范围是

$$y\in\mathbf{R}.$$

所以双曲线位于两条直线 $x=\pm a$ 的外侧(见图 9-9).

2. 对称性

在双曲线的标准方程$\frac{x^2}{a^2}-\frac{y^2}{b^2}=1$ 中，把 y 换成$-y$，或把 x 换成$-x$，把 x 换成

$-x$,同时把 y 换成 $-y$,方程不变,这说明双曲线关于 x 轴，y 轴和原点对称．

由此可知，双曲线 $\frac{x^2}{a^2}-\frac{y^2}{b^2}=1$ 有两条对称轴，即 x 轴和 y 轴；有一个对称中心,即原点；双曲线的对称中心称为**双曲线的中心**．

3. 顶点

在双曲线的标准方程中,令 $y=0$,得 $x=\pm a$,所以双曲线与 x 轴的两个交点是 $A_1(-a,0)$ 和 $A_2(a,0)$,同样在双曲线标准方程中,令 $x=0$,则得

$$y^2=-b^2,$$

这个方程无实数根,说明双曲线与 y 轴没有交点．但我们也把 $B_1(0,-b)$ 和 $B_2(0,b)$ 画在 y 轴上(图 9-10).

A_1,A_2 是双曲线与它的对称轴的两个交点,它们称做双曲线的顶点．线段 A_1A_2,B_1B_2 分别称做双曲线的**实轴**和**虚轴**．它们的长分别等于 $2a$ 和 $2b$,a 和 b 称做**实半轴长**和**虚半轴长**．

4. 渐近线

如图 9-11 所示,经过 A_2,A_1 作平行于 y 轴的直线 $x=\pm a$,经过 B_2,B_1 作平行 x 轴的直线 $y=\pm b$,四条直线围成的矩形的对角线所在直线方程是 $y=\pm\frac{b}{a}x$.

从图中可以看出,双曲线

$$\frac{x^2}{a^2}-\frac{y^2}{b^2}=1$$

的各支向外延伸时,与这两条直线 $y=\pm\frac{b}{a}x$ 逐渐接近．

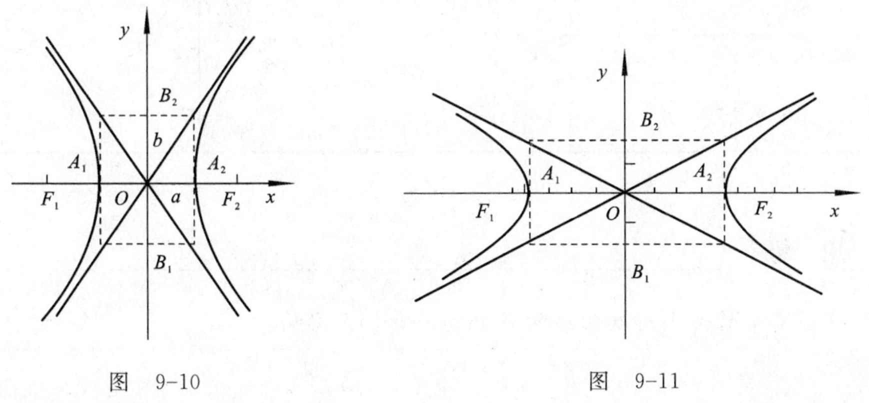

图　9-10　　　　图　9-11

我们把这两条直线

$$y=\pm\frac{b}{a}x$$

称做双曲线$\frac{x^2}{a^2}-\frac{y^2}{b^2}=1$的渐近线.

等轴双曲线由于$a=b$,所以直线$x=\pm a$和$y=\pm b$所围成的矩形变为正方形,渐近线方程为

$$y=\pm x.$$

综合上述讨论,再根据x,y的对应值的变化情况,我们即可断定双曲线的形状.同样,可以对双曲线$\frac{y^2}{a^2}-\frac{x^2}{b^2}=1$进行类似的讨论.

5. 离心率

双曲线的焦距与长轴长的比$e=\frac{2c}{2a}=\frac{c}{a}$称做双曲线的离心率.

因为$c>a>0$,所以$e>1$,即双曲线的离心率是大于1的正数.

练一练

完成表9-6,并在同一坐标系中画出焦点在x轴上的双曲线的草图:

表 9-6

	c	b	图形
$a=1$ $e=\sqrt{2}$	$\sqrt{2}$	1	
$a=1$ $e=\sqrt{5}$			
$a=1$ $e=\sqrt{10}$			

想一想

离心率e的大小对双曲线的开口大小有什么影响?

练一练

填写表 9-7.

表　9-7

标准方程	$\frac{x^2}{a^2}-\frac{y^2}{b^2}=1(a>0,b>0)$	$\frac{y^2}{a^2}-\frac{x^2}{b^2}=1(a>0,b>0)$
图形	y A₁ A₂ F₁ O F₂ x	
顶点坐标	A_1(　　),A_2(　　)	
对称轴及实轴、虚轴的长	x 轴:实轴长 $2a$ y 轴:虚轴长 $2b$	
焦点坐标	$F_1(-c,0),F_2(c,0)$	
渐近线方程	$y=\pm\frac{b}{a}x$	

例 1　求双曲线 $x^2-4y^2=16$ 的实半轴长、虚半轴长、顶点坐标、焦点坐标和渐近线,并用描点法画出它的图形.

解　把已知方程化为标准方程,得

$$\frac{x^2}{16}-\frac{y^2}{4}=1,$$

所以　$a=4,b=2,c=\sqrt{16+4}=2\sqrt{5}$.

因此双曲线的实半轴长是 $a=4$,虚半轴长是 $b=2$,顶点坐标是 $A_1(-4,0)$和 $A_2(4,0)$,焦点坐标是 $F_1(-2\sqrt{5},0)$,$F_2(2\sqrt{5},0)$,渐近线方程是 $y=\pm\frac{1}{2}x$.

由已知方程,得

$$y=\pm\frac{1}{2}\sqrt{x^2-16}.$$

根据上式,在第一象限 $x\geqslant4$ 的范围内计算出 x,y 的几组对应值:

x	4	5	6	7	……
y	0	1.5	2.2	2.9	……

先描点画出双曲线在第一象限的图形，再利用双曲线的对称性，画出整个双曲线，如图 9-12所示.

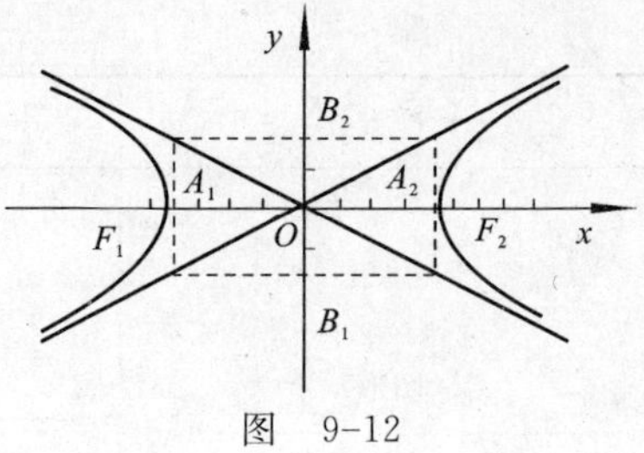

图 9-12

例 2 双曲线的离心率 $e=\frac{5}{4}$，两顶点间的距离是 16，焦点在 x 轴上，求双曲线的标准方程和渐近线方程.

解 由已知，得

$$a=8,$$

$$e=\frac{c}{a}=\frac{5}{4},$$

所以 $c=10, b^2=36$.

因此所求双曲线的标准方程为$\frac{x^2}{64}-\frac{y^2}{36}=1$.

渐近线方程是 $y=\pm\frac{3}{4}x$.

想一想

若去掉本题中"焦点在 x 轴上"这一条件，所求双曲线的标准方程有几个？请说出它们的方程.

例 3 设双曲线的虚半轴长是 $2\sqrt{2}$，离心率 3，求双曲线的标准方程.

解 由已知，得

$$\begin{cases}\frac{c}{a}=3\\ b=2\sqrt{2}\\ c^2=a^2+b^2\end{cases},$$

解得 $a=1$；

所以所求双曲线方程为 $x^2-\frac{y^2}{8}=1$ 或 $y^2-\frac{x^2}{8}=1$.

练　习

1. 填写表 9-8.

表　9-8

双曲线方程	焦点所在的坐标轴	a	b	c	实轴长	虚轴长	焦距	焦点坐标	顶点坐标	离心率	渐近线方程
$\frac{x^2}{16}-\frac{y^2}{36}=1$											
$\frac{y^2}{4}-\frac{x^2}{5}=1$											
$x^2-4y^2=1$											
$x^2-y^2=4$											

2. 求符合下列条件的双曲线的标准方程：

(1)两个顶点间的距离是 8,两焦点为 $F_1(-5,0)$,$F_2(5,0)$；

(2)虚轴长等于 12,焦距为实轴长的 2 倍；

(3) 两顶点间的距离是 6，$e=\frac{4}{3}$；

(4)$e=\frac{5}{4}$,$b=3$.

习　题　9.2

A　组

1. 填空题：

(1)到两定点 $F_1(-5,0)$,$F_2(5,0)$的距离之差的绝对值是 8 的点 M 的轨迹方程是________；

(2)双曲线$\frac{x^2}{4}-\frac{y^2}{5}=1$ 的焦点坐标是________,离心率 $e=$________；

(3)双曲线 $4x^2-y^2=1$ 的离心率 $e=$________,渐近线方程是________；

(4)双曲线 $x^2-8y^2=-32$ 的顶点坐标是________,焦点坐标是________；

(5)双曲线$\frac{x^2}{49}-\frac{y^2}{25}=-1$ 的顶点坐标是________,渐近线方程是________；

(6)双曲线 $9x^2-16y^2=144$ 的离心率 $e=$________,渐近线方程是________.

2. 写出符合下列条件的双曲线的标准方程：

(1) $a=3$,$b=4$ 焦点在 x 轴上；

(2)$a=3$,焦距是 5,焦点在 x 轴上；

(3)$b=4$,一个焦点坐标是 $F_1(-8,0)$；

(4)焦点在 x 轴上,且 $a=3$ 的等轴双曲线；

(5)$a=3,b=4$,焦点在 y 轴上;

(6)$a=3,c=\sqrt{15}$焦点在 y 轴上;

(7)$b=4,c=8$ 焦点在 y 轴上;

(8)$a=2\sqrt{5}$经过点$(2,-5)$,焦点在 y 轴上;

(9)$a=2$ 的等轴双曲线.

B　组

1. 填空题:

(1)双曲线 $16x^2-9y^2=144$ 的实轴长是________,虚轴长是________,焦点坐标是________,离心率是________,渐近线方程是________;

(2)将上题中的双曲线绕中心旋转 $90°$后,所得到的双曲线方程是________,实轴长是________,虚轴长是________,焦点坐标是________,离心率是________,渐近线方程是________.

2. 求符合下列条件的双曲线的标准方程:

(1)经过点 $M(-3,2\sqrt{7})$和 $N(-6\sqrt{2},-7)$,焦点在 y 轴上;

(2)渐近线方程是 $y=\pm 2x$,且焦点与中心的距离是 5;

(3)离心率是$\frac{\sqrt{10}}{3}$,实轴长等于 2;

(4)离心率是$\sqrt{2}$,经过点 $M(-5,3)$;

(5)渐近线方程是 $y=\pm\frac{4}{3}x$,且经过点 $P(-3,2\sqrt{3})$;

(6)与双曲线$\frac{y^2}{100}-\frac{x^2}{4}=1$ 有公共渐近线,且经过点 $P(-\sqrt{2},5)$.

3. 求以椭圆$\frac{y^2}{7}+\frac{x^2}{5}=1$ 的焦点为顶点,而以椭圆的顶点为焦点的双曲线的方程.

4. 求与椭圆$\frac{y^2}{25}+\frac{x^2}{41}=1$ 有公共的焦点,且离心率 $e=\frac{4}{3}$的双曲线方程.

5. 已知等轴双曲线经过 $P(-3,2)$,且对称轴都在坐标轴上,求它的方程.

9.3　抛　物　线

本节重点知识:

1. 抛物线的定义.

2. 抛物线的标准方程.

$y^2=2px(p>0)$,$y^2=-2px(p>0)$;

$x^2=2py(p>0)$，$x^2=-2py(p>0)$.

3. 抛物线的简单几何性质.

9.3.1　抛物线及其标准方程

在代数中，我们学习了二次函数 $y=ax^2$，它的图像就是抛物线．抛物线是我们经常接触到的图形，如抛出一个物体所进行的路线；建筑中的拱桥也是抛物线形；探照灯或者手电筒的反射镜面的形状，也是抛物线绕着它的对称轴旋转而成的．

如图 9-13 所示，将一直尺固定在图板上，取一直角三角板，以它的一条直角边靠紧直尺的一边 l. 再取一条与另一直角边等长的无伸缩性的细绳，一端固定在三角板的锐角顶点 A 处，另一端固定在图板上的 F 点，用笔尖紧靠三角板把绳拉紧，并将三角板靠紧直尺上下滑动，笔尖画出的图形就是抛物线．

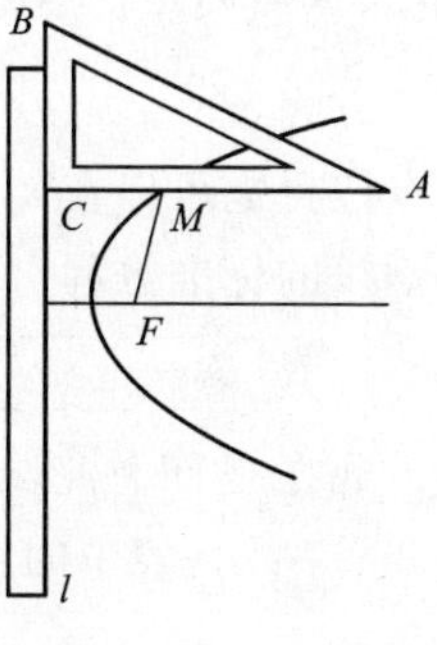

图　9-13

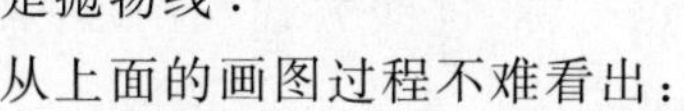
从上面的画图过程不难看出：

(1)笔尖在不停的移动(动点)；

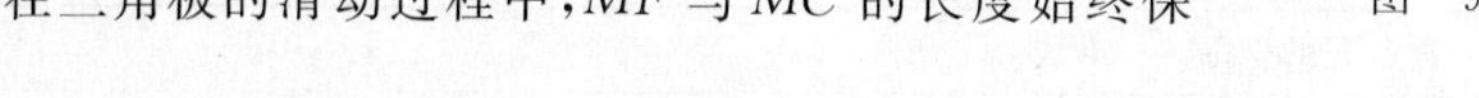
(2)在三角板的滑动过程中，MF 与 MC 的长度始终保持相等；

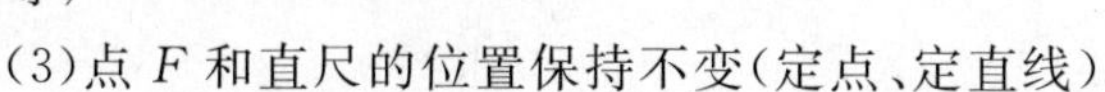
(3)点 F 和直尺的位置保持不变(定点、定直线).

根据上面的分析，可以得到抛物线的定义：

平面内与一个定点 F 和一条定直线 l 的距离相等的点的轨迹称做**抛物线**．点 F 称做抛物线的**焦点**，直线 l 称做抛物线的**准线**．

现在根据抛物线的定义，来求抛物线的方程．

如图 9-14 所示，以过焦点 F 且垂直与准线 l 的直线为 x 轴，垂足为 K. 以线段 KF 的垂直平分线为 y 轴，建立直角坐标系．

设 $M(x,y)$为抛物线上任意一点，点 M 到直线 l 的距离为 d. 设 $|KF|=p$，则焦点 F 的坐标为$\left(\frac{p}{2},\right.$

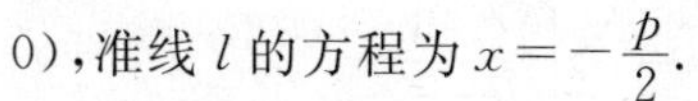
$\left.0\right)$，准线 l 的方程为 $x=-\frac{p}{2}$.

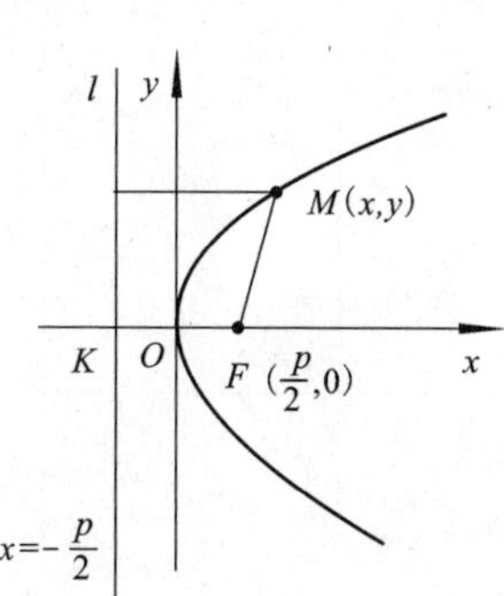

图　9-14

根据抛物线的定义，点 M 满足条件 $|MF|=d$.

因为 $$|MF|=\sqrt{\left(x-\frac{p}{2}\right)^2+y^2},d=\left|x+\frac{p}{2}\right|,$$

所以 $$|MF|=\sqrt{\left(x-\frac{p}{2}\right)^2+y^2}=\left|x+\frac{p}{2}\right|,$$

两边平方,得

$$x^2-px+\frac{p^2}{4}+y^2=x^2+px+\frac{p^2}{4},$$

化简,得 $$\boxed{y^2=2px\quad(p>0)}$$

这个方程称做**抛物线的标准方程**,它所表示的抛物线的焦点在 x 轴的正半轴上,焦点坐标是$(\frac{p}{2},0)$,准线方程是 $x=-\frac{p}{2}$.

方程 $y^2=2px(p>0)$是焦点在 x 轴正半轴上的抛物线的标准方程. 抛物线的焦点位置也可以在 x 轴的负半轴在上,y 轴的正半轴上和 y 轴的负半轴上,因此,抛物线的标准方程有四种形式. 其他三种形式如下:

$$\boxed{y^2=-2px\quad(p>0),\quad x^2=2py\quad(p>0),\quad x^2=-2py\quad(p>0)}$$

现在把四种形式的抛物线的标准方程、焦点坐标、准线方程和图形列表如表 9-9 所示(表中的空格部分请读者自己填写).

表 9-9

标准方程	焦点 F 的坐标	准线 l 的方程	图形
$y^2=2px$ $(p>0)$	$F\left(\frac{p}{2},0\right)$	$x=-\frac{p}{2}$	
$y^2=-2px$ $(p>0)$			
$x^2=2py$ $(p>0)$			
$x^2=-2py$ $(p>0)$			

练　习

填写表 9-10.

表　9-10

抛物线方程	$y^2=16x$	$y^2=-4x$	$x^2=-y$	$x^2=5y$
P				
焦点所在坐标轴				

例 1　求下列抛物线的焦点坐标和准线方程：

(1) $y^2=x$；　　(2) $x^2=-6y$；

(3) $y=\frac{2}{3}x^2$；　　(4) $x=-2y^2$.

解　(1)由抛物线标准方程，得 $2p=1$，焦点在 x 轴正半轴，因此，$p=\frac{1}{2}$，所以 $\frac{p}{2}=\frac{1}{4}$，所求抛物线的焦点坐标是$(\frac{1}{4},0)$，准线方程是 $x=-\frac{1}{4}$.

(2)因为 $-2p=-6$，$p=3$，焦点在 y 轴的负半轴上．所以，焦点坐标是$(0,-\frac{3}{2})$，准线方程是 $y=\frac{3}{2}$.

(3)将抛物线方程化为标准方程，得 $x^2=\frac{3}{2}y$，因为 $2p=\frac{3}{2}$，$p=\frac{3}{4}$，焦点在 y 轴的正半轴，所以，焦点坐标是$(0,\frac{3}{8})$，准线方程是 $y=-\frac{3}{8}$.

(4)将抛物线方程化为标准方程，得 $y^2=-\frac{1}{2}x$，因为 $2p=\frac{1}{2}$，$p=\frac{1}{4}$，焦点在 x 轴的负半轴，所以，焦点坐标是$(-\frac{1}{8},0)$，准线方程是 $x=\frac{1}{8}$.

例 2　求适合下列条件的抛物线的标准方程：

(1)焦点坐标是$(-\frac{3}{2},0)$；　　(2)准线方程是 $y=-1$.

解　(1)因为焦点坐标是$(-\frac{3}{2},0)$，所以抛物线的焦点在 x 轴的负半轴，且 $p=3$，因此抛物线的标准方程是 $y^2=-6x$.

(2)因为准线方程是 $y=-1$，

所以抛物线的焦点在 y 轴的正半轴，且 $p=2$，

因此抛物线的标准方程是 $x^2=4y$.

例 3　已知抛物线的顶点在原点，焦点在 x 轴的正半轴上，且经过点 $M(2,4\sqrt{3})$，求此抛物线的标准方程．

解 设所求抛物线的标准方程是 $y^2=2px(p>0)$，

将点 M 的坐标代入标准方程，得 $p=12$，

所以，所求抛物线的标准方程是 $y^2=24x$.

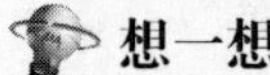

想一想

例 3 中若去掉“焦点在 x 轴正半轴”这一条件，所求抛物线的标准方程有几个？并求出它们的标准方程.

练　习

1. 填写表 9-11.

表 9-11

抛物线方程	焦点所在的坐标轴	P	焦点坐标	准线方程
$y^2=16x$				
$y^2=-\frac{1}{4}x$				
$x^2=25y$				
$x^2=-\frac{4}{9}y$				
$y^2=x$				
$x^2=-y$				
$3x^2=4y$				

2. 求适合下列条件的抛物线的标准方程：

(1)焦点坐标是 $F(-2,0)$；

(2)准线方程是 $y=-\frac{1}{2}$；

(3)焦点到准线的距离是 4；

(4)焦点在 y 轴上，且经过点 $M(2,-4)$；

(5)经过点 $N(2,-4)$.

9.3.2 抛物线的简单几何性质

首先我们根据抛物线的标准方程

$$y^2=2px(p>0)$$

来研究抛物线的几何性质(见图 9-15).

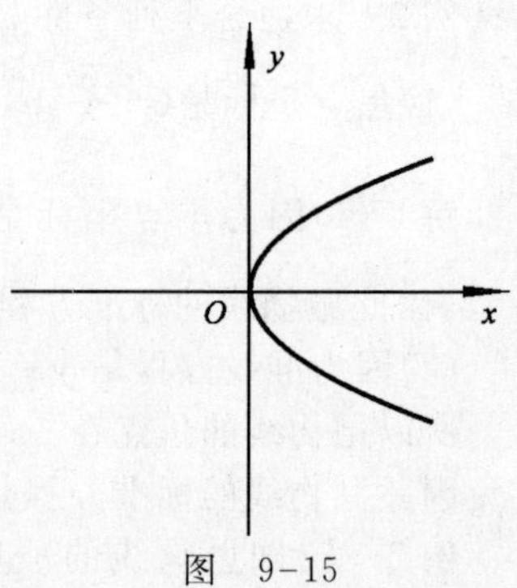

图 9-15

1. 范围

由抛物线的标准方程，得 $y=\pm\sqrt{2px}$，

在上式中，要使 y 有意义，必须有 $2px\geqslant 0$，

即　$x\geqslant 0$，

因为 $x=\dfrac{y^2}{2p}(p>0)$，所以 y 可以取任何实数．

因此，这条抛物线在 x 轴的右侧．当 x 的值增大时，y^2 的值也增大，即 $|y|$ 的值增大．这说明抛物线向右上方和右下方无限延伸．

2. 对称性

在抛物线的标准方程中，把 y 换成 $-y$，方程不变，这说明此抛物线关于 x 轴对称．我们把抛物线的对称轴称做抛物线的**轴**．

3. 顶点

在抛物线的标准方程中，令 $x=0$，得 $y=0$. 所以这条抛物线与 x 轴（即抛物线的对称轴）的交点是原点(0,0)．我们把这个点称做抛物线的**顶点**．

4. 离心率

抛物线上的点 M 到焦点的距离与到准线的距离之比，称做抛物线的离心率．由定义可知，$e=1$.

例　用描点法画出抛物线 $y^2=-8x$ 的图形．

解　由方程 $y^2=-8x$，得 $y=\pm\sqrt{-8x}$.

根据上式，在第二象限内，计算出 x，y 的几组对应值：

x	0	-1	-2	-3	……
y	0	2.8	4	4.8	……

先描点画出抛物线在第二象限的图形，再根据抛物线的对称性，画出整条抛物线（见图 9-16）.

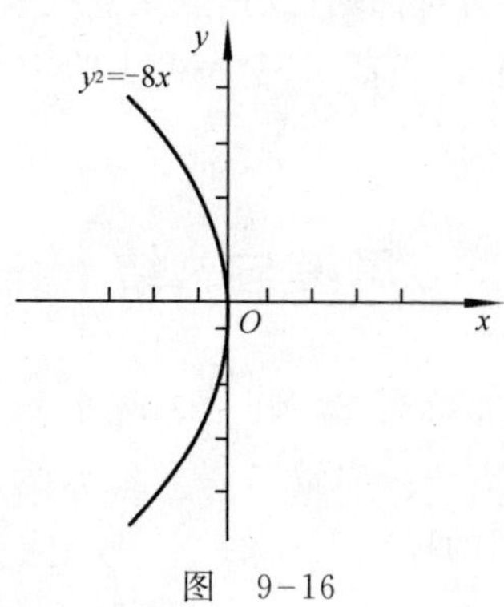

图　9-16

练　习

求适合下列条件的抛物线的标准方程：

(1)顶点在原点，准线方程是 $x=4$；

(2)焦点坐标是 $F(0,4)$，准线方程是 $y=-4$；

(3)顶点在原点，关于 x 轴对称，且经过点 $M(-5,-10)$；

(4)顶点在原点，对称轴与坐标轴重合，且经过点 $M(5,-4)$.

习　题　9.3

A　组

1. 填空题：

(1)抛物线 $x=2y^2$ 的焦点坐标是________，准线方程是________.

(2)抛物线 $4y^2+3x=0$ 的焦点坐标是________，准线方程是________.

(3)抛物线 $3x^2+5y=0$ 的焦点坐标是________，准线方程是________.

(4)抛物线 $y=6x^2$ 的焦点坐标是________，准线方程是________.

2. 求焦点在坐标轴上，且经过点 $M(2,-2\sqrt{2})$ 的抛物线的标准方程.

3. 若抛物线 $y^2=8x$ 上的一点 M 到焦点的距离是 5，求点 M 到准线的距离及点的坐标.

B　组

1. 求适合下列条件的抛物线的标准方程：

(1)顶点在原点，对称轴是 y 轴，并经过点 $M(-6,-2)$；

(2)顶点在原点，对称轴与坐标轴重合，顶点与焦点的距离是 4；

(3)顶点在原点，以 y 轴为对称轴，且焦点在直线 $2x-2y+6=0$ 上.

2. 抛物线的顶点是双曲线 $16x^2-9y^2=144$ 的中心，而焦点是双曲线的左顶点，求抛物线的方程.

思考与总结

1. ____________的轨迹称做椭圆．这两个定点 F_1 和 F_2 称做椭圆的________，两焦点间的距离 $|F_1F_2|$ 称做________，长为________.

2. 焦点在 x 轴上的椭圆的标准方程是____________，焦点在 y 轴上的椭圆的标准方程是__________.

3. 当椭圆的焦点在 x 轴上的时，椭圆位于直线________和________所围成的矩形里．

4. 椭圆 $\frac{x^2}{a^2}+\frac{y^2}{b^2}=1\quad(a>b>0)$ 有________条对称轴，即________；有________个对称中心，即________．

5. 椭圆 $\frac{x^2}{a^2}+\frac{y^2}{b^2}=1\quad(a>b>0)$ 有________个顶点，它的顶点坐标是________，椭圆的长轴长和短轴长分别等于________和________．椭圆 $\frac{y^2}{a^2}+\frac{x^2}{b^2}=1$ $(a>b>0)$ 有________个顶点，它的顶点 A_1、A_2、B_1、B_2 的坐标是________，线段________和________分别称做椭圆的________和________，它们的长分别等于________和________，a 和 b 分别称做椭圆的________和________．

6. 椭圆的离心率__________．

7. ________________的轨迹称做双曲线．这两个定点 F_1 和 F_2 称做双曲线的________，两焦点间的距离 $|F_1F_2|$ 称做________．

8. 焦点在 x 轴上的双曲线的标准方程是________，焦点在 y 轴上的双曲线的标准方程是________；如果 $a=b$，则方程变为________，此方程所表示的双曲线称做等轴双曲线．

9. 当双曲线焦点在 x 轴上时，双曲线位于两条直线的外侧．

10. 双曲线 $\frac{x^2}{a^2}-\frac{y^2}{b^2}=1\quad(a>0,b>0)$ 有________条对称轴，即________；有________个对称中心，即________．

11. 双曲线 $\frac{x^2}{a^2}-\frac{y^2}{b^2}=1\quad(a>0,b>0)$ 有________个顶点，顶点 A_1、A_2 坐标是________，线段________称做双曲线的________，长为________，若有 $B_1(0,b)$、$B_2(0,-b)$，则线段 B_1B_2 称做双曲线的________，长为________，a 和 b 分别称做双曲线的________和________．

12. 双曲线 $\frac{x^2}{a^2}-\frac{y^2}{b^2}=1\quad(a>0,b>0)$ 有两条渐近线________，双曲线 $\frac{y^2}{a^2}-\frac{x^2}{b^2}=1(a>0,b>0)$ 有两条渐近线________，等轴双曲线有两条渐近线________．

13. 双曲线离心率________．

14. __________的轨迹称做抛物线．点 F 称做抛物线的________，直线 l 称做抛物线的________．

15. 焦点在 x 轴的正半轴上的抛物线标准方程是________，焦点在 x 轴的负半轴上的抛物线标准方程是________，焦点在 y 轴的正半轴上的抛物线标准方程是________，焦点在 y 轴的负半轴上的抛物线标准方程是________．

16. 抛物线 $y^2=2px, y^2=-2px\ (p>0)$ 关于________对称，抛物线 $x^2=2py, x^2=-2py(p>0)$ 关于________对称．

17. 抛物线 $y^2=2px, y^2=-2px\ (p>0), x^2=2py, x^2=-2py\ (p>0)$ 的顶点是________即________．

18. 抛物线的离心率________．

复习题九

1. 选择题：

(1)椭圆 $x^2+\frac{9y^2}{5}=36$ 的离心率是(　　)．

A. $\frac{1}{3}$　　B. $\frac{2}{3}$　　C. $\frac{1}{2}$　　D. $\frac{3}{4}$

(2)椭圆$\frac{x^2}{25}+\frac{y^2}{16}=1$ 的离心率是(　　)．

A. $\frac{1}{3}$　　B. $\frac{2}{3}$　　C. $\frac{1}{2}$　　D. $\frac{3}{5}$

(3)已知椭圆$\frac{x^2}{25}+\frac{y^2}{16}=1$ 上一点 P 到椭圆一个焦点的距离为 3，则点 P 到另一个焦点的距离为(　　)．

A. 2　　B. 3　　C. 5　　D. 7

(4)如果双曲线$\frac{x^2}{16}-\frac{y^2}{5}=1$ 上一点 P 到双曲线右焦点的距离是 2，则点 P 到左焦点的距离是(　　)．

A. 10　　B. $2+\sqrt{2}$　　C. 6　　D. 4

(5)设双曲线方程为$\frac{x^2}{12-m}-\frac{y^2}{7}=1$，则 m 的取值范围是(　　)．

A. $m>12$　　B. $m\leqslant 12$　　C. $m<12$　　D. $m\geqslant 12$

(6)双曲线$\frac{y^2}{4}-\frac{x^2}{21}$的离心率是(　　)．

A. $\frac{1}{3}$　　B. $\frac{2}{3}$　　C. $\frac{5}{2}$　　D. $\frac{3}{4}$

(7)双曲线$\frac{y^2}{16}-\frac{x^2}{9}=1$ 的渐近线方程是(　　)．

A. $y=\pm\frac{4}{3}x$　　B. $y=\pm\frac{3}{4}x$　　C. $y=\pm\frac{3}{5}x$　　D. $y=\pm\frac{5}{3}x$

2. 填空题:

(1)焦点为 $F_1(-2,0)$ 和 $F_2(2,0)$,离心率为 2 的双曲线方程是________.

(2)已知圆 $x^2+y^2-6x-7=0$ 与抛物线 $y^2=2px(p>0)$ 的准线相切,则 p ________.

(3)求椭圆 $\frac{x^2}{9}+\frac{y^2}{12}=1$ 的长半轴长是________,短半轴长是________.

(4)椭圆 $\frac{x^2}{4}+y^2=1$ 离心率是________.

(5)双曲线 $\frac{x^2}{49}-\frac{y^2}{25}=-1$ 的离心率是________.

(6)双曲线 $\frac{y^2}{16}-\frac{x^2}{9}=1$ 的渐近线方程是________.

(7)抛物线 $y^2=24x$ 焦点坐标是________.

(8)已知椭圆的方程为 $\frac{x^2}{36}+\frac{y^2}{100}=1$,如果曲线上一点 P 到焦点 F_1 的距离为 8,则点 P 到另一个焦点 F_2 的距离等于________.

3. 解答题:

(1)椭圆的离心率是 $\frac{1}{3}$,焦距与长轴长的和是 32,求椭圆的标准方程.

(2)长轴长是 10,焦点坐标是 $F_1(-4,0)$ 和 $F_2(2,0)$,求椭圆的标准方程.

(3)焦点是 $(3,-2)$,求准线方程是 $y+4=0$ 的抛物线方程.

(4)已知中心在原点的双曲线的一个焦点是 $F_1(-4,0)$,一条渐近线是 $3x-2y=0$,求双曲线的标准方程.

(5)已知等轴双曲线的一个焦点在直线 $y=2x+4$ 上,求等轴双曲线的标准方程.

(6)已知抛物线的顶点在原点,并且经过点 $Q(-1,-2)$,求它的标准方程.

第10章 复　数

复数的运算是一种新的规定，它是数学体系建构过程中的重要组成部分．虚数也成为数系大家庭的一员，从而使实数集扩充到复数集．复数也是复变函数的基础，在电流、电磁波和工程技术领域有非常广泛的应用．

10.1 复数的概念

本节重点知识：

1. 数的概念的发展．
2. 复数的有关概念：复数、虚数单位 i、复数 $a+b\mathrm{i}$ 和复数集 **C**、虚数、纯虚数、共轭复数、两个复数相等．
3. 复数 $a+b\mathrm{i}$ 的几何表示复平面、用复平面内的点表示复数、用向量表示复数、复数的摸与复数的辐角．

10.1.1 虚数单位 i 的定义

我们已经学习了一些关于数的概念，这些概念是在人类文明的发展过程中逐步形成的．数的概念的产生与发展是人类实践活动的结果，也是数学本身发展的需要．

为了计数，产生了正整数的概念．在引进了 0 以后，才形成了完善的计数法．为了解决测量和分配中遇到的问题，产生了分数的概念．为了表示具有相反意义的量，产生了正、负数的概念．人们在对某些量进行度量时，发现存在着不能用两个整数的比来表达的量，于是引入了新的数——无理数．人类关于数的概念伴随着实践活动的扩大和发展逐步扩充着．

从另一个角度看，数的概念的扩充也是为了数学本身的需要．数的概念的发展不断揭露和解决数的运算中所出现的矛盾．如在整数集 **Z** 里，除法运算不是总能施行的，于是引进了分数，在有理数集里除法可以畅行无阻(除数不能是 0)；在正数范围内，减法运算不一定可以进行，在引进负数以后，问题得到解决；在正有理数范围内，开方运算有时无法进行，引入无理数，矛盾得以解决．从解方程来看，方程 $x+3=2$ 在自然数集 **N** 中无解，而在整数集 **Z** 中有一个解 $x=-1$；方程 $2x=$

4 在整数集 z 中无解，在有理数集 **Q** 中有解 $x=1$；方程 $x^2=2$ 在有理数集 **Q** 中无解，而在实数集 **R** 中就有了两个解 $x=\pm\sqrt{2}$．但是，数的范围扩充到实数集 **R** 以后，还不能解决 $x^2=-1$ 这类的方程．一元二次方程 $ax^2+bx+c=0(a\neq 0)$ 当 $b^2-4ac<0$ 时，我们无法用求根公式 $x=\dfrac{-b\pm\sqrt{b^2-4ac}}{2a}$ 来求得它的根．18 世纪，为了解决上述类似问题，人们引进了一个新数 i，称为虚数单位，并规定

(1)$i^2=-1$.

(2)i 可以与实数进行四则运算，进行四则运算时，原有的加法、乘法运算律仍然成立．

这样就出现了形如 $a+bi$ ($a\in\mathbf{R},b\in\mathbf{R}$)的数，人们把它们叫做**复数**．全体复数的集合称为**复数集**．一般用大写字母 **C** 来表示．例如 $-1+3i$，$-0.5i$，2 等都是复数．

这样，在复数集 **C** 中，i 就是 -1 的一个平方根，因为 $(-i)^2=i^2=-1$，所以 $-i$ 是 -1 的另一个平方根．因此，引入了虚数单位 i 以后．方程 $x=-1$ 有两个根 $x=\pm i$.

复数在科学技术中，早已得到了广泛的应用．

练　习

1. 说明下列数系扩充的各个阶段分别引入了什么新数：

(1)自然数(**N**)；(2)整数集(**Z**)；(3)有理数集(**Q**)；(4)实数集(**R**)；(5)复数集(**C**).

2. 填空完成下面的实数分类表：

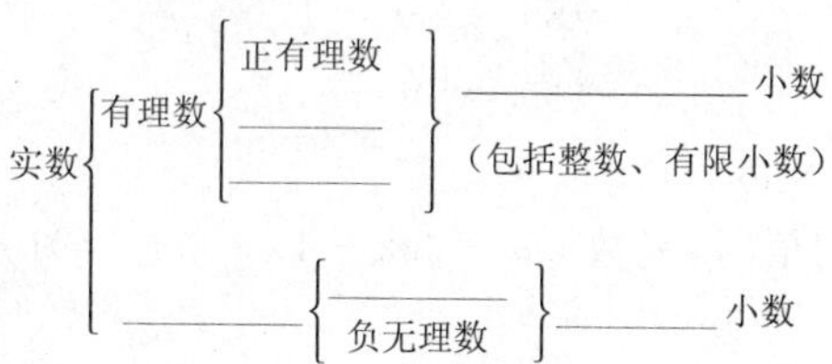

3. 写出满足下列条件的复数 $a+bi$ ($a\in\mathbf{R},b\in\mathbf{R}$)：

(1) $a=2,b=-1$；　(2) $a=0,b=3$；　(3) $a=-\sqrt{3},b=0$；

(4) $a=-2,b=-\sqrt{2}$；　(5) $a=0,b=-7$；　(6) $a=0,b=0$.

10.1.2　复数的有关概念

我们知道 $-3+4i$，$-5i$，-10，0 等都是复数．可见复数 $a+bi$ ($a\in\mathbf{R},b\in\mathbf{R}$)的确定要由 a 与 b 来决定，a 与 b 分别叫做 $a+bi$ ($a\in\mathbf{R},b\in\mathbf{R}$)复数的实部与虚部，

复数 $a+bi(a\in \mathbf{R},b\in \mathbf{R})$,当 $b=0$ 时.就是实数,当 $b\neq 0$ 时,叫做虚数;当 $a=0$,$b\neq 0$ 时,叫做纯虚数.如 $3+4i$,$\sqrt{2}-i$,2,$-3i$,都是复数,它们的实部分别是 3,$\sqrt{2}$,2,0;虚部分别是 4,-1,0,-3.其中 2 是实数;$3+4i$,$\sqrt{2}-i$,$-3i$ 是虚数;$-3i$ 是纯虚数.

显然,实数集 $\mathbf{R}$ 是复数集 $\mathbf{C}$ 的真子集,即 $\mathbf{R}\subsetneqq \mathbf{C}$.

当两个复数的实部相等且虚部互为相反数时,我们称这两个复数为共轭复数.复数 z 共轭复数通常用 $\bar{z}$ 表示,即复数 $z=a+bi$ 的共轭复数是 $\bar{z}=a+bi$.如 $-3-\sqrt{3}i$ 的共轭复数是 $\overline{-3-\sqrt{3}i}=-3+\sqrt{3}i$.而实数 a 的共轭复数仍是其本身.

练一练

(1)说出下列复数的实部与虚部:

$-3+4i$;$-\dfrac{1}{2}i$;$3+4i$;$\sqrt{2}-i$;$-3i$;$-3-\sqrt{3}i$;πi;$(\sqrt{2}-1)i+1$

(2)说出上面题中各复数的共轭复数:

如果两个复数 $a+bi$ 和 $c+di$ 的实部与虚部分别相等,我们就说这两个复数相等.记做

$a+bi=c+di$,也就是

$$a+bi=c+di\Leftrightarrow a=c,b=d.(a,b,c,d\in \mathbf{R}).$$

特别地,$a+bi=0\Leftrightarrow a=0,b=0$.

例 1 已知 $(5x-3y)+3xi=1+(9-y)i$,其中 x,y 是实数,求 x 和 y.

解 把等式两端分别看作两个复数,根据复数相等的意义,得方程组

$$\begin{cases}5x-3y=1,\\3x=9-y.\end{cases}$$

解之,得 $x=2,y=3$.

例 2 实数 m 为何值时,复数 $(m^2-3m-4)+(m-6)i$ 是:(1)实数;(2)虚数;(3)纯虚数.

解 (1)复数是实数,当且仅当 $m-6=0$,即 $m=6$.

(2)该复数为虚数,当且仅当 $m-6\neq 0$,即 $m\neq 6$.

(3)该复数为纯虚数,当且仅当

$$\begin{cases}m^2-3m-4=0,\\m-6\neq 0.\end{cases}\Rightarrow\begin{cases}m=-1,\quad m=4;\\m\neq 6.\end{cases}$$

想一想,对于 $m\in \mathbf{R}$,本题中的复数能是零吗?

想一想

(1)实数是复数吗？复数在什么情况下是实数？

(2)举出一个数，它既是复数，也是实数，也是有理数，也是分数，也是负数．

(3)举出一个数，它既是复数，也是虚数．

练　习

1. 说出下列各数中，哪些是实数？哪些是虚数？哪些是纯虚数？哪些是复数？

(1) $-3+\sqrt{7}$；　(2) $-3+\sqrt{7}i$；　(3)i；　(4) $4i-3$；

(5) $\sqrt{2}-i$；　(6) i^2；　(7) $(-3-\sqrt{3})i$；　(8) $-3-\sqrt{3}i$；

(9)0；　(10) $2+(m-6)i,(m\in \mathbf{R})$．

2. 如 $a,b\in \mathbf{R}$，在什么情况下 $a+bi$ 是实数、虚数、纯虚数？

3. 求适合下列方程的实数 x 和 y 的值：

(1) $(3x+2y)+(5x-y)i=17-2i$；　(2) $(3x-4)+(2y+3)i=0$

4. 填空：

(1)实数集是复数集的________；　(2)复数集是实数集与虚数集的________；

(3)实数集与复数集的交集是________；　(4)纯虚数集是虚数集的________．

5. 填空，使下列各对复数互为共轭复数：

(1)________ $4i-3$，$4i-3$；　(2) $-3+\sqrt{7}i$，-3 ________ $\sqrt{7}i$；

(3)________，$-3-\sqrt{3}i$；　(4) $-3i$，________．

6. 判断下列命题的真假，并说明理由．

(1)4 是复数；　(　　)

(2) 0i 是纯虚数；　(　　)

(3) $a+bi$ 是虚数（$a\in \mathbf{R},b\in \mathbf{R}$）；　(　　)

(4) $-3i<0$；　(　　)

(5)实数的共轭复数一定是实数，虚数的共轭复数一定是虚数；　(　　)

(6) $z=3-4i$ 为实数；　(　　)

(7) $z=3-4i$ 为复数；　(　　)

(8) $z=4i$ 为纯虚数；　(　　)

(9)4 不是复数；　(　　)

(10)$5i>0$.　(　　)

10.1.3 复数的向量表示

我们知道,实数可以用数轴上的点来表示．而任何一个复数都对应着唯一的有序实数对 (a,b)．因此,我们可以借助平面直角坐标系来表示复数．如图 10-1 所示,在平面直角坐标系中,复数 $z=a+b\mathrm{i}$ 可由点 $Z(a,b)$ 来表示．这个建立了直角坐标系用来表示复数的平面叫做**复平面**,按照这种方法,每一个复数,都能在复平面内找到唯一确定的点与它对应;反之,复平面内每一点也都对应着唯一确定的复数,即

$$Z(a,b) \quad \Leftrightarrow \quad z=a+b\mathrm{i} \quad (a,b\in\mathbf{R}).$$

由此可知,复数集 **C** 和复平面内所有点的集合间是一一对应的,这是复数的一种几何意义．

上述对应关系下,实数 $z=a+0\mathrm{i}$ 对应于 x 轴上的点 $A(a,0)$,而纯虚数 $z=0+b\mathrm{i}$ 则对应于 y 轴上除原点以外的点 $B(0,b)$ $(b\neq 0)$．我们把 x 轴叫做实轴,y 轴除去原点的部分叫做虚轴．

显然,复平面上表示互为共轭复数的点 Z' 和 Z 是关于实轴对称的(见图 10-2)．复数 $z=a+b\mathrm{i}\Leftrightarrow$ 点 $Z(a,b)\Leftrightarrow$ 向量 $\overrightarrow{OZ}$．也就是说任一复数 $z=a+b\mathrm{i}$ 对应着复平面上唯一的点 $Z(a,b)$,也对应着以 O 为起点,点 $Z(a,b)$ 为终点的唯一的向量 $\overrightarrow{OZ}$,反之,任意向量 $\overrightarrow{OZ}$ 也对应着唯一的复数 $z=a+b\mathrm{i}$．所以复数 $z=a+b\mathrm{i}$ $(\neq 0)$ 可以用复平面内的向量 $\overrightarrow{OZ}$ 来表示,这是复数的另一种重要的几何表示．因此,我们常把复数 $z=a+b\mathrm{i}$ 说成点 Z 或说成向量 $\overrightarrow{OZ}$．

根据向量相等的规定,我们还规定相等的向量表示同一个复数．

在图 10-3 中,向量 $\overrightarrow{OZ}$ 的模 r(即有向线段 $\overrightarrow{OZ}$ 的长度)叫做复数 $z=a+b\mathrm{i}$ 的模,记做 $|z|$ 或 $|a+b\mathrm{i}|$．

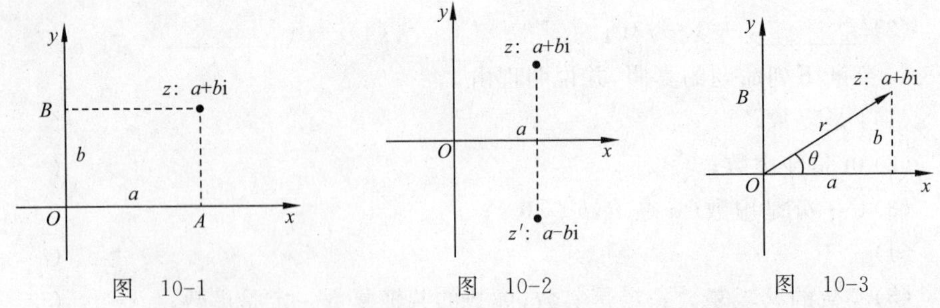

图 10-1　　图 10-2　　图 10-3

$$|z|=|a+b\mathrm{i}|=\sqrt{a^2+b^2}\ .$$

当 $b=0$ 时,$a+b\mathrm{i}$ 就是实数,它的模等于 $|a|$(即实数 a 的绝对值)．

以 x 轴正半轴为始边,向量 $\overrightarrow{OZ}$ 为终边的角 θ 叫做复数 $z=a+b\mathrm{i}$ 的辐角,用 $\mathrm{Arg}\,z$ 表示．

显然非零复数的辐角不是唯一的,若 θ 是复数 z 的一个辐角的值,则 $2k\pi+\theta$,

$(k \in \mathbf{Z})$ 也是复数 z 的辐角的值，即 $\operatorname{Arg} z = 2k\pi + \theta, (k \in \mathbf{Z})$．

我们把 $[0,2\pi)$ 范围内的辐角 θ 的值叫做**辐角的主值**，通常记做 $\arg z$，即 $0 \leqslant \arg z < 2\pi$．

零向量没有确定的方向，所以复数 0 的辐角是不确定的．

显然，对于非零复数 z，有 $\operatorname{Arg} z = 2k\pi + \theta, (k \in \mathrm{Z})$．

如复数 $1, -1, \mathrm{i}, -\mathrm{i}$ 的辐角主值分别是 $0, \pi, \dfrac{\pi}{2}, \dfrac{3\pi}{2}$，复数 $-1+\sqrt{3}\mathrm{i}$，$-1-\sqrt{3}\mathrm{i}$ 的辐角主值分别是 $\dfrac{2\pi}{3}, \dfrac{4\pi}{3}$．

每个不等于零的复数有唯一的模与辐角的主值，并且可由它的模与辐角的主值唯一确定．因此，两个非零复数相等，当且仅当它们的模与辐角的主值分别相等．

很明确，当 $a \in \mathbf{R}_+$ 时，$\arg a = 0$，$\arg(-a) = \pi$，$\arg(a\mathrm{i}) = \dfrac{\pi}{2}$，$\arg(-a\mathrm{i}) = \dfrac{3\pi}{2}$.

由图 10-3 还可以看出，复数 z 的辐角 θ，可由 $\tan\theta = \dfrac{b}{a}$ 及 θ 所在的象限确定，而 θ 所在象限由点 (a,b) 确定．

练一练

求下列各复数的模和辐角主值：

$2\mathrm{i}$，　$-\sqrt{3}\mathrm{i}$；　-7，　4，　$\dfrac{5}{3}\mathrm{i}$；

$1-\mathrm{i}$，　$-1+\mathrm{i}$，　$2+2\mathrm{i}$，　$3-3\mathrm{i}$，　$\sqrt{2}-\sqrt{2}\mathrm{i}$.

例 1　求复数 $z_1 = \sqrt{3} + \mathrm{i}$ 和 $z_2 = \dfrac{1}{2} + \dfrac{\sqrt{3}}{2}\mathrm{i}$ 的模，并比较它们模的大小．

解

$$|z_1| = |\sqrt{3} + \mathrm{i}| = \sqrt{(\sqrt{3})^2 + 1} = 2;$$

$$|z_2| = \left|\frac{1}{2} + \frac{\sqrt{3}}{2}\mathrm{i}\right| = \sqrt{\left(\frac{1}{2}\right)^2 + \left(\frac{\sqrt{3}}{2}\right)^2} = 1.$$

因为 $2 > 1$，所以 $|z_1| > |z_2|$．

说明：复数的模是实数，因此可以比较大小．

例 2　求下列复数的辐角主值：

(1) $z = \sqrt{2} + \sqrt{2}\mathrm{i}$；　　　　(2) $z = \sqrt{3} - \mathrm{i}$．

解　(1)如图 10-4 所示，因为 $a = \sqrt{2}$，$b = \sqrt{2}$，$\tan\theta = \dfrac{\sqrt{2}}{\sqrt{2}} = 1$，点 $Z(\sqrt{2}, \sqrt{2})$ 在第一象限，所以 $\theta = \dfrac{\pi}{4}$．

(2)如图 $a=\sqrt{3}$， $b=-1$， $\tan\theta=-\frac{\sqrt{3}}{3}$．

点 $Z(\sqrt{3},-1)$ 在第四象限．所以 $\theta=2\pi-\frac{\pi}{6}=\frac{11}{6}\pi$．

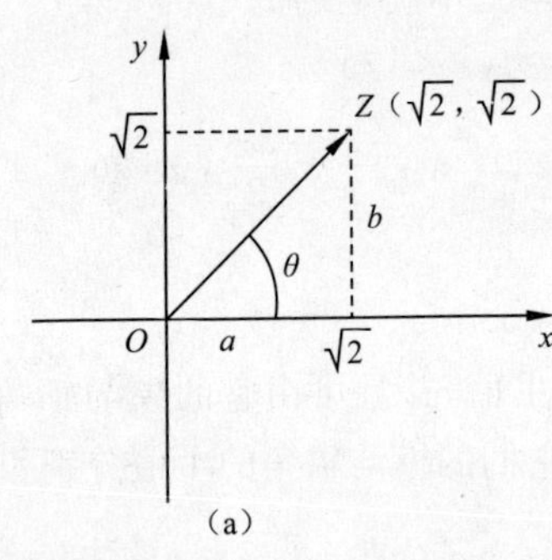

(a)

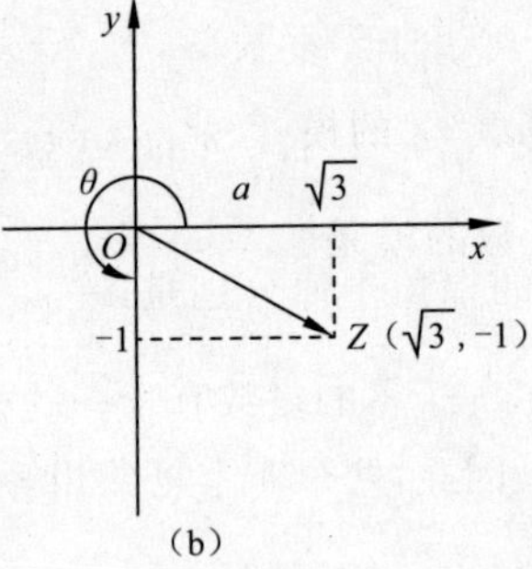

(b)

图 10-4

例 3 已知复数 $z_1=-\frac{\sqrt{3}}{2}+\frac{1}{2}\mathrm{i}$，$z_2=-\sqrt{3}-\mathrm{i}$．

(1)在复平面内画出复数 z_1，z_2 对应的向量 $\overrightarrow{OZ_1}$，$\overrightarrow{OZ_2}$；

(2)求 $\arg z_1$，$\arg z_2$．

解 z_1，z_2 对应的向量 $\overrightarrow{OZ_1}$，$\overrightarrow{OZ_2}$，如图 10-5 所示．

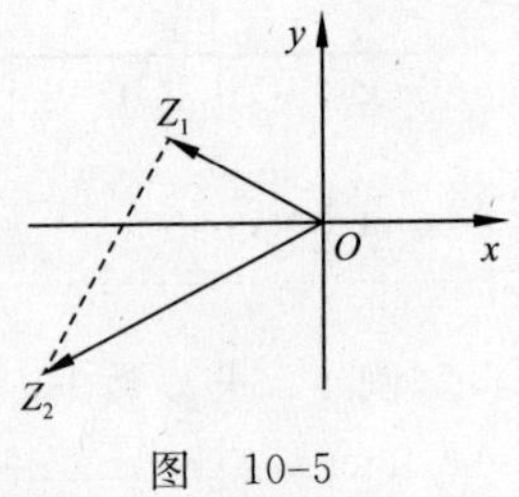

图 10-5

因为 $a=-\frac{\sqrt{3}}{2}$， $b=\frac{1}{2}$， $\tan\theta=-\frac{\sqrt{3}}{3}$．

点 $Z(-\sqrt{3},-1)$ 在第二象限．

所以
$$\arg z_1=\frac{5\pi}{6}.$$

又因为 $a=-\sqrt{3}$， $b=-1$， $\tan\theta=\frac{\sqrt{3}}{3}$，点 $Z_2(-\sqrt{3},-1)$ 在第三象限．

所以
$$\arg z_2=\pi+\frac{\pi}{6}=\frac{7}{6}\pi.$$

练 习

1. 填空

(1)当 $z=5+12\mathrm{i}$ 时，则 $|z|=$________．

(2)当 $z=3+4\mathrm{i}$ 时，则 $|z|=$________．

(3)当 $z=6-8\mathrm{i}$ 时，则 $|z|=$________．

2. 已知复数 $z_1=3+4\mathrm{i}$，$z_2=-5+3\mathrm{i}$，$z_3=-5\mathrm{i}$，$z_4=2$.

(1)在复平面内标出表示这些复数的点；

(2)画出表示这些复数的向量；

(3)求这些复数的模．

3. 依照下列条件，在复平面内画出各复数对应的向量：

(1)复数 $z_A = 1 - 2\,\mathrm{i}$；

(2)复数 z_B 的模 $r = 5$，辐角主值是 $\frac{\pi}{3}$；

(3)复数的模是 4，实部是 3，辐角是第四象限角．

4. 写出图 10-6 和图 10-7 中各向量对应的复数：

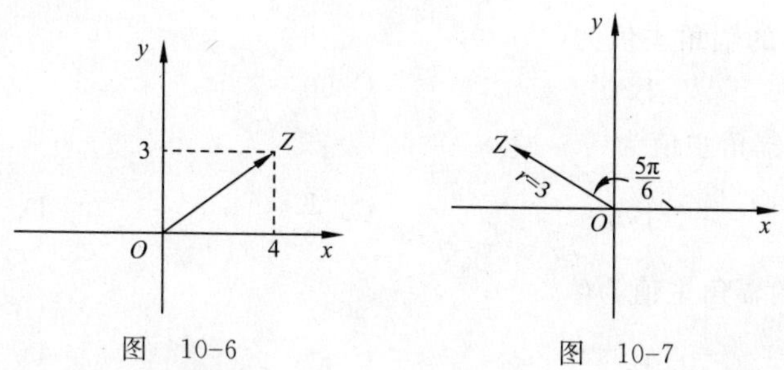

图　10-6　　　　图　10-7

5. 依照下表中第一行填空．

复数 $a+b\mathrm{i}$	共轭复数	a	b	$\tan\theta = \frac{b}{a}$	复数对应点所在象限	辐角的主值 θ
3		3	0	0	点(3,0)在 x 轴正半轴上	
$-2\mathrm{i}$						
$-3-3\mathrm{i}$						
$-\frac{1}{2}+\frac{\sqrt{3}}{2}\mathrm{i}$						

习　题　10.1

A　组

1. 判断下列命题的真假，并说明理由：

(1){实数}∪{纯虚数}={复数}；

(2)复平面中的虚轴即 y 轴；

(3)任意两个复数不能比较大小；

(4) $2\mathrm{i}+1$ 的共轭复数是 $2\mathrm{i}-1$；

(5) $-2i$ 是负数,所以 $-2i<0$.

2. x 是什么实数时,复数 $(2x^2-3x-2)+(x^2-3x+2)i$ 是实数、虚数、纯虚数?

3. 单项选择

(1) $z=-3-2i$ 在第(　　)象限.

A. 一　　B. 二　　C. 三　　D. 四

(2) $z=-3+2i$ 在第(　　)象限.

A. 一　　B. 二　　C. 三　　D. 四

(3) $z=3-2i$ 在第(　　)象限.

A. 一　　B. 二　　C. 三　　D. 四

(4) $z=3$ 的辐角主值为(　　).

A. $30°$　　B. $0°$　　C. $90°$　　D. $45°$

(5) -2 的辐角主值为(　　).

A. $\frac{\pi}{3}$　　B. π　　C. $\frac{\pi}{6}$　　D. $\frac{5\pi}{6}$

(6) $-2i$ 的辐角主值为(　　).

A. $\frac{\pi}{2}$　　B. $\frac{3\pi}{2}$　　C. π　　D. 2π

(7) $3i$ 的辐角主值为(　　).

A. $\frac{\pi}{2}$　　B. $\frac{3\pi}{2}$　　C. π　　D. 2π

4. 求适合下列方程的实数 x 和 y 的值:

(1) $x(1+i)+y(1-2i)=(-x+yi)-(3+19i)$;

(2) $(x+y)-xyi=24i-5$;

(3) $(x^2+y^2)+2xyi=10+6i$;

(4) $(2x^2-5x+2)+i(y^2+y-2)=0$;

5. 已知复数 $-1+i$,$-3-3\sqrt{3}i$,$\sqrt{2}+\sqrt{2}i$,$3i$,$-\sqrt{5}i$ 和 $1-\sqrt{3}i$.

(1)在复平面内,做出各复数对应的向量;

(2)求各复数的模及其辐角主值;

(3)求各复数的共轭复数.

B　组

1. 实数 m 取何值时,复数 $z=(m^2-5m+6)+(m^2-3m)i$ 所对应的点 Z:

(1)在实轴上;(2)在虚轴上;(3)在第一象限内.

2. 求方程 $2x^2-5x+2+(x^2-x-2)i$ 中的实数 x.

3. 已知复数 $z=1+(a-1)i$ ($a\in\mathbf{R}$),且 $|z|\leqslant 2$,求 a 的取值范围.

4. 已知 $\theta\in(0,\pi)$,复数 $z=i\cos\theta$,求复数 z 的实部、虚部、模及辐角主值.

10.2　复数的运算

本节重点知识：

1. 复数的加法和减法法则．
2. 复数的乘法和除法法则．
3. 实系数一元二次方程在复数范围内的解．

10.2.1　复数的加法和减法法则

对于复数的加法，我们可以把复数看作关于 i 的多项式，并按照多项式加法法则来进行，如

$$(3+5\mathrm{i})+(1-2\mathrm{i})=(3+1)+(5-2)\mathrm{i}=4+3\mathrm{i}.$$

一般地，我们规定

$$(a+b\mathrm{i})+(c+d\mathrm{i})=(a+c)+(b+d)\mathrm{i}\quad(a,b,c,d\in\mathbf{R}),$$

也就是说，两个复数的和仍是一个复数，它的实部与虚部分别是两个加数的实部的和与虚部的和．

容易验证，复数的加法满足交换律和结合律，即对任意的 $z_1,z_2,z_3\in\mathbf{C}$，有

$$z_1+z_2=z_2+z_1,\quad(z_1+z_2)+z_3=z_1+(z_2+z_3).$$

对于复数的减法，我们规定是加法的逆运算．

设 $(c+d\mathrm{i})+(x+y\mathrm{i})=a+b\mathrm{i}\quad(a,b,c,d,x,y\in\mathbf{R})$，则把复数 $x+y\mathrm{i}$ 叫做复数 $a+b\mathrm{i}$ 减去复数 $c+d\mathrm{i}$ 的差，记为 $(a+b\mathrm{i})-(c+d\mathrm{i})$．由复数相等的定义，有

$$\begin{cases}c+x=a,\\d+y=b.\end{cases}$$

所以，
$$x=a-c,\quad y=b-d$$

因此
$$x+y\mathrm{i}=(a-c)+(b-d)\mathrm{i},$$

即
$$(a+b\mathrm{i})-(c+d\mathrm{i})=(a-c)+(b-d)\mathrm{i}.$$

这就是复数的减法法则．

综合复数的加法法则和减法法则，可以得到如下结论：两个复数的和或差仍是一个复数；两个复数相加减，只需把实部与实部、虚部与虚部分别相加减，即

$$(a+b\mathrm{i})\pm(c+d\mathrm{i})=(a\pm c)+(b\pm d)\mathrm{i}$$

例 1　计算 $(-1+6\mathrm{i})+(2-5\mathrm{i})-(-3+4\mathrm{i})$．

解
$$\begin{aligned}&(-1+6\mathrm{i})+(2-5\mathrm{i})-(-3+4\mathrm{i})\\=&(-1+2+3)+(6-5-4)\mathrm{i}=4-3\mathrm{i}.\end{aligned}$$

例 2　判断下面命题的真假，并说明理由．

(1)两个共轭复数的和是实数；(2)两个共轭复数的差是纯虚数．

解 设任一复数为 $z=a+bi$，$(a,b\in \mathbf{R})$，则它的共轭复数 $\overline{z}=a-bi$．

(1) $z+\overline{z}=(a+bi)+(a-bi)=2a$．

所以，命题"两个共轭复数的和是实数"是真命题．

(2) $z-\overline{z}=(a+bi)-(a-bi)=2bi$．

当 $b=0$ 时，$z-\overline{z}$ 是实数．

所以，命题"两个共轭复数的差是纯虚数"是假命题，

说明：在考虑共轭复数问题时，必须全面地分析，对于实数与其自身是共轭复数这一概念应特别重视．

设复数 $z=z_1+z_2$，且分别对应向量 $\overrightarrow{Oz_1}$，$\overrightarrow{OZ_2}$，$\overrightarrow{OZ}$，根据向量加法的平行四边形法则可知，当 $\overrightarrow{Oz_1}$，$\overrightarrow{OZ_2}$ 不共线时，$\overrightarrow{OZ}$ 是以向量 $\overrightarrow{Oz_1}$，$\overrightarrow{OZ_2}$ 为两条邻边的平行四边形 OZ_1ZZ_2 的对角线．$\overrightarrow{OZ}$ 对应复数 z，如图 10-8 所示．而另一条对角线对应的向量 $\overrightarrow{Z_2Z_1}$，则表示两个向量的差，即 $\overrightarrow{Oz_1}-\overrightarrow{OZ_2}$．也就是向量 $\overrightarrow{Z_2Z_1}$ 表示复数 z_1-z_2．

例 3 根据复数的几何意义及向量表示，求复平面内两点间的距离公式．

解 如图 10-8 所示，设复平面内的任意两点 Z_1、Z_2 分别表示复数 $z_1=x_1+y_1i, z_2=x_2+y_2i$，那么 $\overrightarrow{Z_2Z_1}$ 就是与复数 z_1-z_2 对应的向量．如果用 d 表示 Z_1，Z_2 点间的距离，那么 d 就是向量 $\overrightarrow{Z_2Z_1}$ 的模，即复数 z_1-z_2 的模，所以 $d=|z_1-z_2|$．

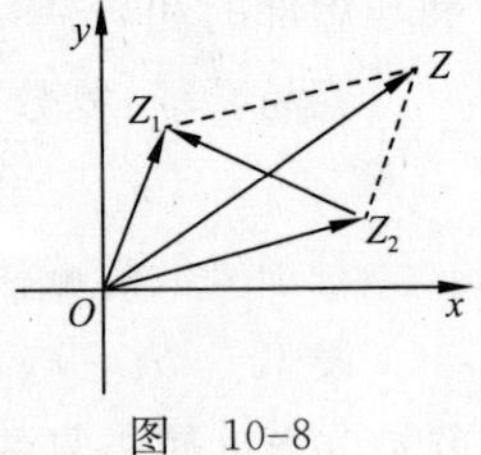

图 10-8

这就是复平面内两点间的距离公式，而

$$d=|z_1-z_2|=|(x_1+y_1i)-(x_2+y_2i)|=|(x_1-x_2)+(y_1-y_2)i|$$
$$=\sqrt{(x_1-x_2)^2+(y_1-y_2)^2}$$

这与我们以前导出的两点间的距离公式一致．

例 4 根据复数的几何意义及向量表示，求复平面内圆的方程．

解 如图 10-9 所示，设圆心为 P，点 P 与复数 $p=a+bi$ 对应，圆的半径为 r，圆上任意一点 Z 与复数 $z=x+yi$ 对应，那么

$$|z-p|=r.$$

这就是复平面内圆的方程，特别地，当点 P 在原点时，圆的方程就成为 $|z|=r$．

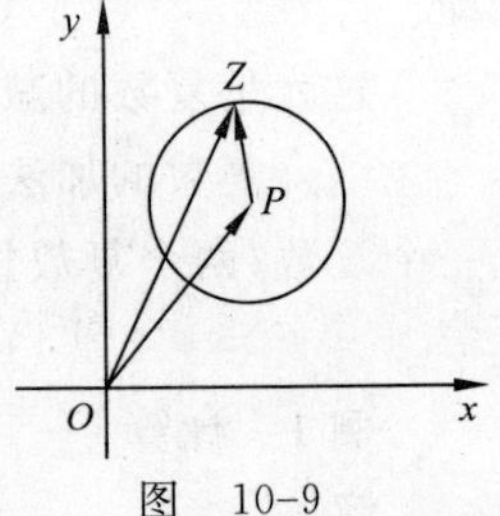

图 10-9

请同学们利用复数的减法法则，把圆的方程 $|z-p|=r$ 化成用实数表示的一般形式 $(x-a)^2+(y-b)^2=r^2$．

练　习

1. 计算：

(1) $(2+3\mathrm{i})+(4-7\mathrm{i})$；　　(2) $(4-6\mathrm{i})+(2+\mathrm{i})$；

(3) $8+(7+6\mathrm{i})$；　　(4) $(3-2\mathrm{i})+3\mathrm{i}$；

(5) $(7-9\mathrm{i})-(-4+3\mathrm{i})$；　　(6) $(8+4\mathrm{i})-(6-2\mathrm{i})$；

(7) $5-(3+2\mathrm{i})$；　　(8) $(4+3\mathrm{i})-\mathrm{i}$；

(9) $(1+2\mathrm{i})+(2+3\mathrm{i})-(3-4\mathrm{i})$；　　(10) $1+(-1-\sqrt{3}\mathrm{i})+\sqrt{3}\mathrm{i}$.

2. 填空：

(1) $(3+5\mathrm{i})+$____ $=6+2\mathrm{i}$；

(2) ____ $-(1+\mathrm{i})=4+3\mathrm{i}$；

(3) $(3+$____$)+($____$-3\mathrm{i})=10-2\mathrm{i}$；

(4) $($____$-3\mathrm{i})-(4+$____$)=2+5\mathrm{i}$；

(5)若复数 $z_1=1+5\mathrm{i}$, $z_2=3+$____i，则 $z_1+z_2=$____$+8\mathrm{i}$, $z_1-z_2=-2+$____i.

3. 计算：

(1) $(-\sqrt{2}+\sqrt{3}\mathrm{i})+(\sqrt{3}-\sqrt{2}\mathrm{i})-[(\sqrt{3}-\sqrt{2})+(\sqrt{3}+\sqrt{2})\mathrm{i}]$；

(2) $[(a+b)+(a-b)\mathrm{i}]-[(a-b)-(a+b)\mathrm{i}]\quad(a,b\in\mathbf{R})$；

(3) $(\cos 210^\circ+i\sin 210^\circ)+(\cos 120^\circ+i\sin 120^\circ)$.

4. 设 $z=a+b\mathrm{i}(a,b\in\mathbf{R})$，求 $z+\overline{z}$, $z-\overline{z}$.

10.2.2　复数的乘法和除法

1. 复数的乘法与乘方

设有两个复数 $z_1=1+2\mathrm{i}$, $z_2=3-\mathrm{i}$，我们可以把 z_1, z_2 看作关于 i 的多项式，按照多项式乘法法则将它们相乘：

$$z_1\cdot z_2=(1+2\mathrm{i})(3-\mathrm{i})=3+6\mathrm{i}-\mathrm{i}-2\mathrm{i}^2=5+5\mathrm{i}.$$

一般地，我们规定两个复数 $z_1=a+b\mathrm{i}$, $z_2=c+d\mathrm{i}$ 相乘所得的积为

$$z_1\cdot z_2=(a+b\mathrm{i})(c+d\mathrm{i})=ac+bc\mathrm{i}+ad\mathrm{i}+bd\mathrm{i}^2=(ac-bd)+(bc+ad)\mathrm{i}.$$

也就是说，两个复数相乘，先按多项式乘法法则展开，然后把展开式中的 i^2 代换成-1，并把实部与虚部分别合并．两个复数的积仍是一个复数．

容易验证，复数的乘法满足交换律、结合律及乘法对加法的分配律，即对任意的 z_1, z_2, $z_3\in\mathbf{C}$，有

$$z_1\cdot z_2=z_2\cdot z_1,\quad (z_1\cdot z_2)\cdot z_3=z_1\cdot(z_2\cdot z_3).$$

$$z_1 \cdot (z_2 + z_3) = z_1 \cdot z_2 + z_1 \cdot z_3 .$$

例 1 计算 $(1+\mathrm{i})(2+3\mathrm{i})(4-\mathrm{i})$

解 $(1+\mathrm{i})(2+3\mathrm{i})(4-\mathrm{i}) = (2+5\mathrm{i}+3\mathrm{i}^2)(4-\mathrm{i})$

$$= (-1+5\mathrm{i})(4-\mathrm{i}) = -4+21\mathrm{i}-5\mathrm{i}^2$$

$$= 1+21\mathrm{i}.$$

例 2 试证:一个复数与其共轭复数的积等于这个复数的实部与虚部的平方和.

证明 设任一复数为 $z_1 = a+b\mathrm{i}$,则其共轭复数为 $z_2 = a-b\mathrm{i}$,$(a,b \in \mathbf{R})$,

$$z_1 \cdot z_2 = (a+b\mathrm{i}) \cdot (a-b\mathrm{i}) = a^2 + ab\mathrm{i} - ab\mathrm{i} - b^2\mathrm{i}^2 = a^2 - b^2 .$$

所以原命题成立.

由此可知 $$z \cdot \overline{z} = |z|^2 = |\overline{z}|^2 .$$

在计算复数的乘方时,实数集 **R** 中正整数指数幂的运算律在复数集 **C** 中仍然成立,即 z_1, z_2, 及 $m, n \in \mathbf{N}_+$ 有

$$z^m \cdot z^n = z^{m+n}, \quad (z^m)^n = z^{mn}, \quad (z_1 \cdot z_2)^n = z_1^n \cdot z_2^n .$$

此外,由 $\mathrm{i}^2 = -1$,我们可以得到

$$\mathrm{i}^1 = \mathrm{i}, \quad \mathrm{i}^2 = -1, \quad \mathrm{i}^3 = -\mathrm{i}, \quad \mathrm{i}^4 = \mathrm{i}^2 \cdot \mathrm{i}^2 = 1.$$

从而,对任意的 $n \in \mathbf{N}_+$ 都有

$$\mathrm{i}^{4n+1} = \mathrm{i}, \quad \mathrm{i}^{4n+2} = -1, \quad \mathrm{i}^{4n+3} = -\mathrm{i}, \quad \mathrm{i}^{4n} = \mathrm{i}^2 \cdot \mathrm{i}^2 = 1 .$$

例 3 计算 $\left(-\frac{1}{2}+\frac{\sqrt{3}}{2}\mathrm{i}\right)^3$.

$$\left(-\frac{1}{2}+\frac{\sqrt{3}}{2}\mathrm{i}\right)^3 = \left(-\frac{1}{2}\right)^3 + 3\left(-\frac{1}{2}\right)^2 \cdot \left(\frac{\sqrt{3}}{2}\mathrm{i}\right) + 3\left(-\frac{1}{2}\right) \cdot \left(\frac{\sqrt{3}}{2}\mathrm{i}\right)^2 + \left(\frac{\sqrt{3}}{2}\mathrm{i}\right)^3$$

$$= -\frac{1}{8} + \frac{3\sqrt{3}}{8}\mathrm{i} + \frac{9}{8} - \frac{3\sqrt{3}}{8}\mathrm{i} = 1.$$

练一练

计算 $\left(-\frac{1}{2}-\frac{\sqrt{3}}{2}\mathrm{i}\right)^3$,并记住 $\left(-\frac{1}{2}\pm\frac{\sqrt{3}}{2}\mathrm{i}\right)^3 = 1$.

例 4 计算 $(1+\mathrm{i})^{10}$.

解 $(1+\mathrm{i})^{10} = [(1+\mathrm{i})^2]^5 = (1+2\mathrm{i}+\mathrm{i}^2)^5 = (2\mathrm{i})^5 = 32\mathrm{i}^5 = 32\mathrm{i}$.

说明 $(1+\mathrm{i})^2 = 2\mathrm{i}$; $(1-\mathrm{i})^2 = -2\mathrm{i}$. 用这两个等式可简化有关的复数乘方的运算,如例 4 中 $(1+\mathrm{i})^{10}$. 同学们可以思考如 $(1+\mathrm{i})^{13}$, $(1-\mathrm{i})^4$ 等的简化运算.

2. 复数的除法

我们规定复数的除法是乘法的逆运算,即把满足 $(c+d\mathrm{i}) \cdot (x+y\mathrm{i}) = a+b\mathrm{i}$, $(c+d\mathrm{i} \neq 0)$ 的复数 $x+y\mathrm{i}$ 叫做 $a+b\mathrm{i}$ 除以 $c+d\mathrm{i}$ 的商 $(a,b,c,d,x,y \in \mathbf{R})$,记做

$$(a+b\mathrm{i}) \div (c+d\mathrm{i}), \text{或} \left(\frac{a+b\mathrm{i}}{c+d\mathrm{i}}\right).$$

复数除法依照下列步骤进行：

$$(a+bi)\div(c+di)=\frac{a+bi}{c+di}=\frac{(a+bi)(c-di)}{(c+di)(c-di)}$$

$$=\frac{(ac+bd)+(bc-ad)i}{c^2+d^2}=\frac{ac-bd}{c^2+d^2}+\frac{bc-ad}{c^2+d^2}i.$$

对这一结果我们不必死记，但从以上过程我们可以看出，复数的除法是先把商写成分式形式，然后分子、分母同乘以分母的共轭复数，把分母化成一个实数，再把实部与虚部分开写，化简即得．

例 5　计算 $(18-i)\div(4-3i)$．

解　
$$(18-i)\div(4-3i)=\frac{18-i}{4-3i}=\frac{(18-i)(4+3i)}{(4-3i)(4+3i)}$$
$$=\frac{75+50i}{25}=3+2i.$$

例 6　计算 $\frac{3+4i}{4-3i}$．

解　$$\frac{3+4i}{4-3i}=\frac{(3+4i)(4+3i)}{(4-3i)(4+3i)}=\frac{12+25i+12i^2}{25}=\frac{25i}{25}=i.$$

练一练

计算：$\frac{1+i}{1-i}$，　$\frac{5+2i}{2-5i}$，　$\frac{2+i}{1-2i}$，并总结其中的规律．

例 7　已知 $4i-2-\frac{x+yi}{i}=\frac{2(x-yi)}{1-i}$，求实数 x,y 的值．

解　由已知可得

$$4i-2-\frac{(x+yi)i}{i^2}=\frac{2(x-yi)(1+i)}{(1-i)(1+i)},$$

$$(4i-2)+(x+yi)i=(x-yi)(1+i),$$

即
$$(-2-y)+(4+x)i=(x+y)+(x-y)i,$$

根据复数相等的定义，得

$$\begin{cases}-2-y=x+y,\\ 4+x=x-y.\end{cases}$$

即
$$\begin{cases}x+2y=-2,\\ y=-4.\end{cases}$$

解得
$$x=6,\quad y=-4.$$

练　　习

1. 计算：

(1) $(5-6\mathrm{i})\cdot 2\mathrm{i}$；　　(2) $(-3-4\mathrm{i})\cdot(2+3\mathrm{i})$；

(3) $\left(-\frac{1}{2}+\frac{\sqrt{3}}{2}\mathrm{i}\right)\left(-\frac{1}{2}-\frac{\sqrt{3}}{2}\mathrm{i}\right)$；　　(4) $(1+\mathrm{i})(2+\mathrm{i}^3)(3-4\mathrm{i}^5)$；

(5) $(1+\mathrm{i})(2+\mathrm{i})^3$

2. 填空：

(1) $\mathrm{i}^{11}=$____，$\mathrm{i}^{25}=$____，$\mathrm{i}^{102}=$____，$\mathrm{i}^{1996}=$____；

(2)当复数 $z_1=$____$+b\mathrm{i}$，$z_2=5+$____ i 时，$z_1+z_2=$____$+6\mathrm{i}$，$z_1z_2=7+$____ i；

(3) $\frac{\mathrm{i}^{97}-\mathrm{i}^{26}}{\mathrm{i}^{303}+\mathrm{i}^{52}}=$____；

(4) $z=\frac{1-2\mathrm{i}}{3+4\mathrm{i}}$，则 z 的实部是______，虚部是______，$\overline{z}=$______.

3. 计算：

(1) $(1+2\mathrm{i})\div(3-4\mathrm{i})$；　　(2) $\frac{5-3\mathrm{i}}{3-5\mathrm{i}}$；　　(3) $\frac{1+4\mathrm{i}}{4-\mathrm{i}}$；

(4) $\frac{1-\mathrm{i}}{1+\mathrm{i}}$；　　(5) $\frac{\sqrt{3}-\sqrt{2}\mathrm{i}}{\sqrt{2}-\sqrt{3}\mathrm{i}}$；　　(6) $\frac{2-\sqrt{3}\mathrm{i}}{\sqrt{3}-2\mathrm{i}}$.

4. x,y 都是实数，解方程：

(1) $(x+y\mathrm{i})\mathrm{i}-2-4\mathrm{i}=(x-y\mathrm{i})(1+\mathrm{i})$；

(2) $(x+1)+(y-3)\mathrm{i}=(1+\mathrm{i})(5+3\mathrm{i})$.

5. 化简下列各式：

(1) $\frac{2\mathrm{i}}{1+\mathrm{i}}$；　　(2) $\frac{4\mathrm{i}}{1-\mathrm{i}}$；

(3) $\frac{(1-\mathrm{i})^2-1}{(1+\mathrm{i})^2-1}$；　　(4) $\frac{\sqrt{5}+\sqrt{3}\mathrm{i}}{\sqrt{5}-\sqrt{3}\mathrm{i}}-\frac{\sqrt{3}+\sqrt{5}\mathrm{i}}{\sqrt{3}-\sqrt{5}\mathrm{i}}$.

10.2.3　实系数一元二次方程在复数范围内的解

我们先看最简单的一元二次方程 $x^2+a=0\ (a>0)$，在实数集内，该方程无解，引入虚数单位 i，在复数集中它可以化为 $x^2=-a$，

即 $x^2=a\mathrm{i}^2$，也就是 $x^2-a\mathrm{i}^2=0$，

所以 $(x+\sqrt{a}\mathrm{i})(x-\sqrt{a}\mathrm{i})=0$.

解得 $x=\sqrt{a}\mathrm{i}$，或 $x=-\sqrt{a}\mathrm{i}$，即若 $a\in\mathbf{R}_+$，则 $-a$ 的平方根是 $\pm\sqrt{a}\mathrm{i}$.

对于实系数一元二次方程 $ax^2+bx+c=0\ (a\neq0)$，当 $\Delta=b^2-4ac\geqslant0$ 时，它有两个实数根

$$x_{1,2}=\frac{-b\pm\sqrt{b^2-4ac}}{2a}.$$

当 $\Delta = b^2 - 4ac < 0$ 时，它在实数集 **R** 中没有根，现在我们在复数集 **C** 中，研究它的解．

经变形，原方程化为 $x^2 + \frac{b}{a}x = -\frac{c}{a}$，

所以
$$x^2 + 2x \cdot \frac{b}{2a} + \left(\frac{b}{2a}\right)^2 = -\frac{c}{a} + \left(\frac{b}{2a}\right)^2$$

$$\left(x + \frac{b}{2a}\right)^2 = \frac{b^2 - 4ac}{4a^2}, \Delta = b^2 - 4ac < 0$$

$$\left(x + \frac{b}{2a}\right)^2 = \frac{b^2 - 4ac}{4a^2} = -\left(\frac{4ac - b^2}{4a}\right),$$

所以实系数一元二次方程 $ax^2 + bx + c = 0\ (a \neq 0)$，当 $\Delta = b^2 - 4ac < 0$ 时，在复数集 **C** 中有两个复根

$$x_{1,2} = \frac{-b \pm \mathrm{i}\sqrt{-(b^2 - 4ac)}}{2a}.$$

显然，这是一对共轭复根．

设这一对共轭复根为 x_1, x_2，根据共轭复数的性质可知

$$x_1 + x_2 = 2 \cdot \left(-\frac{b}{2a}\right) = -\frac{b}{a}, \quad x_1 x_2 = |x_1|^2 = |x_2|^2 = \frac{c}{a}.$$

这就是说，在复数集 **C** 中，实系数一元二次方程的根与系数关系，在判别式小于零时也成立．

例 1　在复数集中解方程 $x^2 - 4x + 5 = 0$．

解　因为 $\Delta = (-4)^2 - 4 \times 5 = -4 < 0$.

所以
$$x = \frac{4 \pm \sqrt{4}\mathrm{i}}{2} = 2 \pm \mathrm{i}.$$

例 2　已知实系数一元二次方程 $x^2 + px + q = 0$ 的一个根为 $2 - \sqrt{3}\mathrm{i}$，求它的另一个根和 p, q 的值．

解　当实系数一元二次方程有虚根时，必定是一对共轭复根，已知一个根 $x = 2 - \sqrt{3}\mathrm{i}$ 时，那么另一个根是 $\overline{x} = 2 + \sqrt{3}\mathrm{i}$．

由根和系数的关系，可得 $p = -(x + \overline{x}) = -4$．

$$q = x \cdot \overline{x} = (2 - \sqrt{3}\mathrm{i})(2 + \sqrt{3}\mathrm{i}) = 4 + 3 = 7.$$

例 3　在复数集中，解方程 $x^3 - 1 = 0$．

解　由 $x^3 - 1 = 0$　得 $(x - 1)(x^2 + x + 1) = 0$．

所以 $x - 1 = 0$ 或 $x^2 + x + 1 = 0$

由 $x - 1 = 0$ 得 $x_1 = 1$，由 $x^2 + x + 1 = 0$，$\Delta = -3 < 0$，得两个共轭复根

$$x_2 = -\frac{1}{2} + \frac{\sqrt{3}}{2}\mathrm{i}, \quad x_3 = -\frac{1}{2} - \frac{\sqrt{3}}{2}\mathrm{i}.$$

说明 通常记 $\omega=-\frac{1}{2}+\frac{\sqrt{3}}{2}\mathrm{i}$, $\overline{\omega}=-\frac{1}{2}-\frac{\sqrt{3}}{2}\mathrm{i}$.

$\omega,\overline{\omega}$ 叫做1的立方复根.

练　习

1. 在复数集中解下列方程:

(1) $x^2+9=0$;　(2) $4x^2+27=2$;　(3) $x^2-2x+4=0$;

(4) $2x^2+x+8=0$;　(5) $x^3+8=0$.

2. 填空:实系数方程 $ax^2+bx+c=0(a\neq0)$ 的一个根是 $4+\mathrm{i}$,则另一个根是____,$b=$____,$c=$____.

3. 设 $\omega=-\frac{1}{2}+\frac{\sqrt{3}}{2}\mathrm{i}$, 证明

(1) $\omega^2=\overline{\omega}$, $\overline{\omega}^2=\omega$;　(2) $\omega^3=1$, $\overline{\omega}^3=1$;　(3) $1+\omega+\omega^2=0$.

习　题　10.2

A　组

1. 计算:

(1) $1+\left(-\frac{1}{2}+\frac{\sqrt{3}}{2}\mathrm{i}\right)-\left(\frac{1}{2}+\frac{\sqrt{3}}{2}\mathrm{i}\right)$;

(2) $(2-\mathrm{i})+(4+\mathrm{i}^3)-(6-\mathrm{i}^5)+(8+\mathrm{i}^7)$.

2. 计算:

(1) $3(2-\mathrm{i})[(3+2\mathrm{i})+(3+\mathrm{i})]$;

(2) $[(3+\mathrm{i})+(2-2\mathrm{i})][(6-3\mathrm{i})+(7-\mathrm{i})]$;

(3) $(2+3\mathrm{i})(2-3\mathrm{i})(-2+3\mathrm{i})(-2-3\mathrm{i})$.

3. 计算:

(1) $\frac{15-5\mathrm{i}}{2+\mathrm{i}}$;　(2) $\frac{3+\mathrm{i}}{4-2\mathrm{i}}-\frac{7-2\mathrm{i}}{1+\mathrm{i}}$.

4. 计算:

(1) $\frac{(1+\mathrm{i})^8-1}{(1-\mathrm{i})^8-1}$;　(2) $\left\{\left[\mathrm{i}^{100}-\left(\frac{1-\mathrm{i}}{1+\mathrm{i}}\right)^5\right]^2+\left(\frac{1+\mathrm{i}}{\sqrt{2}}\right)^{20}\right\}(1+2\mathrm{i})$.

5. 设复数 z_1,z_2 在复平面上对应的点分别是 $Z_1(2,3)$ 和 $Z_2(1,-2)$,求下列各复数所对应的点的坐标.

(1) z_1+z_2;　(2) z_1-z_2;　(3) $z_1\cdot z_2$;　(4) $\frac{z_1}{z_2}$.

B 组

1. 选择题：

(1)使复数 z 为实数的充分不必要条件是(　　).

A. $z=\overline{z}$;　　　B. $|z|=z$

C. z^2 为实数　　　D. $z+\overline{z}$ 为实数

(2) $z=i^2+\sqrt{3}i$,那么 $\arg z$ 等于(　　).

A. $\frac{5\pi}{6}$　　　B. $\frac{2\pi}{3}$

C. $\frac{\pi}{3}$　　　D. $-\frac{4\pi}{3}$

(3)复数 $a+bi(a,b\in\mathbf{R})$ 的平方是实数的充要条件是(　　).

A. $a^2+b^2=0$　　　B. $a=0,b\neq 0$

C. $a\neq 0,b=0$　　　D. $ab=0$

(4) $z_1,z_2\in\mathbf{C}$,则 z_1+z_2 为实数是 z_1,z_2 互为共轭复数的(　　).

A. 充分不必要条件　　　B. 必要不充分条件

C. 充要条件　　　D. 既不充分也不必要条件

(5)已知复数 z 满足 $|z|=1$,那么 $|z-1+i|$ 的最大值是(　　).

A. 2　　　B. $1+\sqrt{2}$

C. $\sqrt{2}-1$　　　D. $2+\sqrt{2}$

2. 填空题：

(1)已知 $|z-3-4i|=2$,则 $|z|$ 的最大值是________;

(2)若 $|z+2i|=1$,则 $\arg z$ 的最小值是________;

(3)已知方程 $x^2+x+p=0$ 的两虚根为 α,β ,且 $|\alpha-\beta|=3$,则实数 p 的值为____________.

3. 若 x , y 为共轭复数,且 $(x+y)^2-3xyi=4-6i$,求 x , y 的值.

10.3 复数的三角形式及其运算

本节重点知识：

1. 复数的三角形式.

2. 复数的代数形式与三角形式的互化.

3. 复数的三角形式的运算：乘法和除法运算；乘方和棣莫弗定理；开平方和 n 次方根的求解公式.

10.3.1 复数的三角形式

设复数 $z=a+bi$ 对应的向量 $\overrightarrow{OZ}$，z 的模为 r，辐角是 θ，由图 10-10 可以看出

$$\begin{cases}a=r\cos\theta,\\ b=r\sin\theta.\end{cases}$$

即 $$a+bi=r(\cos\theta+i\sin\theta).$$

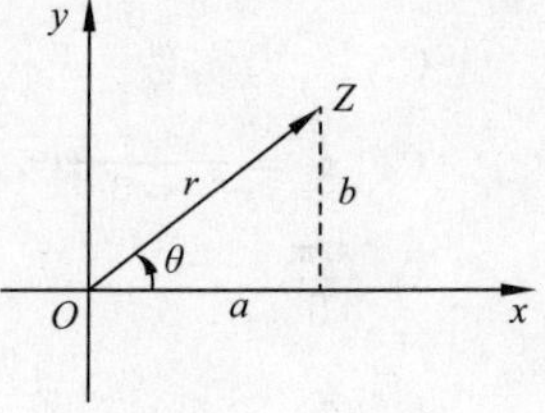

图 10-10

其中 $r=\sqrt{a^2+b^2}$，$\tan\theta=\dfrac{b}{a}$，θ 所在的象限就是复数 z 对应的点 $Z(a,b)$ 所在的象限.

我们把 $r(\cos\theta+i\sin\theta)$ 叫做**复数的三角形式**，为了与三角形式相区别，把 $a+bi$ 称为**复数的代数形式**. 复数的代数形式和三角形式可以互相转换，以适应解决不同问题的需要，

想一想

复数的三角形式有哪些特征?

注意：把一个复数表示成三角形式时，辐角 θ 不一定要取主值，如 $1-i$ 的三角形式可以是 $\sqrt{2}\left(\cos\dfrac{7\pi}{4}+i\sin\dfrac{7\pi}{4}\right)$，也可以是 $\sqrt{2}\left[\cos\left(-\dfrac{\pi}{4}\right)+i\sin\left(-\dfrac{\pi}{4}\right)\right]$.

例 1 把下面的复数表示成三角形式，并画出对应的向量：

(1) $-3+\sqrt{3}i$； (2) $3+3i$.

解 (1) $r=\sqrt{(-3)^2+(\sqrt{3})^2}=2\sqrt{3}$， $\tan\theta=\dfrac{\sqrt{3}}{-3}=-\dfrac{\sqrt{3}}{3}$.

与 $-3+\sqrt{3}i$ 对应的点在第二象限，所以 $\theta=\pi-\dfrac{\pi}{6}=\dfrac{5\pi}{6}$. 因此

$$-3+\sqrt{3}i=2\sqrt{3}\left(\cos\frac{5\pi}{6}+i\sin\frac{5\pi}{6}\right).$$

如图 8-11(a)所示，$\overrightarrow{OZ}$ 是 $-3+\sqrt{3}i$ 所对应的向量.

(2) $r=\sqrt{(3)^2+(3)^2}=3\sqrt{2}$， $\tan\theta=\dfrac{3}{3}=1$.

与 $3+3i$ 对应的点在第一象限，$\theta=\dfrac{\pi}{4}$. 因此

$$3+3i=3\sqrt{2}\left(\cos\frac{\pi}{4}+i\sin\frac{\pi}{4}\right).$$

如图 10-11(b)所示，$\overrightarrow{OZ}$ 是 $3+3i$ 所对应的向量.

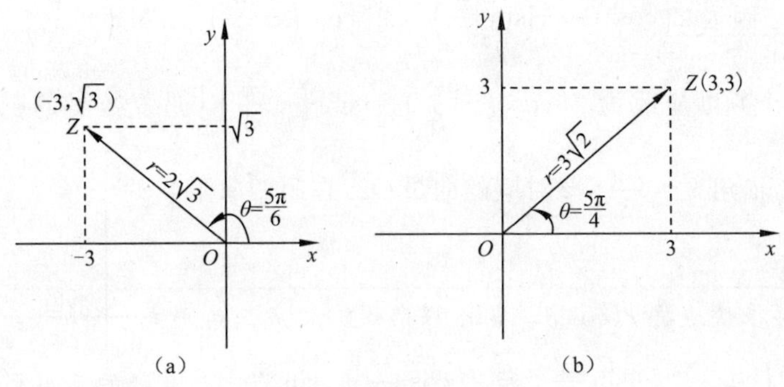

图　10-11

例 2　把复数 $2\left(\cos\frac{7\pi}{6}+\mathrm{i}\sin\frac{7\pi}{6}\right)$ 表示成代数形式．

解

$$\begin{aligned}2\left(\cos\frac{7\pi}{6}+\mathrm{i}\sin\frac{7\pi}{6}\right)&=2\left[\cos\left(\pi+\frac{\pi}{6}\right)+\mathrm{i}\sin\left(\pi+\frac{\pi}{6}\right)\right]\\&=2\left[\left(-\cos\frac{\pi}{6}\right)+\mathrm{i}\left(-\sin\frac{\pi}{6}\right)\right]\\&=2\left[\left(-\frac{\sqrt{3}}{2}\right)+\mathrm{i}\left(-\frac{1}{2}\right)\right]\\&=-\sqrt{3}-\mathrm{i}\end{aligned}$$

例 3　“$2\left(\cos\frac{\pi}{3}-\mathrm{i}\sin\frac{\pi}{3}\right)$ 是复数 z 的三角形式，所以 $|z|=2$，辐角 $\theta=\frac{\pi}{3}$，z 对应的向量 $\overrightarrow{OZ}$ 在第一象限．”这个判断对吗？如不对，请加以改正．

解　$2\left(\cos\frac{\pi}{3}-\mathrm{i}\sin\frac{\pi}{3}\right)$ 不是复数 z 的三角形式．

所以题中判断是错误的．

解法 1　因为 z 的实部 $2\cos\frac{\pi}{3}>0$，虚部 $-2\sin\frac{\pi}{3}<0$.

所以 z 对应的向量 $\overrightarrow{OZ}$ 应在第四象限．

$$\cos\frac{\pi}{3}=\cos\left(2\pi-\frac{\pi}{3}\right)=\cos\frac{5\pi}{3},\quad -\sin\frac{\pi}{3}=\sin\left(2\pi-\frac{\pi}{3}\right)=\sin\frac{5\pi}{3},$$

$$z=2\left(\cos\frac{5\pi}{3}+\mathrm{i}\sin\frac{5\pi}{3}\right)$$

所以，这个判断应改为 $z=2\left(\cos\frac{5\pi}{3}+\mathrm{i}\sin\frac{5\pi}{3}\right)$ 是复数 z 的三角形式，所以 $|z|=2$，辐角 $\theta=\frac{5\pi}{3}$，z 对应的向量 $\overrightarrow{OZ}$ 在第四象限．

解法 2 因为 $2\left(\cos\frac{\pi}{3}-\mathrm{i}\sin\frac{\pi}{3}\right)=2\left[\cos\left(-\frac{\pi}{3}\right)+\mathrm{i}\sin\left(-\frac{\pi}{3}\right)\right]$.

所以这个判断应改为 $2\left[\cos\left(-\frac{\pi}{3}\right)+\mathrm{i}\sin\left(-\frac{\pi}{3}\right)\right]$ 是复数 z 的三角形式,所以 $|z|=2$,辐角 $\theta=\frac{5\pi}{3}$,z 对应的向量 $\overrightarrow{OZ}$ 在第四象限.

想一想

(1)怎样很快地将 $r(\cos\theta-\mathrm{i}\sin\theta)$ $(r<0)$化成三角形式?

(2) $-2\left(\cos\frac{\pi}{3}+\mathrm{i}\sin\frac{\pi}{3}\right)$ 和 $2\left(\cos\frac{\pi}{3}+\mathrm{i}\sin\frac{\pi}{3}\right)$ 是复数的三角形式吗?

例 4 把复数 $1+\mathrm{i}\tan\alpha$ $(0<\alpha<2\pi)$表示成复数的三角形式.

解:

$$z=1+\tan\alpha=\frac{\cos\alpha}{\sin\alpha}+\mathrm{i}\frac{\sin\alpha}{\cos\alpha}\quad(0<\alpha<2\pi)$$

$$=\frac{1}{\cos\alpha}(\cos\alpha+\sin\alpha)$$

(1)当 $0<\alpha<2\pi$ 或 $\frac{3\pi}{2}<\alpha<2\pi$ 时,$\cos\alpha>0$,$\frac{1}{\cos\alpha}>0$ 所以

$$z=\frac{1}{\cos\alpha}(\cos\alpha+\mathrm{i}\sin\alpha);$$

(2)当 $\frac{\pi}{2}<a<\frac{3\pi}{2}$,$\cos\alpha<0$,$\frac{1}{\cos\alpha}<0$.

所以 $z=-\frac{1}{\cos\alpha}(-\cos\alpha-\mathrm{i}\sin\alpha)=-\frac{1}{\cos\alpha}[\cos(\pi+\alpha)+\mathrm{i}\sin(\pi+\alpha)]$.

说明 当$\frac{\pi}{2}<\alpha<\frac{3\pi}{2}$时,模 $r=-\frac{1}{\cos\alpha}$,但 $\pi+\alpha$ 不是复数 z 的辐角主值,只是辐角.

因为当 $\frac{\pi}{2}<\alpha<\pi$ 时,$\frac{3\pi}{2}<\pi+\alpha<2\pi$,这时 $\arg z=\pi+\alpha$.

当 $\pi\leqslant\alpha<\frac{3\pi}{2}$ 时,$2\pi\leqslant\pi+\alpha<\frac{5\pi}{2}$,这时 $\arg z=(\pi+\alpha)-2\pi=\alpha-\pi$.

练一练

(1)复数 $z=(1+\mathrm{i})^2$ 的辐角主值是__________.

(2)复数 $z=(1-\mathrm{i})^2$ 的辐角主值是__________.

练一练

(3)复数 $z=\sqrt{2}+\sqrt{2}\mathrm{i}$ 的辐角主值是________.

(4)复数 $z=(t+\mathrm{i})^2$ 的辐角主值是 $\frac{\pi}{2}$，则实数 $t=$________.

(5)复数 $z=(t+\mathrm{i})^2$ 的辐角主值是 $\frac{3\pi}{2}$，则实数 $t=$________.

练　习

1. 填表：

复　数	模 r	辐角主值 θ	复数的三角形式
1			
-1			
i			
$-\mathrm{i}$			

2. 把下列复数表示成三角形式：

(1) $-\sqrt{3}+\mathrm{i}$；　　(2) $-1-\sqrt{3}\mathrm{i}$；

(3) -2；　　(4) $5+5\mathrm{i}$.

3. 把下列复数化成代数形式：

(1) $2\left(\cos\frac{\pi}{4}+\mathrm{i}\sin\frac{\pi}{4}\right)$；　　(2) $3\left(\cos\frac{2\pi}{3}+\mathrm{i}\sin\frac{2\pi}{3}\right)$；

(3) $\sqrt{2}\left(\cos\frac{5\pi}{4}+\mathrm{i}\sin\frac{5\pi}{4}\right)$；　　(4) $\cos\frac{5\pi}{3}+\mathrm{i}\sin\frac{5\pi}{3}$.

4. 把下列复数化成三角形式：

(1) $\mathrm{i}\sin 230°$；　　(2) $\mathrm{i}\cos 130°$.

10.3.2　复数的三角形式的运算

利用复数的三角形式，进行复数的乘、除、乘方和开方运算都非常方便.

1. 乘法与乘方

设复数 z_1，z_2 的三角形式分别为

$z_1=r_1(\cos\theta_1+\mathrm{i}\sin\theta_1)$，　$z_2=r_2(\cos\theta_2+\mathrm{i}\sin\theta_2)$.

那么
$$z_1\cdot z_2=r_1(\cos\theta_1+\mathrm{i}\sin\theta_1)\cdot r_2(\cos\theta_2+\mathrm{i}\sin\theta_2)$$
$$=r_1\cdot r_2[(\cos\theta_1\cos\theta_2-\sin\theta_1\sin\theta_2)+\mathrm{i}(\sin\theta_1\cos\theta_2+\cos\theta_1\sin\theta_2)]$$
$$=r_1\cdot r_2[\cos(\theta_1+\theta_2)+\mathrm{i}\sin(\theta_1+\theta_2)]$$

这就是说,两个复数相乘,积仍是一个复数,它的模等于这两个复数模的积,它的辐角是这两个复数的辐角的和.

例 1 计算 $2\left(\cos\frac{\pi}{3}+i\sin\frac{\pi}{3}\right)\cdot 3\left(\cos\frac{\pi}{6}+i\sin\frac{\pi}{6}\right)$

解
$$
\begin{aligned}
&2\left(\cos\frac{\pi}{3}+i\sin\frac{\pi}{3}\right)\cdot 3\left(\cos\frac{\pi}{6}+i\sin\frac{\pi}{6}\right)\\
&=2\times 3\left[\cos\left(\frac{\pi}{3}+\frac{\pi}{6}\right)+i\sin\left(\frac{\pi}{3}+\frac{\pi}{6}\right)\right]\\
&=6\left(\cos\frac{\pi}{2}+i\sin\frac{\pi}{2}\right)=6(0+i)\\
&=6i
\end{aligned}
$$

说明:利用复数的三角形式进行运算,如果运算结果是特殊角,应当把结果化成代数形式.

例 2 求 $(\sqrt{3}+i)\cdot(-2+2i)$ 的模和辐角主值.

解 因为$(\sqrt{3}+i)=2\left(\cos\frac{\pi}{6}+i\sin\frac{\pi}{6}\right)$,$(-2+2i)=2\sqrt{2}\left(\cos\frac{3\pi}{4}+i\sin\frac{3\pi}{4}\right)$

所以
$$
\begin{aligned}
(\sqrt{3}+i)\cdot(-2+2i)&=2\left(\cos\frac{\pi}{6}+i\sin\frac{\pi}{6}\right)\cdot 2\sqrt{2}\left(\cos\frac{3\pi}{4}+i\sin\frac{3\pi}{4}\right)\\
&=4\sqrt{2}\left[\cos\left(\frac{\pi}{6}+\frac{3\pi}{4}\right)+i\sin\left(\frac{\pi}{6}+\frac{3\pi}{4}\right)\right]\\
&=4\sqrt{2}\left(\cos\frac{11\pi}{12}+i\sin\frac{11\pi}{12}\right).
\end{aligned}
$$

所以 $r=4\sqrt{2}$,辐角主值为 $\theta=\frac{11\pi}{12}$.

上述两个复数相乘的运算法则,可以推广到 n 个复数相乘的情况,即
在此处键入公式.

$$
\begin{aligned}
z_1\cdot z_2\cdot\cdots\cdot z_n&=r_1(\cos\theta_1+i\sin\theta_1)\cdot r_2(\cos\theta_2+i\sin\theta_2)\cdot\cdots\cdot r_n(\cos\theta_n+i\sin\theta_n)\\
&=r_1\cdot r_2\cdot\cdots\cdot r_n[\cos(\theta_1+\theta_2+\cdots+\theta_n)+i\sin(\theta_1+\theta_2+\cdots+\theta_n)]
\end{aligned}
$$

当这两个复数都相等的时候,即 $z_1=z_2=\cdots=z_n$ 时,则有 $r_1=r_2=\cdots=r_n=r$,$\theta_1=\theta_2=\cdots=\theta_n$,于是得到

$$z^n=[r(\cos\theta-i\sin\theta)]^n=r^n(\cos n\theta+i\sin n\theta)\quad(n\in\mathbf{N}_+)$$

这就是说,**复数的 $n(n\in\mathbf{N}_+)$ 次幂的模等于这个复数的模的 n 次幂,它的辐角等于这个复数的辐角的 n 倍.这个定理叫做棣莫弗定理.**

例 3 计算 $(\sqrt{3}-i)^9$.

解 因为 $\sqrt{3}-i=2\left(\cos\frac{11\pi}{6}+i\sin\frac{11\pi}{6}\right)$

$$\begin{aligned}(\sqrt{3}-\mathrm{i})^9&=\left[2\left(\cos\frac{11\pi}{6}+\mathrm{i}\sin\frac{11\pi}{6}\right)\right]^9\\&=2^9\left(\cos\frac{33\pi}{2}+\mathrm{i}\sin\frac{33\pi}{2}\right)\\&=2^9\left(\cos\frac{\pi}{2}+\mathrm{i}\sin\frac{\pi}{2}\right)=512\mathrm{i}.\end{aligned}$$

说明　利用复数的三角形式进行运算时，只要求是三角形式，而不要求三角形式中的辐角一定是主值．如本题中，可把$\sqrt{3}-\mathrm{i}$ 化为 $2\left[\cos\left(-\frac{\pi}{6}\right)+\mathrm{i}\sin\left(-\frac{\pi}{6}\right)\right]$则

$$\begin{aligned}(\sqrt{3}-\mathrm{i})^9&=2^9\left[\cos\left(-\frac{\pi}{6}\right)+\mathrm{i}\sin\left(-\frac{\pi}{6}\right)\right]^9\\&=2^9\left[\cos\left(-\frac{3\pi}{2}\right)+\mathrm{i}\sin\left(-\frac{3\pi}{2}\right)\right]=512\mathrm{i}.\end{aligned}$$

例 4　计算 $\left(\frac{1}{2}-\frac{\sqrt{3}}{2}\mathrm{i}\right)^{15}$．

解法 1

$$\begin{aligned}\left(\frac{1}{2}-\frac{\sqrt{3}}{2}\mathrm{i}\right)^{15}&=\left[\cos\left(-\frac{\pi}{3}\right)+\mathrm{i}\sin\left(-\frac{\pi}{3}\right)\right]^{15}\\&=\cos\left(-\frac{3\pi}{2}\right)+\mathrm{i}\sin\left(-\frac{3\pi}{2}\right)\\&=\cos\pi-\mathrm{i}\sin\pi=-1.\end{aligned}$$

解法 2

$$\begin{aligned}\left(\frac{1}{2}-\frac{\sqrt{3}}{2}\mathrm{i}\right)^{15}&=\left[-\left(-\frac{1}{2}+\frac{\sqrt{3}}{2}\mathrm{i}\right)\right]^{15}\\&=-\left[\left(-\frac{1}{2}+\frac{\sqrt{3}}{2}\mathrm{i}\right)^3\right]^5=-(+1)^5=-1.\end{aligned}$$

说明　解法 2 是用 1 的立方根 $\left(-\frac{1}{2}+\frac{\sqrt{3}}{2}\mathrm{i}\right)^3=1$ 简化乘方运算．所以熟记 1 的立方根可以简化一些乘法、乘方运算．

练一练

1. 写出下列各题中两复数的乘积的模和辐角主值：

(1) $z_1=2\left(\cos\frac{\pi}{3}+\mathrm{i}\sin\frac{\pi}{3}\right)$，　$z_2=5\left(\cos\frac{\pi}{4}+\mathrm{i}\sin\frac{\pi}{4}\right)$，

则 $z_1\cdot z_2$ 的模等于________，辐角主值是________；

(2) $z_1=\sqrt{3}\left(\cos\frac{\pi}{7}+\mathrm{i}\sin\frac{\pi}{7}\right)$，　$z_2=3\left(\cos\frac{\pi}{5}+\mathrm{i}\sin\frac{\pi}{5}\right)$，

则 $z_1\cdot z_2$ 的模等于________，辐角主值是________；

(3) $z_1=7(\cos 35°+\mathrm{i}\sin 35°)$，　$z_2=8(\cos 235°+\mathrm{i}\ 235°)$，

练一练

则 $z_1 \cdot z_2$ 的模等于________,辐角主值是________;

(4) $z_1 = 3(\cos 240° + \mathrm{i}\sin 240°)$, $z_2 = \frac{3}{2}\left[\cos\left(-\frac{2\pi}{3}\right) + \mathrm{i}\sin\left(-\frac{2\pi}{3}\right)\right]$,

则 $z_1 \cdot z_2$ 的模等于________,辐角主值是________.

2. 计算:

(1) $\sqrt{2}\left(\cos\frac{\pi}{12} + \mathrm{i}\sin\frac{\pi}{12}\right) \cdot \sqrt{3}\left(\cos\frac{\pi}{6} + \mathrm{i}\sin\frac{\pi}{6}\right)$;

(2) $2(\cos 75° + \mathrm{i}\sin 75°) \cdot 6(\cos 210° + \mathrm{i}\sin 210°)$;

(3) $\frac{1}{2}\left(\cos\frac{4\pi}{3} + \mathrm{i}\sin\frac{4\pi}{3}\right) \cdot 4\left(\cos\frac{5\pi}{6} + \mathrm{i}\sin\frac{5\pi}{6}\right)$;

(4) $3(\cos 60° + \mathrm{i}\sin 60°) \cdot 4\left(\cos\frac{2\pi}{3} + \mathrm{i}\sin\frac{2\pi}{3}\right)$.

3. 计算:

(1) $[3(\cos 18° + \mathrm{i}\sin 18°)]^5$;　　(2) $\left[\sqrt{2}\left(\cos\frac{3\pi}{4} + \mathrm{i}\sin\frac{3\pi}{4}\right)\right]^8$;

(3) $(1+\mathrm{i})^7$;　　(4) $\left(\frac{\sqrt{3}}{2} - \frac{1}{2}\mathrm{i}\right)^{12}$.

4. 计算:

(1) $\sqrt{2}\left(\cos\frac{7\pi}{4} + \mathrm{i}\sin\frac{7\pi}{4}\right) \cdot \frac{\sqrt{2}}{2}\left(\cos\frac{3\pi}{4} - \mathrm{i}\sin\frac{3\pi}{4}\right)$;

(2) $\left[-2\left(\cos\frac{\pi}{6} + \mathrm{i}\sin\frac{\pi}{6}\right)\right]^7$;

(3) $3(\cos 18° + \mathrm{i}\sin 18°) \cdot 2(\cos 54° + \mathrm{i}\sin 54°) \cdot (\cos 108° + \mathrm{i}\sin 108°)$.

从复数的向量表示分析,两个复数 z_1, z_2 相乘时,可以先画出分别与 z_1, z_2 对应的向量 $\overrightarrow{OP_1}, \overrightarrow{OP_2}$,然后把向量 $\overrightarrow{OP_1}$ 按逆时针方向旋转一个角 θ_2(如果 $\theta_2 < 0$,就要把 $\overrightarrow{OP_1}$ 按顺时针方向旋转一个角 $|\theta_2|$),再把它的模变为原来的 r_2 倍,所得的向量 $\overrightarrow{OP}$ 就表示积 $z_1 \cdot z_2$,如图 10-12 所示. 这就是复数乘法的几何意义.

例 5 如图 10-13 所示,正方形 $ABCO$ 中,顶点 A 的坐标是(2,1),求顶点 B,C 的坐标.

分析: 把边 OA 看作向量 $\overrightarrow{OA}$,那么它对应的复数是 $2+\mathrm{i}$,而向量 OC 是 $\overrightarrow{OA}$ 逆时针方向旋转 90°得到的,因此 $\overrightarrow{OC}$ 对应的复数可以看作两个复数的积. 这样我们可借用复数运算的几何意义的求出 B,C 两点的坐标.

解法 1 设向量 $\overrightarrow{OA}$ 对应的复数 $z = 2 + \mathrm{i}$,则 $\overrightarrow{OC}$ 所对应的复数 $z_C = (2+\mathrm{i}) \cdot \left(\cos\frac{\pi}{2} + \mathrm{i}\sin\frac{\pi}{2}\right)$,

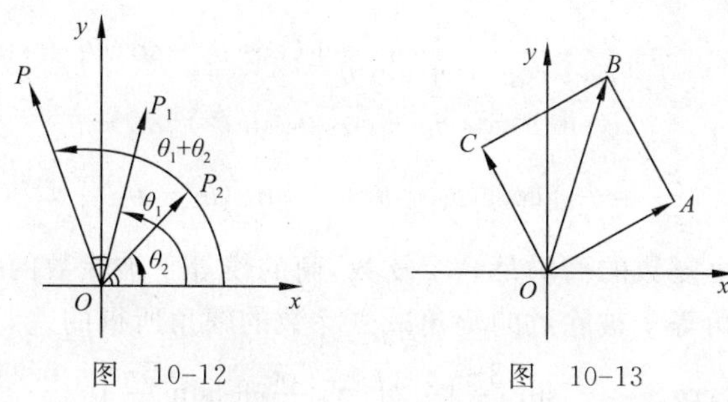

图　10-12　　　　　　　　图　10-13

即
$$z_C = (2+\mathrm{i})\cdot \mathrm{i} = -1+2\mathrm{i}\ .$$

点 C 的坐标是$(-1,2)$.

在正方形 $ABCO$ 中，$\overrightarrow{OB}=\overrightarrow{OA}+\overrightarrow{OC}$，所以 $\overrightarrow{OB}$ 对应的复数 $z_B=(2+\mathrm{i})+(-1+2\mathrm{i})=1+3\mathrm{i}$.

所以点 B 的坐标是$(1,3)$.

解法 2　正方形 $ABCO$ 中，OB 平分角 AOC，所以$\angle AOB=\frac{\pi}{4}$，且 $|OB|=\sqrt{2}|OA|$.

由点 A 坐标为$(2,1)$，设 $\overrightarrow{OA}$ 对应复数 $z=2+\mathrm{i}$，则 OB 对应的复数 $z_B=(2+\mathrm{i})\cdot\sqrt{2}\left(\cos\frac{\pi}{4}+\mathrm{i}\sin\frac{\pi}{4}\right)=(2+\mathrm{i})\cdot\sqrt{2}\left(\frac{\sqrt{2}}{2}+\frac{\sqrt{2}}{2}\mathrm{i}\right)=(2+\mathrm{i})(1+\mathrm{i})=1+3\mathrm{i}$.

所以点 B 的坐标是$(1,3)$.

同解法 1，$\overrightarrow{OC}$ 对应的复数为 z_C，

则
$$z_C=(2+\mathrm{i})\cdot\left(\cos\frac{\pi}{2}+\mathrm{i}\sin\frac{\pi}{2}\right)=-1+2\mathrm{i}$$

所以点 C 的坐标是$(-1,2)$.

2. 除法

按照复数三角形式的乘法法则 $2(\cos 30^\circ+\mathrm{i}\sin 30^\circ)\cdot 3(\cos 15^\circ+\mathrm{i}\sin 15^\circ)=6(\cos 45^\circ+\mathrm{i}\sin 45^\circ)$，根据复数除法的定义，上式中的复数 $3(\cos 15^\circ+\mathrm{i}\sin 15^\circ)$ 是复数 $6(\cos 45^\circ+\mathrm{i}\sin 45^\circ)$ 与 $2(\cos 30^\circ+\mathrm{i}\sin 30^\circ)$ 的商，观察一下，我们可以发现：商的模 3 恰好是被除数的模 6 与除数的模 2 的商，而商的辐角为 15°，则是被除数与除数辐角的差.

下面我们来讨论复数的三角形式的除法法则.

设复数 $z_1=r_1(\cos\theta_1+\mathrm{i}\sin\theta_1)$，　$z_2=r_2(\cos\theta_2+\mathrm{i}\sin\theta_2)$，且 $z_2\neq 0$，

那么
$$\frac{z_1}{z_2}=\frac{r_1(\cos\theta_1+\mathrm{i}\sin\theta_1)}{r_2(\cos\theta_2+\mathrm{i}\sin\theta_2)}$$
$$=\frac{r_1(\cos\theta_1+\mathrm{i}\sin\theta_1)(\cos\theta_2-\mathrm{i}\sin\theta_2)}{r_2(\cos\theta_2+\mathrm{i}\sin\theta_2)(\cos\theta_2-\mathrm{i}\sin\theta_2)}$$

$$= \frac{r_1}{r_2} \cdot \frac{1}{\cos^2\theta_2 + \sin^2\theta_2}[(\cos\theta_1 \cdot \cos\theta_2 + \sin\theta_1 \sin\theta_2) + i(\sin\theta_1 \cos\theta_2 - \cos\theta_1 \sin\theta_2)].$$

即
$$\frac{z_1}{z_2} = \frac{r_1}{r_2}[\cos(\theta_1 - \theta_2) + i\sin(\theta_1 - \theta_2)].$$

这就是说,两个复数的商仍是一个复数,商的模等于被除数的模除以除数的模所得的商,商的辐角等于被除数的辐角减去除数的辐角所得的差.

例 6 计算 $4\left(\cos\frac{3\pi}{2} + i\sin\frac{3\pi}{2}\right) \div 2\left(\cos\frac{5\pi}{6} + i\sin\frac{5\pi}{6}\right)$

解
$$4\left(\cos\frac{3\pi}{2} + i\sin\frac{3\pi}{2}\right) \div 2\left(\cos\frac{5\pi}{6} + i\sin\frac{5\pi}{6}\right)$$
$$= \frac{4}{2}\left[\cos\left(\frac{3\pi}{2} - \frac{5\pi}{6}\right) + i\sin\left(\frac{3\pi}{2} - \frac{5\pi}{6}\right)\right]$$
$$= 2\left(\cos\frac{2\pi}{3} + i\sin\frac{2\pi}{3}\right) = -1 + \sqrt{3}i.$$

例 7 设 $z = r(\cos\theta + i\sin\theta)$,求复数 $\frac{1}{z}$ 的三角形式.

解
$$\frac{1}{z} = \frac{\cos 0 + i\sin 0}{r(\cos\theta + i\sin\theta)}$$
$$= \frac{1}{r}[\cos(0 - \theta) + i\sin(0 - \theta)]$$
$$= \frac{1}{r}[\cos(-\theta) + i\sin(-\theta)].$$

由例 6 的结论并根据棣莫弗定理,有 $\left(\frac{1}{z}\right)^n = \frac{1}{r^n}[\cos(-\theta) + i\sin(-\theta)]^n \quad (n \in \mathbf{N}_+)$.

即
$$z^{-n} = r^{-n}[\cos(-n\theta) + i\sin(-n\theta)]$$

此式说明,棣莫弗定理对于负整数次幂也适用,于是棣莫弗定理对所有的整数 n 都成立.

例 8 计算 $\left(-\frac{1}{2} + \frac{1}{2}i\right)^{-10}$.

解
$$\left(-\frac{1}{2} + \frac{1}{2}i\right)^{-10} = \left[\frac{\sqrt{2}}{2}\left(\cos\frac{3\pi}{4} + i\sin\frac{3\pi}{4}\right)\right]^{-10}$$
$$= \left(\frac{1}{\sqrt{2}}\right)^{-10}\left[\cos\left(-\frac{15\pi}{2}\right) + i\sin\left(-\frac{15\pi}{2}\right)\right]$$
$$= 32\left(\cos\frac{\pi}{2} + i\sin\frac{\pi}{2}\right) = 32i$$

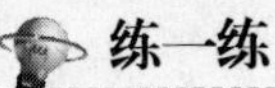
练一练

例 8 能不能利用 $(1+i)^2 = \pm 2i$ 结论计算?

练一练

1. 写出下列各题中两复数商的模和辐角主值：

(1) $z_1 = 4(\cos 320° + i\sin 320°)$，$z_2 = 2[\cos 210° + i\sin 210°]$，

则 $\dfrac{z_1}{z_2}$ 的模等于________，辐角主值是________；

(2) $z_1 = 3(\cos \pi + i\sin \pi)$，$z_2 = \dfrac{1}{3}\left(\cos \dfrac{2\pi}{5} + i\sin \dfrac{2\pi}{5}\right)$，

则 $\dfrac{z_1}{z_2}$ 的模等于________，辐角主值是________；

(3) $z_1 = 3(\cos 120° + i\sin 120°)$，$z_2 = 2[\cos 210° + i\sin 210°]$，

则 $\dfrac{z_1}{z_2}$ 的模等于________，辐角主值是________；

(4) $z_1 = \sqrt{3}(\cos 45° + i\sin 45°)$，$z_2 = 3\left[\cos \dfrac{3\pi}{4} + i\sin \dfrac{3\pi}{4}\right]$，

则 $\dfrac{z_1}{z_2}$ 的模等于________，辐角主值是________.

2. 计算：

(1) $4\left(\cos \dfrac{4\pi}{3} + i\sin \dfrac{4\pi}{3}\right) \div 2\left(\cos \dfrac{\pi}{3} + i\sin \dfrac{\pi}{3}\right)$；

(2) $\sqrt{6}(\cos 225° + i\sin 225°) \div \sqrt{2}(\cos 150° + i\sin 150°)$；

(3) $3 \div \left(\cos \dfrac{\pi}{3} + i\sin \dfrac{\pi}{3}\right)$；

(4) $2(\cos 135° + i\sin 135°) \div (-i)$.

3. 计算：

(1) $\left[16\left(\cos \dfrac{\pi}{6} + i\sin \dfrac{\pi}{6}\right)\right]^{-4}$；　(2) $\left(\dfrac{\sqrt{2}}{2} - \dfrac{\sqrt{2}}{2}i\right)^{-8}$.

3. 开方

我们知道，如果 $x^n = a\ (n \in \mathbf{N}_+)$，则 x 叫做 a 的 n 次方根，在实数范围内，当 n 是奇数时，a 的 n 次方根只有一个，即 $\sqrt[n]{a}$；当 n 是偶数，且 $a > 0$ 时，a 的 n 次方根有两个，即 $x = \pm\sqrt[n]{a}$. 现在，我们在复数范围内来讨论上述问题，我们先在复数范围内求 1 的三次方根.

设 $z = \rho(\cos \varphi + i\sin \varphi)$ 是 1 的三次方根，由方根的意义，有

$$[\rho(\cos \varphi + i\sin \varphi)]^3 = 1,$$

即

$$[\rho(\cos \varphi + i\sin \varphi)]^3 = \cos 0 + i\sin 0.$$

根据棣莫弗定理，得 $\rho^3(\cos 3\varphi + i\sin 3\varphi) = \cos 0 + i\sin 0$.

当复数 z_1,z_2 用三角形式表示时,

$$z_1 = z_2 \Leftrightarrow \begin{cases} |z_1| = |z_2|, \\ \theta_1 = 2k\pi + \theta_2 \quad (k \in \mathbf{Z}). \end{cases}$$

所以
$$\begin{cases} \rho^3 = 1, \\ 3\varphi = 2k\pi + 0 \quad (k \in \mathbf{Z}). \end{cases}$$

所以
$$\rho = 1, \quad \varphi = \frac{2k\pi}{3},$$

因此,1 的三次方根为 $z = \cos\frac{2k\pi}{3} + \mathrm{i}\sin\frac{2k\pi}{3} \quad (k \in \mathbf{Z})$. 每一个 k 值对应着一个根,似乎方根将有无穷多个. 但事实上:

$k = 0$ 时, $z_0 = \cos 0 + \mathrm{i}\sin 0 = 1$;

$k = 0$ 时, $z_1 = \cos\frac{2\pi}{3} + \mathrm{i}\sin\frac{2\pi}{3} = -\frac{1}{2} + \frac{\sqrt{3}}{2}\mathrm{i}$;

$k = 2$ 时, $z_2 = \cos\frac{4\pi}{3} + \mathrm{i}\sin\frac{4\pi}{3} = -\frac{1}{2} - \frac{\sqrt{3}}{2}\mathrm{i}$;

$k = 3$ 时, $z_3 = \cos\frac{6\pi}{3} + \mathrm{i}\sin\frac{6\pi}{3} = 1$;

$k = 4$ 时, $z_4 = \cos\frac{8\pi}{3} + \mathrm{i}\sin\frac{8\pi}{3} = -\frac{1}{2} + \frac{\sqrt{3}}{2}\mathrm{i}$;

$k = 5$ 时, $z_5 = \cos\frac{10\pi}{3} + \mathrm{i}\sin\frac{10\pi}{3} = -\frac{1}{2} - \frac{\sqrt{3}}{2}\mathrm{i}$;

……

可以发现,k 值每取三个连续整数时,就得到三个不同的方根值,再取下一组三个连续整数时,由于三角函数的周期性,方根值又重复出现前一组结果,所以,在复数范围内,1 的立方根有三个值:$1, -\frac{1}{2} + \frac{\sqrt{3}}{2}\mathrm{i}, -\frac{1}{2} - \frac{\sqrt{3}}{2}\mathrm{i}$.

一般地说,在复数范围内,任一非零复数 x 的 n 次方根有 n 个不同值,亦即方程 $x^n = a$ 在复数范围内有 n 个不同的根.

设 $\rho(\cos\varphi + \mathrm{i}\sin\varphi)$ 是复数 $r(\cos\theta + \mathrm{i}\sin\theta)$ 的 $n(n \in \mathbf{N}_+)$次方根,那么

$$[\rho(\cos\varphi + \mathrm{i}\sin\varphi)]^n = r(\cos\theta + \mathrm{i}\sin\theta),$$

即
$$\rho^n(\cos n\varphi + \mathrm{i}\sin n\varphi) = r(\cos\theta + \mathrm{i}\sin\theta)$$

由此可得
$$\begin{cases} \rho = \sqrt[n]{r}, \\ \varphi = \dfrac{\theta + 2k\pi}{n} \quad (k \in Z). \end{cases}$$

因此,复数 $r(\cos\theta + \mathrm{i}\sin\theta)$ 的 n 次方根是

$$\sqrt[n]{r}\left(\cos\frac{\theta+2k\pi}{n}+\mathrm{i}\sin\frac{\theta+2k\pi}{n}\right).$$

当 k 取 $0,1,2,\cdots,n-1$ 这 n 个连续整数时，上式将得到 n 个不同的值，而当 k 再继续取 $n,n+1$，等其他整数值时，这 n 个不同的值又将依次重复出现，所以复数 $r(\cos\theta+\mathrm{i}\sin\theta)$ 的 $n(n\in\mathbf{N}_+)$ 次方根有 n 个值，它们是

$$\sqrt[n]{r}\left(\cos\frac{\theta+2k\pi}{n}+\mathrm{i}\sin\frac{\theta+2k\pi}{n}\right)\quad(k=0,1,2,\cdots,n-1).$$

例 9　求复数 $1+\mathrm{i}$ 的 4 次方根．

解　因为

$$1+\mathrm{i}=\sqrt{2}\left(\cos\frac{\pi}{4}+\mathrm{i}\sin\frac{\pi}{4}\right)$$

$1+\mathrm{i}$ 的 4 次方根是 $\sqrt[8]{2}\left(\cos\frac{\pi/4+2k\pi}{4}+\mathrm{i}\sin\frac{\pi/4+2k\pi}{4}\right)\quad(k=0,1,2,3)$．

即 $\sqrt[8]{2}\left(\cos\frac{\pi}{16}+\mathrm{i}\sin\frac{\pi}{16}\right)$、$\sqrt[8]{2}\left(\cos\frac{9\pi}{16}+\mathrm{i}\sin\frac{9\pi}{16}\right)$、$\sqrt[8]{2}\left(\cos\frac{17\pi}{16}+\mathrm{i}\sin\frac{17\pi}{16}\right)$ 和 $\sqrt[8]{2}\left(\cos\frac{25\pi}{16}+\mathrm{i}\sin\frac{25\pi}{16}\right)$．

由这个例题我们可以发现：

(1) $1+\mathrm{i}$ 的 4 次方根有 4 个值；

(2)方根的模是 $1+\mathrm{i}$ 的模的 4 次算术根；

(3)第一个方根值($k=0$ 时)的辐角是 $1+\mathrm{i}$ 的辐角的 $\frac{1}{4}$；

(4)各方根值的辐角依次都相差 $\frac{\pi}{2}$.

从复数的几何意义分析，可以看出这 4 个复数值，对应复平面内的 4 个点，这些点均匀地分布在以原点为圆心，以 $\sqrt[8]{2}$ 为半径的圆上，如图 10-14 所示．

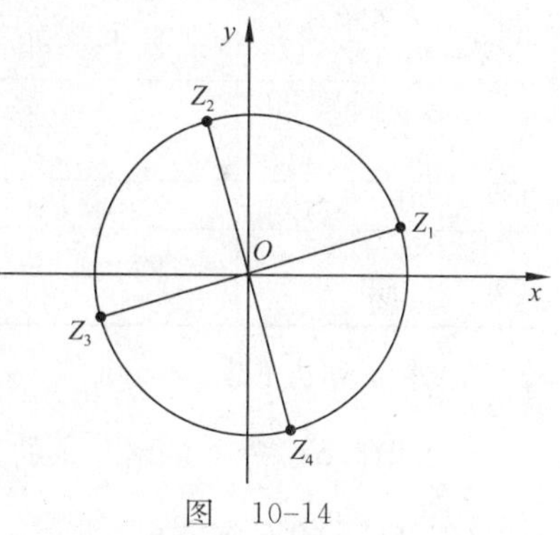

图　10-14

一般地，复数 $a(a\in\mathbf{C})$ 的 n 次方根的几何意义是复平面内的 n 个点，这些点均匀地分布在以原点为圆心，以 $\sqrt[n]{|a|}$ 为半径的圆上．

例 10　复数 $-\mathrm{i}$ 的一个立方根是 i，它的另外两个立方根是(　　).

A. $\frac{\sqrt{3}}{2}\pm\frac{1}{2}\mathrm{i}$　　　　B. $\frac{\sqrt{3}}{2}\pm\frac{1}{2}\mathrm{i}$

C. $\pm\frac{\sqrt{3}}{2}+\frac{1}{2}\mathrm{i}$　　　　D. $\pm\frac{\sqrt{3}}{2}-\frac{1}{2}\mathrm{i}$

解　根据复数 n 次方根的几何意义可知，另外两个立方根的模是 1，并且这两个立方根所对应的向量与复平面的虚轴正方向相差的角都应是 $\frac{2\pi}{3}$，即一个向量在

第三象限,另一个向量在第四象限．所以选 D.

形如 $a_nx^n+a_0=0,(a_0,a_n\in\mathbf{C},a_n\neq 0)$ 的方程叫做**二项方程**．任何一个二项方程都可以化为 $x^n=a\ (a\in\mathbf{C})$的形式,因此,都可以通过复数开方来求根．

例 11 在复数集 **C** 中,解方程 $x^5-32=0$．

解 原方程就是 $x^5=32(\cos 0+\mathrm{i}\sin 0)$

所以 $x=\sqrt[5]{32}\left(\cos\dfrac{0+2k\pi}{5}+\mathrm{i}\sin\dfrac{0+2k\pi}{5}\right)\quad(k=0,1,2,3,4)$.

就是 $x_1=2(\cos 0+\mathrm{i}\sin 0)=2,\ x_2=2\left(\cos\dfrac{2\pi}{5}+\mathrm{i}\sin\dfrac{2\pi}{5}\right)$,

$x_3=2\left(\cos\dfrac{4\pi}{5}+\mathrm{i}\sin\dfrac{4\pi}{5}\right),\ x_4=2\left(\cos\dfrac{6\pi}{5}+\mathrm{i}\sin\dfrac{6\pi}{5}\right)$,

$x_5=2\left(\cos\dfrac{8\pi}{5}+\mathrm{i}\sin\dfrac{8\pi}{5}\right)$

练　习

1. 复数 $z=2\left(\cos\dfrac{\pi}{4}+\mathrm{i}\sin\dfrac{\pi}{4}\right)$,依照下表中第一行填写其他空格:

开方次数 $n(n\in\mathbf{N}_+)(n>1)$	方根个数	方根的模	第一个方根的辐角	相邻两根辐角差
3	3	$\sqrt[3]{2}$	$\dfrac{\frac{\pi}{4}}{3}=\dfrac{\pi}{12}$	$\dfrac{2\pi}{3}$
5				
8				
n				

2. 求下列方根:

(1) $16\left(\cos\dfrac{2\pi}{3}+\mathrm{i}\sin\dfrac{2\pi}{3}\right)$ 的四次方根;　　(2) -8 的三次方根;

(3) $1-\mathrm{i}$ 的五次方根．

3. 在复数集 **C** 中,解下列方程:

(1) $4x^2+9=0$;(2) $x^3=1$;(3) $x^2+x+6=0$;(4) $x^2-4x+5=0$.

4. 求下列各数的平方根:

$-9,-289,-6,-m^2\ (m\in\mathbf{R})$.

习　题　10.3

A　组

1. 把下列复数表示成三角形式:

(1) $-5+5\mathrm{i}$； (2) $\frac{1}{2}+\frac{\sqrt{3}}{2}\mathrm{i}$； (3) -6； (4) $12\mathrm{i}$.

2. 把下列复数化成三角形式,并指出它们的模和辐角主值：

(1) $6\left(\cos\frac{\pi}{6}-\mathrm{i}\sin\frac{\pi}{6}\right)$； (2) $-3\left(\cos\frac{\pi}{4}+\mathrm{i}\sin\frac{\pi}{4}\right)$；

(3) $\sqrt{3}(\cos 15^\circ+\mathrm{i}\sin 15^\circ)$； (4) $3\left(\cos\frac{3\pi}{2}+\mathrm{i}\sin\frac{3\pi}{2}\right)$.

3. 化下列复数为代数形式：

(1) $4\left(\cos\frac{\pi}{3}+\mathrm{i}\sin\frac{\pi}{3}\right)$； (2) $\sqrt{2}\left(\cos\frac{3\pi}{4}+\mathrm{i}\sin\frac{3\pi}{4}\right)$；

(3) $6\left(\cos\frac{11\pi}{6}+\mathrm{i}\sin\frac{11\pi}{6}\right)$； (4) $3\left(\cos\frac{3\pi}{2}+\mathrm{i}\sin\frac{3\pi}{2}\right)$.

4. 计算：

(1) $2\left(\cos\frac{\pi}{4}+\mathrm{i}\sin\frac{\pi}{4}\right)\cdot 8\left(\cos\frac{\pi}{6}+\mathrm{i}\sin\frac{\pi}{6}\right)$；

(2) $3\left(\cos\frac{2\pi}{3}+\mathrm{i}\sin\frac{2\pi}{3}\right)\cdot 4\left(\cos\frac{7\pi}{6}+\mathrm{i}\sin\frac{7\pi}{6}\right)$；

(3) $(1-\mathrm{i})\left(\cos\frac{3\pi}{2}+\mathrm{i}\sin\frac{3\pi}{2}\right)$.

5. 计算：

(1) $10\left(\cos\frac{2\pi}{3}+\mathrm{i}\sin\frac{2\pi}{3}\right)\div 5\left(\cos\frac{\pi}{3}+\mathrm{i}\sin\frac{\pi}{3}\right)$；

(2) $12\left(\cos\frac{2\pi}{3}+\mathrm{i}\sin\frac{2\pi}{3}\right)\div 4\left(\cos\frac{\pi}{6}+\mathrm{i}\sin\frac{\pi}{6}\right)$.

6. 求证：

(1) $(\cos 75^\circ+\mathrm{i}\sin 75^\circ)(\cos 15^\circ+\mathrm{i}\sin 15^\circ)=\mathrm{i}$；

(2) $(\cos\theta-\mathrm{i}\sin\theta)(\cos 2\theta-\mathrm{i}\sin 2\theta)=\cos 3\theta-\mathrm{i}\sin 3\theta$.

7. 用棣莫弗定理计算：

(1) $\left[\sqrt{2}\left(\cos\frac{\pi}{5}+\mathrm{i}\sin\frac{\pi}{5}\right)\right]^5$； (2) $[3(\cos 12^\circ+\mathrm{i}\sin 12^\circ)]^5$；

(3) $(1-\sqrt{3}\mathrm{i})^4$； (4) $(1+\mathrm{i})^{-4}$.

8. 计算：

(1) $(\sqrt{3}\mathrm{i}-1)\left(-\frac{1}{2}+\frac{\sqrt{3}}{2}\mathrm{i}\right)^{20}$； (2) $\frac{(\sqrt{3}-\mathrm{i})^5}{\sqrt{3}+\mathrm{i}}$；

(3) $\frac{(1+\mathrm{i})^5}{1-\mathrm{i}}+\frac{(1-\mathrm{i})^5}{1+\mathrm{i}}$.

9. 解下列方根($x\in\mathbf{C}$)：

(1) $x^2+4=0$；　　(2) $32x^5-243=0$；

(3) $x^2-2x+2=0$；　　(4) $x^2-8x+17=0$.

B　组

1. 选择题：

(1) $z=i^7-\sqrt{3}$，那么 $\arg z$ 等于(　　).

A. $\frac{\pi}{6}$　　B. $\frac{5\pi}{6}$　　C. $\frac{7\pi}{6}$　　D. $\frac{5\pi}{3}$

(2)复数 $\sin 95°+i\cos 95°$ 的一个辐角是(　　).

A. -85^0　　B. -5^0　　C. 5^0　　D. 85^0

(3) $z=\left(\frac{-1-\sqrt{3}i}{2}\right)^{10}$ 的值是(　　).

A. 1　　B. $\frac{-1+\sqrt{3}i}{2}$　　C. $\frac{-1-\sqrt{3}i}{2}$　　D. $\frac{\sqrt{3}-i}{2}$

(4)向量 $\overrightarrow{OZ}$ 对应的复数是 $-2\sqrt{3}+4i$，把 $\overrightarrow{OZ}$ 按顺时针方向旋转 $\frac{\pi}{3}$ 后，得到 $\overrightarrow{OZ_1}$，那么 $\overrightarrow{OZ_1}$ 对应的复数是(　　).

A. $-2\sqrt{3}-i$　　B. $\sqrt{3}+5i$　　C. $-2\sqrt{3}-4i$　　D. $-2\sqrt{3}+4i$

(5)复平面内点 A，B 分别对应复数 α，β，且 $\alpha^2+\beta^2=0$，又 O 是原点，则 $\triangle AOB$ 是(　　).

A. 等腰直角三角形　　B. 非等腰直角三角形

C. 等边三角形　　D. 钝角三角形

2. 填空题：

(1) $(\sqrt{3}+i)^6$ 的值等于________；

(2) $2+2\sqrt{3}i$ 的平方根是________；

(3)若 $z=(1-\sqrt{3}i)^3$，则 $|z|=$ ________；

3. 解答题：

(1)设 $z_1=1+\sqrt{3}i$，$z_2=\sqrt{3}+i$，求 $\arg\frac{z_1}{z_2}$ 的值；

(2)已知 $z_1=(2-i)^2$，$z_2=1-3i$，求复数 $\frac{i}{z_1}+\frac{z_2}{13}$；

(3)已知 $z+\frac{1}{z}\in\mathbf{R}$，且 $|z-2|=\sqrt{5}i$，求复数 z；

阅读空间

复数的指数形式

我们已经学习了复数的代数形式和三角形式，这两种不同的表示形式实际上仍是相近的，即都是实部与虚部的代数和，在工程技术领域中，还常常用到复数的另一种表示方式——复数的指数形式．

根据欧拉公式，我们可以把模为 1，辐角为 θ 的复数 $\cos\theta+\mathrm{i}\sin\theta$ 用记号 $\mathrm{e}^{\mathrm{i}\theta}$ 表示，即 $\cos\theta+\mathrm{i}\sin\theta=\mathrm{e}^{\mathrm{i}\theta}$（这里不做证明）．例如：

$$\cos\frac{\pi}{4}+\mathrm{i}\sin\frac{\pi}{4}=\mathrm{e}^{\mathrm{i}\frac{\pi}{4}}$$

那么 $\mathrm{e}^{\mathrm{i}\frac{\pi}{4}}=\cos\dfrac{\pi}{4}+\mathrm{i}\sin\dfrac{\pi}{4}=\mathrm{i}$，$\mathrm{e}^{\mathrm{i}\frac{\pi}{3}}=\cos\dfrac{\pi}{3}+\mathrm{i}\sin\dfrac{\pi}{3}=\dfrac{1}{2}+\dfrac{\sqrt{3}}{2}\mathrm{i}$．

在引入记号 $\mathrm{e}^{\mathrm{i}\theta}$ 以后，任一复数 z 都可以用 $\mathrm{e}^{\mathrm{i}\theta}$ 表示，即

$$z=r(\cos\theta+\mathrm{i}\sin\theta)=r\cdot\mathrm{e}^{\mathrm{i}\theta}$$

我们把 $z=r\cdot\mathrm{e}^{\mathrm{i}\theta}$ 叫做复数的指数形式，其中，r 是复数的模，θ 是复数的辐角，单位是弧度，i 是虚数单位，e 是自然对数的底．

例 1　把下面的复数表示为指数形式：

(1) $2\left(\cos\dfrac{2\pi}{5}+\mathrm{i}\sin\dfrac{2\pi}{5}\right)$；

(2) $\sqrt{5}\left[\cos\left(-\dfrac{\pi}{3}\right)+\mathrm{i}\sin\left(-\dfrac{\pi}{3}\right)\right]$；

(3) $3(\cos 270°+\mathrm{i}\sin 270°)$．

解　(1) $2\left(\cos\dfrac{2\pi}{5}+\mathrm{i}\sin\dfrac{2\pi}{5}\right)=2\mathrm{e}^{\mathrm{i}\frac{2\pi}{5}}$；

(2) $\sqrt{5}\left[\cos\left(-\dfrac{\pi}{3}\right)+\mathrm{i}\sin\left(-\dfrac{\pi}{3}\right)\right]=\sqrt{5}\mathrm{e}^{-\mathrm{i}\frac{\pi}{3}}$

(3) $3(\cos 270°+\mathrm{i}\sin 270°)=3\left(\cos\dfrac{3\pi}{2}+\mathrm{i}\sin\dfrac{3\pi}{2}\right)=3\mathrm{e}^{\mathrm{i}\frac{3\pi}{2}}$

例 2　将下列复数表示成指数形式：

(1) $-2+2\mathrm{i}$；　　(2) $10\mathrm{i}$．

解　(1) $-2+2\mathrm{i}=2\sqrt{2}\left(\cos\dfrac{3\pi}{4}+\mathrm{i}\sin\dfrac{3\pi}{4}\right)=2\sqrt{2}\mathrm{e}^{\mathrm{i}\frac{3\pi}{4}}$；

(2) $10\mathrm{i}=10\left(\cos\dfrac{\pi}{2}+\mathrm{i}\sin\dfrac{\pi}{2}\right)=10\mathrm{e}^{\mathrm{i}\frac{\pi}{2}}$．

例 3　把下列复数表示为代数形式：

(1) $\sqrt{3}\mathrm{e}^{\mathrm{i}\frac{\pi}{6}}$；　　(2) $6\mathrm{e}^{\mathrm{i}\frac{5\pi}{3}}$．

解　(1) $\sqrt{3}\mathrm{e}^{\mathrm{i}\frac{\pi}{6}}=\sqrt{3}\left(\cos\dfrac{\pi}{6}+\mathrm{i}\sin\dfrac{\pi}{6}\right)=\sqrt{3}\left(\dfrac{\sqrt{3}}{2}+\dfrac{1}{2}\mathrm{i}\right)=\dfrac{3}{2}+\dfrac{\sqrt{3}}{2}\mathrm{i}$；

(2) $6\mathrm{e}^{\mathrm{i}\frac{5\pi}{3}}=6\left(\cos\dfrac{5\pi}{3}+\mathrm{i}\sin\dfrac{5\pi}{3}\right)=6\left(\dfrac{1}{2}-\dfrac{\sqrt{3}}{2}\mathrm{i}\right)=3-3\sqrt{3}\mathrm{i}$．

利用复数的指数形式进行复数的乘法、除法、乘方及开方运算是十分方便的．

设复数 $$z_1=r_1\mathrm{e}^{\mathrm{i}\theta_1},z_2=r_2\mathrm{e}^{\mathrm{i}\theta_2}$$

那么
$$\begin{aligned}z_1\cdot z_2&=r_1\mathrm{e}^{\mathrm{i}\theta_1}\cdot r_2\mathrm{e}^{\mathrm{i}\theta_2}\\&=r_1(\cos\theta_1+\mathrm{i}\sin\theta_1)\cdot r_2(\cos\theta_2+\mathrm{i}\sin\theta_2)\\&=r_1\cdot r_2[\cos(\theta_1+\theta_2)+\mathrm{i}\sin(\theta_1+\theta_2)]\\&=r_1r_2\mathrm{e}^{\mathrm{i}(\theta_1+\theta_2)}\end{aligned}$$

即 $$r_1\mathrm{e}^{\mathrm{i}\theta_1}\cdot r_2\mathrm{e}^{\mathrm{i}\theta_2}=r_1r_2\mathrm{e}^{\mathrm{i}(\theta_1+\theta_2)}$$

同样可得 $$\frac{r_1\mathrm{e}^{\mathrm{i}\theta_1}}{r^2\mathrm{e}^{\mathrm{i}\theta_2}}=r_1r_2\mathrm{e}^{\mathrm{i}(\theta_1-\theta_2)},\quad(r\mathrm{e}^{\mathrm{i}\theta})^n=r^n\mathrm{e}^{\mathrm{i}n\theta}\quad(n\in\mathbf{Z}).$$

又由复数 $z=r(\cos\theta+\mathrm{i}\sin\theta)$ 的 $n(n\in\mathbf{N}_+)$ 次方根是
$$\sqrt[n]{r}\left(\cos\frac{\theta+2k\pi}{n}+\mathrm{i}\sin\frac{\theta+2k\pi}{n}\right)\quad(k=0,1,\cdots,n-1).$$

得到复数 $r\mathrm{e}^{\mathrm{i}\theta}$ 的 $n(n\in\mathbf{N}_+)$ 次方根是 $\sqrt[n]{r}\mathrm{e}^{\mathrm{i}\frac{\theta+2k\pi}{n}}\quad(k=0,1,2,\cdots,n-1)$.

例 4 计算下列各式,并将结果表示成代数形式:

(1) $9.6\mathrm{e}^{-\mathrm{i}\pi}\cdot10\mathrm{e}^{\mathrm{i}\frac{5\pi}{3}}$; (2) $92\mathrm{e}^{\mathrm{i}\frac{\pi}{2}}\div23\mathrm{e}^{-\mathrm{i}\frac{7\pi}{6}}$; (3) $(\sqrt{2}\mathrm{e}^{\mathrm{i}\frac{\pi}{4}})^4$.

解 (1) $$\begin{aligned}9.6\mathrm{e}^{-\mathrm{i}\pi}\cdot10\mathrm{e}^{\mathrm{i}\frac{5\pi}{3}}&=9.6\times10\mathrm{e}^{\mathrm{i}\left(-\pi+\frac{5\pi}{3}\right)}=96\mathrm{e}^{\mathrm{i}\frac{2\pi}{3}}\\&=96\left(\cos\frac{2\pi}{3}+\mathrm{i}\sin\frac{2\pi}{3}\right)=96\left(-\frac{1}{2}+\frac{\sqrt{3}}{2}\mathrm{i}\right)\\&=-48+48\sqrt{3}\mathrm{i}.\end{aligned}$$

(2) $$\begin{aligned}92\mathrm{e}^{\mathrm{i}\frac{\pi}{2}}\div23\mathrm{e}^{-\mathrm{i}\frac{7\pi}{6}}&=\frac{92}{23}\mathrm{e}^{\mathrm{i}\left[\frac{\pi}{2}-\left(-\frac{7\pi}{6}\right)\right]}=4\mathrm{e}^{\mathrm{i}\frac{5\pi}{3}}\\&=4\left(\cos\frac{5\pi}{3}+\mathrm{i}\sin\frac{5\pi}{3}\right)=4\left(\frac{1}{2}-\frac{\sqrt{3}}{2}\mathrm{i}\right)\\&=2-2\sqrt{3}\mathrm{i}.\end{aligned}$$

(3) $(\sqrt{2}\mathrm{e}^{\mathrm{i}\frac{\pi}{4}})^4=(\sqrt{2})^4\mathrm{e}^{\mathrm{i}\cdot4\cdot\frac{\pi}{4}}=4\mathrm{e}^{\mathrm{i}\pi}=4(\cos\pi+\mathrm{i}\sin\pi)=-4.$

例 5 用指数形式计算 $z=4\sqrt{3}+4i$ 立方根.

解 因为 $z=4\sqrt{3}+4\mathrm{i}=8\left(\cos\frac{\pi}{6}+\mathrm{i}\sin\frac{\pi}{6}\right)=8\mathrm{e}^{\mathrm{i}\frac{\pi}{6}}$.

所以 $z=4\sqrt{3}+4i$ 立方根是 $\sqrt[3]{8}\mathrm{e}^{\mathrm{i}\frac{\frac{\pi}{6}+2k\pi}{3}}(k=0,1,2)$,有三个值,即 $2\mathrm{e}^{\mathrm{i}\frac{\pi}{18}}$, $2\mathrm{e}^{\mathrm{i}\frac{13\pi}{18}}$, $2\mathrm{e}^{\mathrm{i}\frac{25\pi}{18}}$.

练 习

1. 将下列复数化为指数形式:

(1) $\sqrt{2}\left(\cos\frac{\pi}{5}+\mathrm{i}\sin\frac{\pi}{5}\right)=$ ________;

(2) $3\left[\cos\left(-\frac{5\pi}{4}\right)+\mathrm{i}\sin\left(-\frac{5\pi}{4}\right)\right]=$ ________；

(3) $\frac{1}{2}(\cos 135^\circ+\mathrm{i}\sin 135^\circ)=$ ________.

2. 将下列复数表示为三角形式：

(1) $5\mathrm{e}^{\mathrm{i}\frac{\pi}{12}}=$ ________；　(2) $0.75\mathrm{e}^{-\mathrm{i}\frac{3\pi}{4}}=$ ________；(3) $10\mathrm{e}^{\mathrm{i}\frac{5\pi}{6}}=$ ________.

3. 将下列复数表示为指数形式：

(1) $2-2\mathrm{i}$；　(2) -3；　(3) $-\frac{1}{2}-\frac{\sqrt{3}}{2}\mathrm{i}$.

4. 将下列复数化为代数形式：

(1) $\sqrt{3}\mathrm{e}^{-\mathrm{i}\pi}\cdot\sqrt{6}\mathrm{e}^{-\mathrm{i}\frac{5\pi}{3}}$；　(2) $\sqrt{3}\mathrm{e}^{-\mathrm{i}\pi}\div\sqrt{6}\mathrm{e}^{-\mathrm{i}\frac{5\pi}{3}}$.

5. 计算：

(1) $\sqrt{3}\mathrm{e}^{-\mathrm{i}\pi}\cdot\sqrt{6}\mathrm{e}^{-\mathrm{i}\frac{5\pi}{3}}$；　(2) $\sqrt{3}\mathrm{e}^{-\mathrm{i}\pi}\div\sqrt{6}\mathrm{e}^{-\mathrm{i}\frac{5\pi}{3}}$；　(3) $(2\mathrm{e}^{\mathrm{i}\frac{\pi}{2}})^4$.

思考和总结

1. 复数 $a+b\mathrm{i}$（$a\in\mathbf{R},b\in\mathbf{R}$）的确定要由 a 与 b 来决定，a 与 b 分别叫做复数 $a+b\mathrm{i}$（$a\in\mathbf{R},b\in\mathbf{R}$）的________与________，复数 $a+b\mathrm{i}$（$a\in\mathbf{R},b\in\mathbf{R}$），当________时．就是实数，当________时，叫做虚数；当________时，叫做纯虚数．

2. 当两个复数的实部________且虚部互为________时，我们称这两个复数为共轭复数．

3. 复数集 $\mathbf{C}$ 和复平面内所有点的集合间是______的，这是复数的一种几何意义．

4. 我们把 x 轴叫做________，y 轴除去________的部分叫做________．

5. 我们把 $[0,2\pi)$ 范围内的辐角 θ 的值叫做________，通常记做________，即________．

6. 零向量没有确定的方向，所以复数 0 的辐角是________．

7. 两个非零复数相等，当且仅当它们的________与________的主值分别相等．

8. 两个复数的和或差仍是一个______；两个复数相加减，只需把实部与______、虚部与______分别相加减，即 $(a+b\mathrm{i})\pm(c+d\mathrm{i})=$ ________________．

9. 一般地，我们规定两个复数 $z_1=a+b\mathrm{i}$，和 $z_2=c+d\mathrm{i}$ 相乘所得的积为

$$z_1\cdot z_2=(a+b\mathrm{i})\cdot(c+d\mathrm{i})=\text{\_\_\_\_\_\_\_\_\_\_\_\_}.$$

10. 对任意的 $n\in\mathbf{N}_+$ 都有

$\mathrm{i}^{4n+1}=$ ________，$\mathrm{i}^{4n+2}=$ ________，$\mathrm{i}^{4n+3}=$ ________，$\mathrm{i}^{4n}=$ ________．

11. 设复数 z_1, z_2 的三角形式分别为 $z_1=r_1(\cos\theta_1+\mathrm{i}\sin\theta_1)$，$z_2=r_2(\cos\theta_2+$

$i\sin\theta_2$),那么 $z_1 \cdot z_2 =$ ________,$\dfrac{z_1}{z_2} =$ ________. 即两个复数相乘,积仍是一个________,它的模等于这两个复数模的________,它的辐角是这两个复数的辐角的________. 两个复数的商仍是一个________,商的模等于被除数的模除以除数的模所得的________,商的辐角等于被除数的辐角减去除数的辐角所得的________.

复习题十

1. 选择题:

(1)计算 $(2-6i)-(1-i)=$( ).

A. 6 B. $2+4i$ C. 0 D. $1-5i$

(2)计算 $(4-6i)+(2+i)i=$( ).

A. 6 B. $2+4i$ C. 0 D. $3-4i$

(3) $z=3-2i$ 在第几象限( ).

A. 一 B. 二 C. 三 D. 四

(4) $(1+i)(2-3i)$ 的值为( ).

A. 2 B. $5-i$ C. $3+5i$ D. 1

(5) $\dfrac{1-i}{1+i}$ 的值为( ).

A. $-i$ B. -1 C. 2 D. $1+i$

(6) $i^{23}=$( ).

A. 1 B. -1 C. i D. $-i$

(7) $x^2+4=0$ 的根为( ).

A. -2 B. 2 C. 2i D. i

(8)把复数 $3+3i$ 表示成三角形式为( ).

A. $2\left(\cos\dfrac{\pi}{3}-i\sin\dfrac{\pi}{3}\right)$ B. $2\left(\cos\dfrac{7\pi}{6}+i\sin\dfrac{7\pi}{6}\right)$

C. $3\sqrt{2}\left(\cos\dfrac{\pi}{4}+i\sin\dfrac{\pi}{4}\right)$ D. $2\sqrt{3}\left(\cos\dfrac{5\pi}{6}+i\sin\dfrac{5\pi}{6}\right)$

(9)把复数 $-3+\sqrt{3}i$ 表示成三角形式为( ).

A. $2\left(\cos\dfrac{\pi}{3}-i\sin\dfrac{\pi}{3}\right)$ B. $2\left(\cos\dfrac{7\pi}{6}+i\sin\dfrac{7\pi}{6}\right)$

C. $3\sqrt{2}\left(\cos\dfrac{\pi}{4}+i\sin\dfrac{\pi}{4}\right)$ D. $2\sqrt{3}\left(\cos\dfrac{5\pi}{6}+i\sin\dfrac{5\pi}{6}\right)$

(10)设任一复数为 $z=5-4i$ $(a,b\in\mathbf{R})$,它的共轭复数 $\bar{z}$ 是( ).

A. $\bar{z}=5+4i$ B. $\bar{z}=-5+4i$ C. $\bar{z}=-3-4i$ D. $\bar{z}=4i$

2. 化算下列各式：

(1) $(7-2\mathrm{i})(2+3\mathrm{i})$；　　(2) $\dfrac{4\mathrm{i}}{1-\mathrm{i}}$；

(3) $(2-5\mathrm{i})(1+\mathrm{i})$；　　(4) $\dfrac{5-2\mathrm{i}}{1-\mathrm{i}}$.

3. 解答题：

(1)已知 $(x+y)+(2x-5y)\mathrm{i}=3-\mathrm{i}$，求 x，y 的值.

(2)已知 $z=\dfrac{1-2i}{3+4i}$，化简 z 并求出 z 的实部和虚部的值.

(3)已知 $z=\dfrac{2-\mathrm{i}}{1+\mathrm{i}}$，求 $\bar{z}$ 的值.

(4)已知 $z=\dfrac{1-\mathrm{i}}{1+\mathrm{i}}$，求 $\bar{z}+z$ 的值.

阅读空间

数系中发现一颗新星——虚数，于是引起了数学界的一片困惑，很多大数学家都不承认虚数. 德国数学家莱布尼茨(1646—1716)在 1702 年说："虚数是神灵遁迹的精微而奇异的隐避所，它大概是存在和虚妄两界中的两栖物."然而，真理性的东西一定可以经得住时间和空间的考验，最终占有自己的一席之地. 法国数学家达朗贝尔(1717—1783)在 1747 年指出，如果按照多项式的四则运算规则对虚数进行运算，那么它的结果总是 $a+bi$ 的形式(a、b 都是实数). 法国数学家棣莫弗(1667—1754)在 1722 年发现了著名的棣莫弗定理. 欧拉在 1748 年发现了有名的关系式，并且是他在《微分公式》(1777 年)一文中第一次用 i 表示 -1 的平方根，首创了用符号 i 作为虚数的单位."虚数"实际上不是想象出来的，而它是确实存在的. 挪威的测量学家韦塞尔(1745—1818)在 1797 年试图给于这种虚数以直观的几何解释，并首先发表其作法，然而没有得到学术界的重视.

18 世纪末，复数渐渐被大多数人接受，当时卡斯帕尔·韦塞尔提出复数可看作平面上的一点. 数年后，高斯再提出此观点并大力推广，复数的研究开始高速发展. 诧异的是，早于 1685 年约翰·沃利斯已经在 *De Algebra tractatus* 提出此一观点.

卡斯帕尔·韦塞尔的文章发表在 1799 年的 *Proceedings of the Copenhagen Academy* 上，以当今标准来看，也是相当清楚和完备. 他又考虑球体，得出四元数并以此提出完备的球面三角学理论. 1804 年，Abbé Buée 亦独立地提出与沃利斯相似的观点，即以来表示平面上与实轴垂直的单位线段. 1806 年，Buée 的文章正式刊出，同年，让-罗贝尔·阿尔冈亦发表同类文章，而阿尔冈的复平面成了标准. 1831 年高斯认为复数不够普及，次年他发表了一篇备忘录，奠定复数在数学中的地位. 柯西及阿贝尔的努力，扫除了复数使用的最后顾忌，后者更是首位以复数研究著名的.

复数吸引了著名数学家的注意，包括库默尔(1844)、克罗内克(1845)、Scheffler(1845、1851、1880)、Bellavitis(1835、1852)、乔治·皮库克(1845)及德·摩根(1849). 莫比乌斯发表了大量有关复数几何的短文,约翰·彼得·狄利克雷将很多实数概念,例如素数,推广至复数.

德国数学家阿甘得(1777—1855)在1806年公布了复数的图像表示法,即所有实数能用一条数轴表示,同样,复数也能用一个平面上的点来表示. 在直角坐标系中,横轴上取对应实数 a 的点 A,纵轴上取对应实数 b 的点 B,并过这两点引平行于坐标轴的直线,它们的交点 C 就表示复数. 像这样,由各点都对应复数的平面叫做"复平面",后来又称"阿甘得平面". 高斯在1831年,用实数组代表复数,并建立了复数的某些运算,使得复数的某些运算也像实数一样地"代数化". 他又在1832年第一次提出了"复数"这个名词,还将表示平面上同一点的两种不同方法——直角坐标法和极坐标法加以综合. 统一于表示同一复数的代数式和三角式两种形式中,并把数轴上的点与实数一一对应,扩展为平面上的点与复数一一对应. 高斯不仅把复数看作平面上的点,而且还看作一种向量,并利用复数与向量之间一一对应的关系,阐述了复数的几何加法与乘法. 至此,复数理论才比较完整和系统地建立起来了.

经过许多数学家长期不懈的努力,深刻探讨并发展了复数理论,才使得在数学领域游荡了200年的幽灵——虚数揭去了神秘的面纱,显现出它的本来面目,原来虚数不"虚". 虚数成为了数系大家庭中一员,从而实数集才扩充到了复数集.

第 11 章　排列、组合和概率

排列、组合是组合学最基本的概念．所谓排列，就是指从给定个数的元素中取出指定个数的元素进行排序．组合则是指从给定个数的元素中仅仅取出指定个数的元素，不考虑排序．排列组合的中心问题是研究给定要求的排列和组合可能出现的情况总数．概率，又称或然率、可能性、机会率或几率，是数学概率论的基本概念，是一个在 0 到 1 之间的实数，是对随机事件发生的可能性的度量．物理学中常称为几率．排列组合与概率关系密切，是进一步学习概率的基础．排列组合和概率具有广泛的用途，在日常生活、生产实践、科学实验及商业活动中普遍使用．

11.1　排列与组合

本节重点知识：

1. 两个基本原理：分类计数原理和分步计数原理．
2. 两个重要概念：排列与组合．
3. 两个计算公式．

$$A_n^m=n\cdot(n-1)\cdot(n-2)\cdot\cdots\cdot(n-m+1)$$

（特别地 $A_n^n=n!$）

$$C_n^m=\frac{A_n^m}{A_m^m}=\frac{n\cdot(n-1)\cdot(n-2)\cdot\cdots\cdot(n-m+1)}{m!}$$

11.1.1　分类计数原理和分步计数原理

引例 1　从甲地到乙地，有三类不同的办法：乘火车、乘汽车、乘轮船．一天中，火车有 4 班，汽车有 2 班，轮船有 3 班．那么一天中乘坐这些交通工具从甲地到乙地共有多少种不同的走法？

分析　各种不同的走法如下：

$$(1)\text{乘火车}\begin{cases}\text{第 1 班}\\ \text{第 2 班}\\ \text{第 3 班}\\ \text{第 4 班}\end{cases}$$

(2)乘汽车 $\begin{cases}\text{第 1 班}\\\text{第 2 班}\end{cases}$

(3)乘轮船 $\begin{cases}\text{第 1 班}\\\text{第 2 班}\\\text{第 3 班}\end{cases}$

显然,上述每一种走法都可以从甲地到达乙地,一天中完成这件事共有三类办法,第一类办法是乘火车,有 4 种走法;第二类办法是乘汽车,有 2 种走法;第三类办法是乘轮船,有 3 种走法,所以一天中乘坐这些交通工具从甲地到乙地共有

$$4+2+3=9$$

种不同的走法.

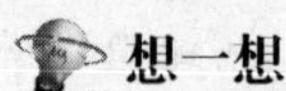

想一想

(1)某火车站,进站台需要上楼.该车站有楼梯 4 座,电梯 2 座,自动扶梯 1 座.一位旅客要进站台,共有多少种不同的走法?

进站台共有(　　)+(　　)+(　　)=(　　)种不同的走法.

(2)从 A 城到某一旅游景区 B 地,每天有火车 5 次,公交大客车 15 次,租公交小客车 25 次,某人在一天中若乘坐上述交通工具,从 A 到 B 共有多少种不同方法?

(　　)+(　　)+(　　)=(　　)种不同走法.

一般地,有如下原理:

分类计数原理　做一件事,完成它可以有 n 类办法,在第一类办法中有 m_1 种不同的方法,在第二类办法中有 m_2 种不同的方法,…,在第 n 类办法中有 m_n 种不同的方法.无论通过哪一类的哪一种方法,都可以完成这件事,那么完成这件事共有

$$N=m_1+m_2+\cdots+m_n$$

种不同的方法.

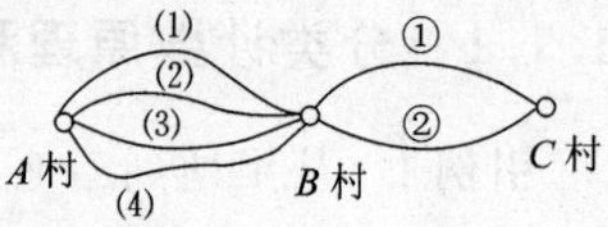

引例 2　由 A 村去 B 村的道路有 4 条,由 B 村去 C 村的道路有 2 条(见图 11-1).从 A 村经 B 村去 C 村,共有多少种不同的方法?

图　11-1

分析　从 A 村到 B 村有 4 种不同的走法,按这 4 种走法中的每一种走法到达 B 村后,再从 B 村到 C 村又有 2 种不同的走法.因此,从 A 村经 B 村去 C 村共有

$$4\times2=8$$

种不同的走法.

各种不同的走法如下

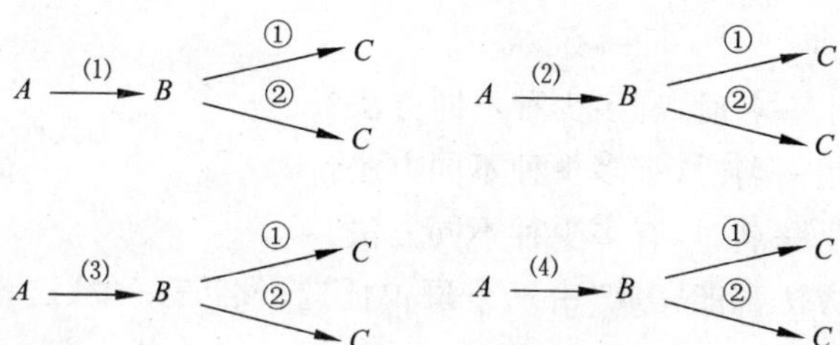

想一想

(1)如果将乘积$(a_1+a_2)\cdot(b_1+b_2+b_3)\cdot(c_1+c_2)$展开(假定没有同类项),请计算它共有多少项?

这个乘积展开后共有(　　)×(　　)×(　　)=(　　)项.

如果将这些项具体写出来,它们是________.

(2)警方在追查一辆肇事逃逸车辆,根据现场目击群众举报,肯定是本地A—5×××7车号(×××未看清),问警方最多需要调查多少辆车就一定可追查到那辆肇事车辆?

最多需要调查(　　)×(　　)×(　　)=(　　)辆车.

一般地,有如下原理:

分步计数原理　做一件事,完成它需要分成 n 个步骤,做第一步有 m_1 种不同的方法,做第二步有 m_2 种不同的方法,……,做第 n 步有 m_n 种不同的方法.必须经过每一个步骤,才能完成这件事,那么完成这件事共有

$$N=m_1\times m_2\times\cdots\times m_n$$

种不同的方法.

两个基本原理的共同点在于都是研究"做一件事""共有多少种不同方法",它们的区别在于一个与分类有关,一个与分步有关.如果完成一件事有 n 类办法,这 n 类办法彼此之间是相互独立的,不论哪一类办法中的哪一种都能单独完成这件事.求完成这件事的方法种数,就用分类计数原理.如果完成一件事需要分成 n 个步骤,各个步骤都不可缺少,需要依次完成所有步骤,才能完成这件事,而完成每一个步骤各有若干方法.求完成这件事的方法种数,就用分步计数原理.

例 1　甲班有三好生 8 人,乙班有三好生 6 人,丙班有三好生 9 人.

(1)由这三个班中任选一名三好生,出席市三好生表彰会,有多少种不同的选法?

(2)由这三个班中各选一名三好生,出席市三好生表彰会,有多少种不同的选法?

分析 (1)可以这样想:要完成由三个班中任选一名三好生这一件事,有几种产生办法?

当由甲班产生一名时,有多少种不同方法?

当由乙班产生一名时,有多少种不同方法?

当由丙班产生一名时,有多少种不同方法?

由于这三种方法都能完成“由三个班中任选一名三好生”这一件事,故符合分类计数原理.

(2)可以这样想:要完成由三个班各选一名三好生这件事,要分哪几步?各步分别有多少种不同方法?

由于这几步中的任何一步,都不能单独完成“由三个班中各选一名三好生”这件事,所以不符合分类计数原理,但是当依次完成这三步时,就能完成这件事,故符合分步计数原理.

解 (1)依分类计数原理,不同选法的种数是

$$N= m_1+m_2+m_3=8+6+9=23.$$

(2)依分步计数原理,不同选法的种数是

$$N= m_1\times m_2\times m_3=8\times 6\times 9=432.$$

答: 由三个班中任选一名三好生,有 23 种不同的选法.

由三个班中各选一名三好生,有 432 种不同的选法.

例 2 由数字 1,2,3,4,5 可以组成多少个两位偶数(各位上的数字不许重复)?

解法 1 要组成没有重复数字的两位偶数,可以有两类方法.一类是个位数字是 2,另一类是个位数字是 4.

当个位数字是 2 时,十位数字只能是 1,3,4,5 四种可能.

当个位数字是 4 时,十位数字只能是 1,2,3,5 四种可能.

根据分类计数原理,能组成两位偶数的个数是

$$N=4+4=8.$$

解法 2 要确定组成没有重复数字的两位偶数的个数,可以分两步完成:先确定个位数字的个数,再确定十位数字的个数.

显然个位数字只能有两种可能.

不论 2 或 4 哪个做个位数字,十位数字都可以由余下的 4 个数字组成.

根据分步计数原理,能组成的两位偶数的个数是

$$N=2\times 4=8.$$

答: 能组成 8 个没有重复数字的两位偶数.

由例 2 可以看出,对同一问题,由于分析角度不同,使用两个基本原理的情况也不尽相同.

想一想

对例 2 你还有其他的分析方法吗？

练　　习

1. 填空题(仿照第(1)小题完成其余各小题)：

(1)一件工作可以用两种方法完成，有 5 人只会用第一种方法完成，另有 4 人只会用第二种方法完成．选出一个人来完成这件工作，共有 $5+4=9$ 种选法．

(2)商店里有 5 种上衣，4 种裤子．某人只买一件上衣或一条裤子，共有________=________种不同的购买方法；若此人要买上衣、裤子各一件，则共有________=________种不同的购买方法．

(3)用 2 种不同的天线、3 种不同的显像管和 4 种不同的外壳装配电视机(这三样器件都可以配套)，则一共可以装出________=________种电视机．

(4)一座山，前山有 3 条上山路，后山也有 3 条上山路，一老人先由前山上，再由后山下，进行身体锻炼，那么他共有________=________种不同的上山下山的方式．

(5)一战士两手各执一面红色信号旗，左手的旗可放在左上、左中、左下三个位置；右手的旗可放在右上、右中、右下三个位置．用一面旗可以表示________=________种不同的信号，用两面旗可以表示________=________种不同的信号．

2. 请你将上题第(5)小题中用两面旗可以表示出的不同信号具体写出来：

左手位置	
右手位置	

3. 如图 11-2 所示，从甲地到乙地有 2 条陆路可走，从乙地到丙地有 3 条陆路可走，又从甲地不经过乙地到丙地有 2 条水路可走．

(1)从甲地经过乙地到丙地有多少种不同的走法？

(2)从甲地到丙地共有多少种不同的走法？

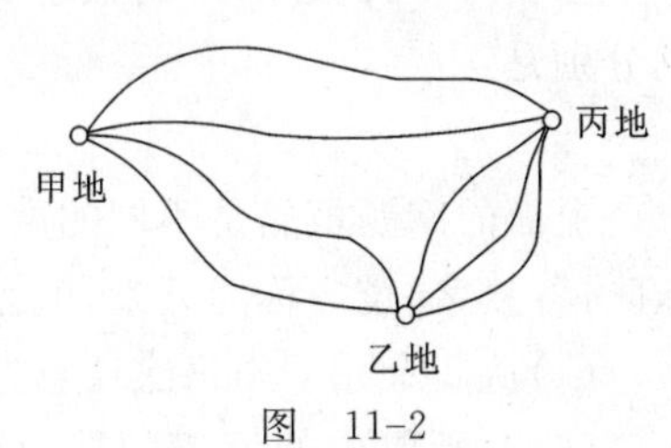

图　11-2

11.1.2　排列定义

引例 1　由 A,B,C 三个球队中产生冠亚军队各一名，共有多少种不同的结果？

这个问题就是从 A,B,C 三个球队中每次取出两个队，按照冠军队在前，亚军队在后的顺序排列，求一共有多少种不同的排法．

分析　我们分两步来解决这个问题：

第一步,先确定冠军队,从 A,B,C 三个球队中任选一队为冠军,有 3 种选法;

第二步,再确定亚军队,这时只能从余下的两个队中去选,因此,有 2 种选法.

根据分步计数原理,在三个球队中,每次取出两个,按照冠亚军的顺序排列的不同方法共有 $3\times2=6$ (种).

上面的分析及产生的 6 种不同结果如下:

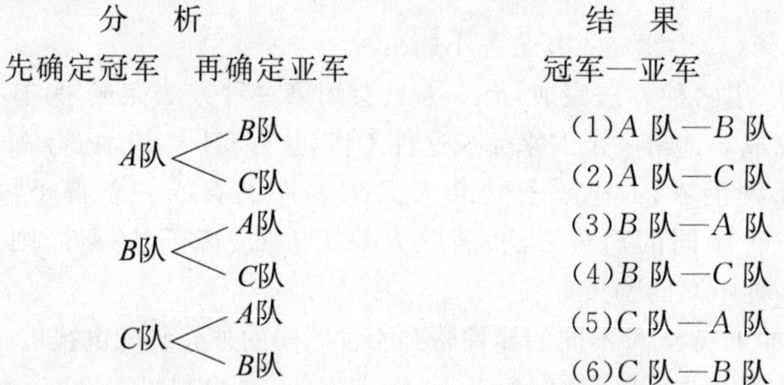

引例 2　由数字 1,2,3 可以组成多少个没有重复数字的两位数?

分析　这个问题就是从 1,2,3 这三个数字中每次取出两个,按照十位、个位的顺序排列起来,求一共有多少种不同的排法.

我们分两步来解决这个问题:

第一步,先确定十位数字,从 1,2,3 三个数字中任选一个作为十位数字,有 3 种选法;

第二步,再确定个位数字,这时只能从余下的两个数字中去选,因此,有 2 种选法.

根据分步计数原理,由数字 1,2,3 可以组成的两位数共有 $3\times2=6$ (个). 它们分别是:

$$11,13,21,23,31,32.$$

上面的问题虽然是不同的两个问题,但是当我们把所研究的对象(问题中的各球队,各数字)统一称为元素,就会发现它们的共同点:

(1)从 3 个元素中每次任意选出 2 个元素;

(2)对所取出的元素,按一定顺序(冠军—亚军,十位数字—个位数字)排成一列;

(3) 求一共有多少种不同的排法.

一般地说,从 n 个不同元素中,任取 $m(m\leqslant n)$ 个元素(本章只研究所取元素不相同的情况),按照一定的顺序排成一列,称做从 n 个不同元素中取出 m 个元素的一个排列.

上面的两个问题都是从 3 个不同元素中取出 2 个元素的排列问题.

特别地,当 $m=n$ 时,也就是把 n 个不同元素全部取出来的一个排列,称做 n 个不同元素的一个全排列．

练一练

有 1 元、5 元和 10 元的人民币各一张，利用它们可以组成多少种不同的币值（不计零值）

(1)只取 1 张，可以组成(　　)，(　　)，(　　)______种不同的币值．

(2)只取 2 张，可以组成(　　)，(　　)，(　　)______种不同的币值．

(3)把 3 张都取出来，可以组成(　　)______种不同的币值．

因此一共可以组成______种不同的币值．

根据排列的定义可以知道，如果两个排列里所含元素不仅完全相同，而且排列的顺序也完全一样，那么它们是相同排列；否则就是不同排列．以后本书中所说的“所有排列”就是指所有的不同排列．

例如写出从 a，b，c，d 这四个字母中，取出三个字母的所有排列．

为了保证所写的排列中既不重复也不遗漏，可以按照下面的方法来写：分为三步，先排第一位置上的字母，再排第二位置上的字母，最后排第三位置上的字母．

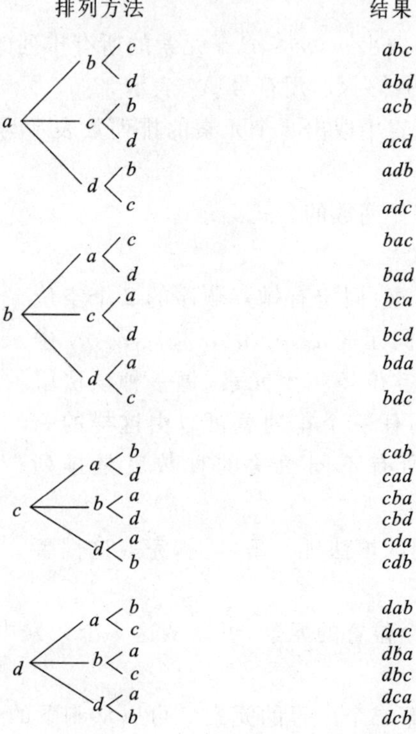

练　　习

1. 填空题:

(1)从四个不同元素 a, b,c,d 中任取两个元素的所有排列中.

含 a 的排列有________;

不含 a,含 b 的排列有________;

不含 a, b,含 c 的排列有________;

不含 a 的排列有________________.

(2)在两个排列中,只有________相同,________也相同才称为相同的排列.

(3)全排列是排列中的特殊情况,它的特殊点在于________.

2. 写出:

(1)从四个元素 a, b,c,d 中取两个元素的所有排列;

(2)三个元素 a, b,c 的全排列.

3. 写出从 A, B,C 三个人中选出正、副组长各一名的所有排列.

11.1.3　排列种数计算公式

从 n 个不同元素中取出 $m(m\leqslant n)$个元素的所有排列的个数,称做从 n 个不同元素中取出 m 个元素的排列数,用符号 A_n^m 表示.

例如从 3 个不同元素中取出 2 个元素的排列数表示为 A_3^2,3 个不同元素的全排列数表示为 A_3^3.

下面我们研究计算排列数的公式.

引例　求排列数 A_7^2.

分析　可以这样考虑:假定有排好顺序的 2 个空位(见图 11-3),从 7 个不同元素 a_1,a_2,a_3,a_4,a_5,a_6,a_7 中任意取 2 个填空,一个空位填一个元素,每一种填法就得到一个排列;反过来,任一个排列总可以由这样的一种填法得到.因此,所有不同填法的种数就是排列数 A_7^2.

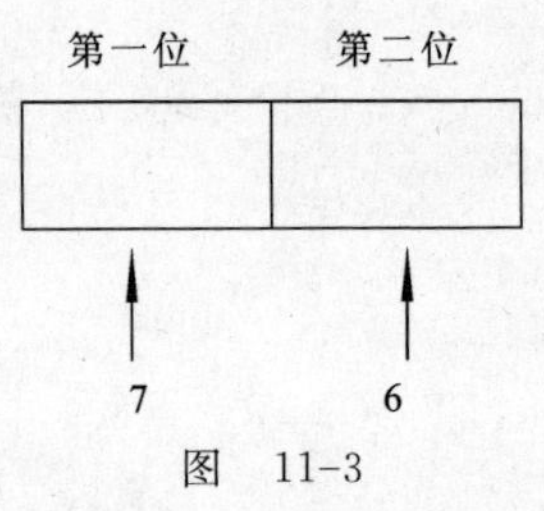

图　11-3

那么有多少种不同的填法呢?事实上,完成这件事可分为两个步骤:

第一步,先排第一个位置的元素,可以从这 7 个元素中任选一个填入,有 7 种方法;

第二步,确定排在第二个位置的元素.可以从剩下的 6 个元素中任选一个填入，有 6 种方法．

于是，根据分步计数原理，得到排列数

$$A_7^2=7\times6=42,$$

显然，求排列数 A_7^3 可以按依次填 3 个空位来考虑，得到

$$A_7^3=7\times6\times5=210,$$

由此我们可以类似地得到

$A_n^2=n\cdot(n-1)$,

$A_n^3=n\cdot(n-1)\cdot(n-2)$,

…

一般地，排列数 A_n^m 的计算可以这样考虑：假定有排好顺序的 m 个空位（见图 11-4），从 n 个不同元素 $a_1,a_2,\cdots,a_n$ 中任意取 m 个填空，一个空位填一个元素，每一种填法就得到一个排列；反过来，任何一个排列总可以这样由一种填法得到．因此，所有不同填法的种数就是排列数 A_n^m．

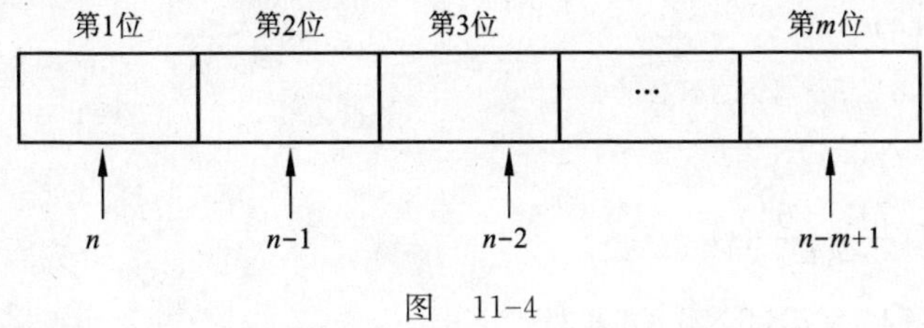

图　11-4

现在我们计算共有多少种不同的填法：

第一步，第 1 位可以从 n 个元素中任选一个填上，共有 n 种填法；

第二步，第 2 位只能从余下的 $n-1$ 个元素中，任选一个填上，共有 $n-1$ 种填法；

第三步，第 3 位只能从余下的 $n-2$ 个元素中，任选一个填上，共有 $n-2$ 种填法；

依此类推，当前面的 $m-1$ 个空位都填上后，第 m 位只能从余下的 $n-(m-1)$ 个元素中任选一个填上，共有 $n-m+1$ 种填法．

根据分步计数原理，全部填满 m 个空位，共有

$$n\cdot(n-1)\cdot(n-2)\cdot\cdots\cdot(n-m+1)$$

种填法．

所以得到公式

$$\boxed{A_n^m=n\cdot(n-1)\cdot(n-2)\cdot\cdots\cdot(n-m+1)}$$

这里 $n,m\in\mathbf{N}_+$，并且 $m\leqslant n$，这个公式称做排列数公式．其中，等号右边第一个因

数是 n,后面的每个因数都比它前面一个因数少 1,最后一个因数为 $n-m+1$,共有 m 个因数相乘. 例如

$$A_8^5=8\times7\times6\times5\times4=6720.$$

$$A_7^6=7\times6\times5\times4\times3\times2=5040.$$

排列数公式中,当 $m=n$ 时,有

$$\boxed{A_n^n=n\cdot(n-1)\cdot(n-2)\cdot\cdots\cdot3\cdot2\cdot1}$$

这个公式告诉我们,n 个不同元素的全排列数恰好等于自然数 1 到 n 的连乘积. 我们把自然数 1 到 n 的连乘积,称做 n 的**阶乘**,用 $n!$ 表示. 这样 n 个不同元素的全排列数公式又可以写成

$$A_n^n=n!$$

为了应用上的方便,我们规定 $0!=1$.

例 1 计算 A_{16}^3 及 A_6^6.

解 $A_{16}^3=16\times15\times14=3360$

$A_6^6=6!$

$=6\times5\times4\times3\times2\times1$

$=720.$

例 2 计算 $\dfrac{7!-6!}{6!}$.

解 因为 $7!=7\times6\times5\times4\times3\times2\times1$

$=7\times(6\times5\times4\times3\times2\times1)$

$=7\times6!,$

所以 $\dfrac{7!-6!}{6!}=\dfrac{7\times6!-6!}{6!}=\dfrac{6\times6!}{6!}=6.$

练一练

(1)$5!=4!\times$________$=$________$\times4\times5$;

(2)$n!=(n-1)!\cdot$________$=$________$\cdot(n-1)n$.

例 3 用排列数符号表示下列各式:

(1)$17\times16\times15\times14\times13$;

(2)$(m-4)(m-3)(m-2)(m-1)$;

(3)$2\cdot4\cdot6\cdot8\cdot\cdots\cdot(2n-2)\cdot2n$.

解 (1)$17\times16\times15\times14\times13=A_{17}^5$;

(2) $(m-4)(m-3)(m-2)(m-1)$

$=(m-1)(m-2)(m-3)(m-4)=A_{m-1}^4$;

(3) $2\cdot4\cdot6\cdot8\cdot\cdots\cdot(2n-2)\cdot2n$

$=2^n[1\cdot2\cdot3\cdot\cdots\cdot(n-1)\cdot n]$

$=2^n A_n^n$.

练一练

完成下列计算，你需要多少时间？

(1) A_{10}^3；　(2) A_5^5；　(3) A_7^3；　(4) $A_4^1+A_4^2+A_4^3+A_4^4$；

(5) A_{100}^2；　(6) A_{101}^2；　(7) $\frac{6!-4!}{4!}$；　(8) $\frac{9!}{5!\,4!}$.

例 4　有 10 本不同的书，甲、乙、丙三人去借，每人借一本．共有多少种不同借法？

解　因为从 10 本书中，任意选出 3 本，只要分发给甲、乙、丙的顺序不同，便是不同的借法，所以，这是求从 10 个元素中取出 3 个元素的排列数：

$$A_{10}^3=10\times9\times8=720\ (种).$$

答：共有 720 种不同借法．

例 5　某段铁路上有 11 个车站，共需准备多少种普通客票？

解　每张票上都有作为起点和终点的两个站，这两个车站是从________①个车站任意取出的，把起点站、终点站当做两个不同的位置，这道题就是从________②个元素中任取________③个不同元素的________④问题．

所以共需准备 $A_{11}^2=11\times10=110$ (种)客票．

答案　①11；②11；③2；④排列．

例 6　5 人站成一排照相．

(1)如果甲必须站在中间，共有多少种不同排法？

(2)如果甲不能站在中间，有多少种不同排法？

(3)如果甲、乙二人必须相邻，有多少种不同排法？

(4)如果甲、乙二人不能相邻，有多少种不同排法？

解　这些都是有限制条件的排列问题，可结合两个原理分步考虑．

(1)由于甲必须站在中间，则只剩下四个位置，由其余四人去站，所以问题转化为求从 4 个元素中取 4 个元素的全排列数

$$A_4^4=4!=24\ (种).$$

答：共有 24 种不同排法．

(2)因为甲不能站在中间，所以，第一步先考虑中间位置，中间只能由其余 4 人去站，有 A_4^1 种站法；中间位置站定后，余下 4 个位置，则由余下的 4 个人(包括甲)去站，所以其余位置站法是 A_4^4，根据分步计数原理，所求排列数是

$$A_4^1 \cdot A_4^4 = 4\times4\times3\times2\times1 = 96\ (种).$$

答： 共有 96 种不同排法．

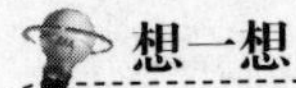

本题还有其他解法吗?

(3)由于甲、乙必相邻，我们第一步可以把甲、乙看成一个元素，他们所站的位置，也看成一个位置，这样，共有 A_4^4 种排法．由于对上面说的每一种排法，甲、乙两个元素之间还可以进行排列，共有 A_2^2 种排法．根据分步计数原理，所求排列数为

$$A_4^4 \cdot A_2^2 = 24\times2 = 48(种)$$

答： 共有 48 种不同排法．

(4)若无限制条件，5 人站成一排照相，共有 A_5^5 排法，而甲、乙相邻与甲、乙不相邻是相互对立的(非此即彼)，由于(3)中知道甲乙必相邻排法有 48 种，所以所求排列数为

$$A_5^5 - 48 = 72\ (种).$$

答： 共有 72 种不同排法．

例 7 由数字 1,2,3,4 可以组成多少个没有重复数字的比 2 300 大的自然数?

解 满足条件的自然数有两类：(1)千位是 3 或 4，(2)千位是 2 且百位是 3 或 4.

千位是 3 或 4 的自然数有：$A_2^1 \cdot A_3^3$(个)；

千位是 2 且百位是 3 或 4 的自然数有：$A_2^1 \cdot A_2^2$(个)；

根据分类计数原理，共有 $A_2^1 \cdot A_3^3 + A_2^1 \cdot A_2^2 = 16$ (个)

答： 可以组成 16 个比 2300 大的自然数．

例 8 将数字 1,2,3,4 填在标号为 1,2,3,4 的四个方格里，每格填上一个数字，且每个方格的标号与所填空的数字均不相同的填法有多少种?

解 用写排列的方法写出所有不同的填法如下：

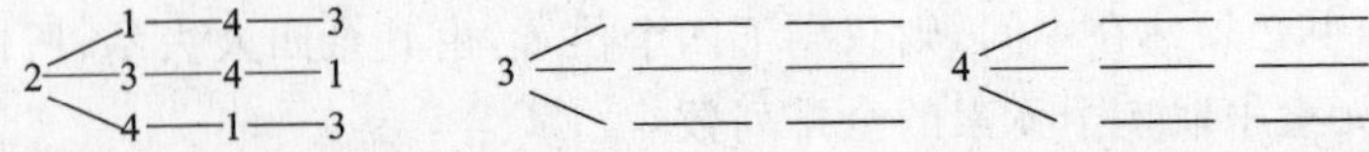

因此，共有 9 种不同的填法．

对排列问题，当元素不多，而又不便于用排列公式时，可利用最基础的写排列的方法求解．

练一练

(1)加工某种零件需要经过 5 个工序,分别按照下列条件,工艺流程各有几种排法?

① 某一工序必须排在开头;

② 某一工序必须排在最后;

③ 某一工序必须排在正中间;

④ 某一工序不能排在最后;

⑤ 其中某两个工序必须连续加工;

⑥ 某两个工序甲、乙,甲排在乙之前.

答案　①A_4^4;②A_4^4;③A_4^4;④$4A_4^4$;⑤$2A_4^4$;⑥$\frac{1}{2}A_5^5$.

(2)用 1,2,3,4,5 这五个数字组成没有重复数字的三位数,其中

① 偶数有多少个;

② 奇数有多少个.

答案　①$A_2^1 \cdot A_4^2$;②$A_3^1 \cdot A_4^2$.

(3)7 种商品排成一排陈列在橱窗里,对甲、乙商品做如下限制,各有多少种不同的排列方法?

① 甲、乙商品必须排在两端;

② 甲、乙商品不排在正中间,也不排在两端.

答案　①$A_2^2 \cdot A_5^5$;②$A_4^2 \cdot A_5^5$.

练　习

1. 填空题:

(1)仿照第①小题,计算其他各小题:

①$A_4^3 = 4\times3\times2 = 24$;　　②$A_5^2 =$ ________ $=$ ________;

③$A_{15}^4 =$ ________ $=$ ________;　④$A_{100}^4 =$ ________ $=$ ________;

⑤$A_7^7 =$ ________ $=$ ________;　⑥$A_6^3 =$ ________ $=$ ________.

(2)将 2～8 的阶乘计算出来填入表 11-1 中.

表　11-1

n	2	3	4	5	6	7	8	
$n!$								

(3)用排列数符号 A_n^m 表示下列各式:

①$7\times8\times9\times10=$________;

②$13\times14\times15\times16\times17\times18=$________;

③$1\times2\times3\times4\times5\times6\times7\times8=$________;

④$6\times8\times10\times12=$________.

2. 由数字 1,2,3 可以组成________=________个没有重复数字的三位数,其中偶数有________个,奇数有________个.

3. 由数字 1,2,3,4 可以组成________=________个没有重复数字的四位数,其中偶数有________个,奇数有________个.

4. 7 个人站成一排照相,共有多少种不同的排法?7 个人站成两排照相,前排 3 个人,后排 4 个人,共有多少种不同的排法?

5. 以 A_5^3 为结果,自编一道排列应用题.

11.1.4 组合定义

引例 由 A,B,C 三个球队中选出两个队做表演赛,共有多少种不同的选法?

分析 在前面的教材中,曾经出现过,"由 A,B,C 三个球队中产生冠亚军队各一名,共有多少种不同的结果?"的问题,它与这里提出的"由 A,B,C 三个球队中选出两个队做表演赛"的问题,虽然都是从 3 个不同元素中取出 2 个元素,但二者是不同的.产生冠亚军,使得两队地位不同,我们说它与顺序有关.而选出两队做表演赛,选出的两个队是平等的,我们说它与顺序无关.这就是下面要学习的组合问题.

一般地说,从 n 个不同元素中,任取 $m(m\leqslant n)$ 个元素并成一组,称做从 n 个不同元素中取出 m 个元素的一个**组合**.

上面问题中要确定的选数法,实际上就是要求从 3 个不同元素中取出 2 个元素的所有组合的个数.

如果两个组合中的元素完全相同,不管元素的顺序如何,都是相同的组合;只有当两个组合中的元素不完全相同时,才是不同的组合.

上面问题的答案应该是共有 AB,AC,BC 三种不同的选法.在这里,我们看到 AB 与 BA 属于同一个组合,而 AB 与 AC 则属于不同的两个组合.

从排列与组合的定义可以看出,排列与取出元素的顺序有关,组合与顺序无关.例如 AB 与 BA 是两个不同的排列,而它们是同一个组合.

以后本书中所说的"所有组合"就是指所有的不同组合.

练一练

已知 a,b,c,d 这 4 个元素，写出每次从中取出 2 个元素的组合及相应的排列，填入表 11-2.

表　11-2

组合	ab					
排列	ab ba					

练　习

1. 填空题：

(1)从 5 个元素 a,b,c,d,e 中，任取 2 个元素的所有组合中：

含有元素 a 的组合有____________；

不含 a 的组合有____________.

(2)从 5 个元素 a,b,c,d,e 中，任取 3 个元素的所有组合中：

含 a 的组合有____________；

不含 a 的组合有____________.

(3)在两个组合中，如果元素完全相同，不管元素的________如何，都是相同的组合；

只有当________不完全相同时，才是不同的组合.

(4)从排列、组合的定义可以知道，排列与所取元素的顺序________，组合与所取元素的顺序________.

2. 判断下面的问题是排列还是组合：

(1)从 10 个人中选出两名代表外出参加同一会议，共有多少种不同选法？(　　)

(2)从 10 个人中选出正、副组长各一名，共有多少种不同选法？(　　)

(3)10 个人参加一次集会，每两个人握一次手，一共握了多少次？(　　)

(4)10 个人参加一次集会，每两人互送一张名片，一共需要多少张名片？(　　)

(5)从 1,3,9,27,81 中，任取两个数相加，可以得到多少种不同的和？(　　)

(6)从 1,3,9,27,81 中，任取两个数相减，可以得到多少种不同的差？(　　)

3. 请你举出一个排列问题和一个组合问题的实例.

11.1.5　组合种数计算公式

从 n 个不同元素中取出 $m(m\leqslant n)$ 个元素的所有组合的个数，称做从 n 个不同

元素中取出 m 个元素的**组合数**,用符号 C_n^m 表示.

例如,从 3 个不同元素中取出 2 个元素的组合数表示为 C_3^2;从 7 个不同元素中取出 4 个元素的组合数表示为 C_7^4.

下面我们从分析组合数 C_n^m 与排列数 A_n^m 的关系入手,找出组合数 C_n^m 的计算公式.

引例 试求从 4 个不同元素 a,b,c,d 中取出 3 个元素的排列与组合的关系.

分析 4 个不同元素 a,b,c,d 中取出 3 个元素的排列与组合的关系如下:

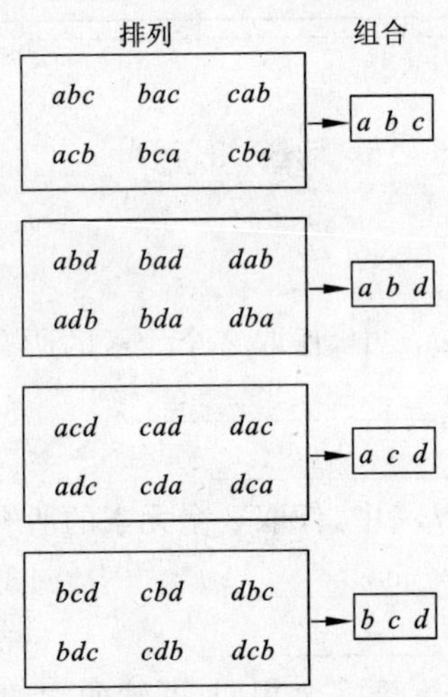

当我们把所有的排列都写出来之后,可以发现,其中每 6 个不同的排列都是由同一个组合的 3 个元素排列而成的.

因此,求从 4 个不同元素中取出 3 个元素的排列数 A_4^3,可以考虑按下面两个步骤完成:

第一步,从 4 个不同元素中任取出 3 个元素作组合,共有 $C_4^3(=4)$个;

第二步,对每一个组合中的 3 个不同元素做全排列,各有 $A_3^3(=6)$个.

根据分步计数原理,得 $A_4^3=C_4^3\cdot A_3^3$,

因此,$C_4^3=\dfrac{A_4^3}{A_3^3}$.

一般地,求从 n 个不同元素中取出 m 个元素的排列数 A_n^m,可分以下两步完成:

第一步,先求出从这 n 个不同的元素中取出 m 个元素的组合数 C_n^m;

第二步,求每一个组合中 m 个元素的全排列数 A_m^m.

根据分步计数原理,得到

$$A_n^m=C_n^m\cdot A_m^m$$

因此

$$\boxed{C_n^m=\frac{A_n^m}{A_m^m}=\frac{n(n-1)(n-2)\cdots(n-m+1)}{m!}}$$

这里 $n,m\in\mathbf{N}_+$，并且 $m\leqslant n$. 这个公式称做**组合数公式**. 为了方便，规定 $C_n^0=1$.

例 1　计算 C_{10}^4 和 C_8^3.

解　$C_{10}^4=\frac{10\times9\times8\times7}{4\times3\times2\times1}=210$；　$C_8^3=\frac{8\times7\times6}{3\times2\times1}=56$.

练一练

1. 计算 $C_5^2=$_________$=$_________；　$C_5^3=$_________$=$_________；
2. 计算 $C_7^3=$_________$=$_________；　$C_7^4=$_________$=$_________.

例 2　某段铁路上有 12 个车站，在需准备的普通客票中，共有多少种不同的票价？

解　因为票价与两个车站的顺序无关，所以本题就是从________个元素中任取________个不同元素的________问题.

所以共有 $C_{12}^2=\frac{12\times11}{2\times1}=66$(种)不同票价.

例 3　在产品检验时，常从产品中抽出一部分进行检查，现在从 100 件产品中任意抽出 3 件：

(1)一共有多少种不同的抽法？

(2)如果 100 件产品中有 2 件次品，抽出的 3 件中恰好有 1 件是次品的抽法有多少种？

(3)如果 100 件产品中有 2 件次品，抽出的 3 件中至少有 1 件是次品的抽法有多少种？

解　(1)所求的不同抽法的种数，就是从 100 件产品中取出 3 件的组合数

$$C_{100}^3=\frac{100\times99\times98}{3\times2\times1}=161\ 700.$$

答:共有 161 700 种抽法.

(2)从 2 件次品中抽出 1 件次品的抽法有 C_2^1 种，从 98 件合格品中抽出 2 件合格品的有 C_{98}^2 种，因此抽出的 3 件中恰好有 1 件是次品的抽法的种数是

$$C_2^1\cdot C_{98}^2=2\times4\ 753=9\ 506.$$

答:3 件中恰好有 1 件是次品的抽法有 9 506 种.

(3)从 100 件产品中抽出 3 件，一共有 C_{100}^3 种抽法，在这些抽法里，除掉抽出的

3 件都是合格品的抽法 C_{98}^3 种,便得抽出的 3 件中至少有 1 件是次品的抽法的种数,即

$$C_{100}^3-C_{98}^3=161\ 700-152\ 096=9\ 604.$$

本小题也可以这样来解:

从 100 件产品中抽出的 3 件中至少有 1 件是次品的抽法,包括有 1 件是次品和有 2 件是次品两种情况,其中 1 件是次品的抽法有 $C_{98}^2\cdot C_2^1$ 种,2 件是次品的抽法有 $C_{98}^1\cdot C_2^2$ 种. 因此,至少有 1 件是次品的抽法的种数是

$$C_{98}^2\cdot C_2^1+C_{98}^1\cdot C_2^2=9\ 506+98=9\ 604.$$

答:3 件中至少有 1 件是次品的抽法有 9 604 种.

例 4 某小组有 7 个人.

(1)从中选出 3 个人参加植树劳动,共有多少种不同的选法?

(2)从中选出 4 个人参加清扫校园劳动,共有多少种不同选法?

解 这两个小题都是组合问题.

(1)$C_7^3=\dfrac{7\times6\times5}{3\times2\times1}=35$;

(2)$C_7^4=\dfrac{7\times6\times5\times4}{4\times3\times2\times1}=35$.

答:选出 3 个人参加植树劳动或选出 4 个人参加清扫校园劳动都有 35 种不同的选法.

从这个例题,可以看出,从 7 个不同元素中选出 3 个或选出 4 个元素的组合数是相等的. 实际上是组合数的一个性质.

性质 1 $C_n^m=C_n^{n-m}$.

这个性质可以根据组合的定义得出,从 n 个不同元素中取出 m 个元素后,剩下 $n-m$ 个元素,也就是说,从 n 个不同元素中取出 m 个元素的每一个组合,都对应着从 n 个不同元素中取出 $n-m$ 个元素的唯一的一个组合;反过来也是一样. 因此,从 n 个不同元素中取出 m 个元素的组合数 C_n^m,等于从 n 个不同元素中取出 $n-m$ 个元素的组合数 C_n^{n-m},即

$$C_n^m=C_n^{n-m}.$$

当 $m>\dfrac{n}{2}$ 时,通常不直接计算 C_n^m,而是改为计算 C_n^{n-m},这样比较简便. 例如,C_9^7 可以这样计算:

$$C_9^7=C_9^{9-7}=C_9^2=\frac{9\times8}{2\times1}=36.$$

例 5 某篮球队共有 12 人.

(1)必须选 5 人上场比赛,有多少种不同选法?

(2)如果甲不能上场,有多少种不同选法?

(3)如果甲必须上场,有多少种不同选法?

解　(1)$C_{12}^{5}=\dfrac{12\times11\times10\times9\times8}{5\times4\times3\times2\times1}=792$;

(2)$C_{11}^{5}=\dfrac{11\times10\times9\times8\times7}{5\times4\times3\times2\times1}=462$;

(3)$C_{12-1}^{5-1}=C_{11}^{4}=\dfrac{11\times10\times9\times8}{4\times3\times2\times1}=330$.

练一练

(1)计算 $C_6^3=$______$=$______,　$C_5^3+C_5^2=$______$=$______.

(2)计算 $C_7^4=$______$=$______,　$C_6^4+C_6^3=$______$=$______.

(3)计算 $C_{10}^8=$______$=$______,　$C_9^8+C_9^7=$______$=$______.

性质 2　$C_{n+1}^{m}=C_n^{m-1}+C_n^m$.

这个性质可以根据组合的定义和分类计数原理得出．从 $a_1,a_2,\cdots,a_{n+1}$ 这 $n+1$ 个不同的元素中取出 m 个的组合数是 C_{n+1}^{m}．这些组合可以分为两类,一类含 a_1,一类不含 a_1．含 a_1 的组合是从 $a_2,a_3,\cdots,a_{n+1}$ 这 n 个元素中取出 $m-1$ 个元素与 a_1 组成的,共有 C_n^{m-1} 个;不含 a_1 的组合是从 $a_2,a_3,\cdots,a_{n+1}$ 这 n 个元素中取出 m 个元素组成的,共有 C_n^m 个．根据分类计数原理得

$$C_{n+1}^{m}=C_n^{m-1}+C_n^m.$$

例 6　计算:(1)C_{51}^{48};(2)$C_6^4+C_6^5$.

解　(1)由性质 1,得

$$C_{51}^{48}=C_{51}^{51-48}=C_{51}^{3}=\frac{51\times50\times49}{3\times2\times1}=20\ 825.$$

(2)由性质 2,得 $C_6^4+C_6^5=C_{6+1}^{5}=C_7^5$.

由性质 1,得 $C_7^5=C_7^2=\dfrac{7\times6}{2\times1}=21$.

所以 $C_6^4+C_6^5=21$.

练一练

完成下列计算,你需要多少时间?

C_3^2;C_{10}^{9};C_8^6;C_{100}^{98};$C_{12}^{10}+C_{12}^{9}$;$C_{15}^{10}+C_{15}^{11}$.

例 7　某乒乓球队有 9 名队员,其中有 2 名种子选手,现要选 5 名队员参加比赛,种子选手都必须在内,有多少种不同的选法?

解 因为 2 名种子选手必须参加,那么只要从剩下的________①名队员中选出________②名选手,即________③$=35$(种).

所以共有 35 种不同的选法.

答案 ①7;②3;③C_7^3.

例 8 从 6 名男生和 4 名女生里选出 3 名男生和 2 名女生分别担任 5 项不同的班委工作,一共有多少种不同的分配方法?

解 可采用先选人,再分配任务的方法.先从 6 名男生中选 3 名有________①种选法,从 4 名女生中选 2 名有________②种选法;再将选出的 5 人排在 5 项不同的工作上有________③种排法.由分布计数原理,共有 $C_6^3 \cdot C_4^2 \cdot A_5^5 = 14\ 400$(种)分配方法.

答案 ①C_6^3;②C_4^2;③A_5^5.

练一练

(1)20 件产品中有 15 件合格品,5 件不合格品,从中任取 4 件.

① 共有多少种取法?

② 4 件全是合格品,共有多少种取法?

③ 3 件是合格品,1 件不合格品,共有多少种取法?

④ 2 件是合格品,2 件不合格品,共有多少种取法?

⑤ 1 件是合格品,3 件不合格品,共有多少种取法?

⑥ 4 件全是不合格品,共有多少种取法?

⑦ 验证②,③,④,⑤,⑥之和与①是否相等.

答案 ①C_{20}^4;②C_{15}^4;③$C_{15}^3 \cdot C_5^1$;④$C_{15}^2 \cdot C_5^2$;⑤$C_{15}^1 \cdot C_5^3$;⑥C_5^4;⑦相等.

(2)某班 20 人,选 5 人去参加某会议,则

① 正、副班长必须参加,有多少种选法?

② 正、副班长至少有 1 人参加,有多少种选法?

答案 ①C_{18}^3;②$C_2^1 \cdot C_{18}^4 + C_2^2 \cdot C_{18}^3$.

练　习

1. 填空题(仿照第(1)小题做其余各小题):

(1)$C_9^3 = \dfrac{9\times8\times7}{3\times2\times1} = 84$;$C_{100}^{98} = C_{100}^2 = \dfrac{100\times99}{2\times1} = 4\ 950$;

$C_7^2 + C_7^3 = C_8^3 = \dfrac{8\times7\times6}{3\times2\times1} = 56$.

(2) $C_6^2=$ ________ $=$ ________; $C_7^3=$ ________ $=$ ________; $C_9^4=$ ________ $=$ ________.

(3) $C_{100}^{96}=$ ________ $=$ ________ $=$ ________; $C_{101}^{99}=$ ________ $=$ ________ $=$ ________.

(4) $C_8^3+C_8^4=$ ________ $=$ ________ $=$ ________; $C_{10}^6+C_{10}^7=$ ________ $=$ ________ $=$ ________;

$C_7^3-C_6^2=$ ______ $=$ ______ $=$ ______; $C_9^4-C_8^4=$ ______ $=$ ______ $=$ ______.

2. 甲、乙、丙、丁四个人，每两个人互相通信一次，则共通信 ________ $=$ ________ 封(第一空填排列数或组合数符号，第二空填计算结果)，请将所有可能情况填入表 11-3.

表　11-3

发信人	
收信人	

甲、乙、丙、丁四个人，每两个人互相通电话一次，则共通电话 ________ $=$ ________ 次．请将所有可能情况填入表 11-4.

表　11-4

一方	
另一方	

3. 从 4,5,7,9 四个数字中，每次取出两个组成分数，可以组成多少个分数？其中真分数有多少个？

4. 某地质考察队共有 15 人，其中 6 人熟悉当地环境可当向导．现从该队选出 5 人组成先遣组，要求其中恰有 2 名向导，共有多少种不同的选法？

5. 以 C_7^3 为结果，自编一道组合应用题．

习　题　11.1

A　组

1. 填空题：

(1)一个书架的第一层有 5 本不同的文艺书，第二层有 4 本不同的数学书，第三层有 5 本不同的计算机书，第四层有 3 本不同的物理书．

①从书架上任取一本书，有 ________ $=$ ________ 种不同的取法．

②从书架的每一层各取一本书，有 ________ $=$ ________ 种不同的取法．

③从书架的第一层和第三层任取一本书，有 ________ $=$ ________ 种不同的取法．

④从书架的第二层和第四层各取一本书,有______=______种不同的取法.

(2)一种号码锁有 4 个拨号盘,每个拨号盘上有从 0 到 9 共 10 个数字,这 4 个拨号盘可以组成______=______个四位数字号码.

2. 计算题:

(1) A_5^4; (2)A_{10}^3; (3) $7A_6^3$; (4)A_7^4;

(5)$9A_8^2$; (6)A_9^3; (7)$\dfrac{A_{10}^4}{A_{10}^2}$; (8)$\dfrac{A_{10}^4}{A_8^2}$.

3. 计算题:

(1)C_6^2; (2)C_{10}^7; (3)$C_{10}^5-C_9^5$; (4)$C_8^6-C_7^5$;

(5)$3C_5^2-2C_4^2$; (6)$\dfrac{C_{10}^2}{C_8^2}$.

4. 填空题:

(1)有 5 种不同商品并排陈列,共有______=______种不同的陈列方法;如果要求其中 A,B 两种商品相邻,共有______=______种不同陈列方法.

(2)从 A,B,C,D 四块地中选出三块,分别试种甲,乙,丙三个品种的小麦,共有______=______种试种方案;如果 A 块地不能种甲品种小麦,共有______=______种试种方案.

(3)从 10 盆不同的花中,任选 4 盆放在一个教室中,共有______=______种不同选法.

(4)乒乓球队有男队员 10 人,女队员 8 人,从中选出男女队员各 1 人组成混合双打,不同的组队方式有______=______种.

(5)以正方形的四个顶点和四边中点中的三个点为顶点的三角形共有______=______个.

B　组

1. 计算题:

(1)A_{10}^4; (2)$5A_5^3+4A_4^2$; (3)$A_4^1+A_4^2+A_4^3+A_4^4$;

(4)$\dfrac{A_{12}^8}{A_{12}^7}$; (5)$\dfrac{A_7^5-A_6^6}{7!-6!}$.

2. 从多少个不同的元素中取出 2 个元素的排列数是 72?

3. 已知从 n 个不同的元素中取出 2 个元素的排列数等于从 $n-4$ 个不同的元素中取出 2 个元素的排列数的 7 倍,求 n.

4. 在某段铁路上有 50 个火车站,一共需要准备多少种不同的火车票?

5.(1)由数字 1,2,3,4,5 可以组成多少个没有重复数字的四位数?

(2)由数字 0,1,2,3,4 可以组成多少个没有重复数字的四位数?

6. 计算题:

(1)C_{15}^{3}；　(2)C_{200}^{197}；　(3)$C_{7}^{3}-C_{6}^{2}$

7. 圆上有10个点，过每3个点可画一个圆内接三角形，一共可画多少个圆内接三角形？

8. 某班有45个学生，其中正、副班长各一名，现派4名学生参加本校学代会.

(1)如果班长和副班长必须在内，有多少种选派方法？

(2)如果班长和副班长必须有1人而且只能有1人在内，有多少种选派方法？

(3)如果班长和副班长都不在内，有多少种选派方法？

(4)如果班长和副班长至少有1人在内，有多少种选派方法？

9. 生产某种产品100件，其中有3件次品，现在从中抽取5件进行检查.

(1)其中恰有3件次品的抽法有多少种？

(2)其中恰有2件次品的抽法有多少种？

(3)其中恰有1件次品的抽法有多少种？

(4)其中没有次品的抽法有多少种？

(5)其中至少有1件次品的抽法有多少种？

11.2　二项式定理

本节重点知识：

1. 二项式定理

$$(a+b)^n=C_n^0a^n+C_n^1a^{n-1}b+\cdots+C_n^ra^{n-r}b^r+\cdots+C_n^nb^n\text{（}n\text{是正整数）}.$$

2. 二项展开式的通项 $T_{r+1}=C_n^ra^{n-r}b^r$.

3. 二项展开式的性质.

11.2.1　二项式定理

通过计算，我们可以得到

$$(a+b)^1=a+b;$$
$$(a+b)^2=a^2+2ab+b^2;$$
$$(a+b)^3=a^3+3a^2b+3ab^2+b^3;$$
$$(a+b)^4=a^4+4a^3b+6a^2b^2+4ab^3+b^4.$$

请观察上面四个展开式，从展开式的项数，a 与 b 在各项中的次数，各项的系数三个方面看有些什么特点.

从展开式的项数上看，每个展开式的项数恰好比$(a+b)$的次数多1.

从 a 与 b 在展开式中的次数看，a 在第一项中的次数最高，恰好等于$(a+b)^n$中的指数 n，从第二项开始，a 在每项中的次数都比前一项少1，直到最后一项，a 的次数为 0;b 的次数正好相反,它在第一项中的次数为 0,从第二项开始,b 在每项中的次数都比前一项多 1,直到最后一项,b 的次数恰好等于 $(a+b)^n$ 中的指数 n. 也就是说,展开式中各项的次数都等于 $(a+b)^n$ 中的指数 n.

从展开式各项的系数看,我们不难发现它的对称性,即与两端“距离相等”的两项系数相等. 至于每一项的系数是如何确定的,我们还需要以 $(a+b)^4$ 为例看一下它的展开过程:我们知道,$(a+b)^4=(a+b)(a+b)(a+b)(a+b)$,当我们把它展开时,展开式的每一项,就是从四个括号中每个里任取一个字母的乘积,因而展开式应有下面形式的各项

$$a^4, a^3b, a^2b^2, ab^3, b^4.$$

运用组合的知识,就可以得出展开式各项的系数规律:

在四个括号中,都不取 b,共有 1 种,即 C_4^0 种,所以 a^4 的系数是 C_4^0;

在四个括号中,恰有 1 个取 b,共有 C_4^1 种,所以 a^3b 的系数是 C_4^1;

在四个括号中,恰有 2 个取 b,共有 C_4^2 种,所以 a^2b^2 的系数是 C_4^2;

在四个括号中,恰有 3 个取 b,共有 C_4^3 种,所以 ab^3 的系数是 C_4^3;

在四个括号中,4 个都取 b,共有 C_4^4 种,所以 b^4 的系数是 C_4^4.

因此,

$$\begin{aligned}(a+b)^4 &= C_4^0a^4+C_4^1a^3b+C_4^2a^2b^2+C_4^3ab^3+C_4^4b^4\\ &= a^4+4a^3b+6a^2b^2+4ab^3+b^4.\end{aligned}$$

根据以上分析,我们不难得到

$$\begin{aligned}(a+b)^5 &= C_5^0a^5+C_5^1a^4b+C_5^2a^3b^2+C_5^3a^2b^3+C_5^4ab^4+C_5^5b^5\\ &= a^5+5a^4b+10a^3b^2+10a^2b^3+5ab^4+b^5.\end{aligned}$$

试一试

请读者通过计算,验证一下这个结论.

一般地,有以下公式

$$(a+b)^n=C_n^0a^n+C_n^1a^{n-1}b+\cdots+C_n^ra^{n-r}b^r+\cdots+C_n^nb^n\ (n\in \mathbf{N}_+).$$

这个公式所表示的定理称做**二项式定理**,等号右边的多项式称做 $(a+b)^n$ 的**二项展开式**. 展开式中的 $C_n^ra^{n-r}b^r$ 称做二项展开式的**通项**. 用 T_{r+1} 表示,即通项为二项展开式的第 $r+1$ 项.

$$T_{r+1}=C_n^ra^{n-r}b^r\ (r=0,1,2,\cdots,n),$$

通项中的 C_n^r 称做这一项的**二项式系数**.

想一想

分别写出 $(b+a)^n$ 和 $(a-b)^n$ 的二项展开式的通项,并与 $(a+b)^n$ 的二项展开式的通项加以比较,看一看它们之间有什么不同,并在今后解题时加以注意.

遇到 n 是较小的正整数时，二项式系数，可以直接用下表计算：

$(a+b)^0$							1						
$(a+b)^1$						1		1					
$(a+b)^2$					1		2		1				
$(a+b)^3$				1		3		3		1			
$(a+b)^4$			1		4		6		4		1		
$(a+b)^5$		1		5		10		10		5		1	
$(a+b)^6$	1		6		15		20		15		6		1

表中每行两端都是 1，而且除 1 以外的每一个数都等于它肩上两个数的和．这个表称做**杨辉三角**．它首先记载于我国宋朝数学家杨辉 1261 年所著的《详解九章算法》一书．（在欧洲，人们认为这个表是法国数学家帕斯卡（1623—1662 年）首先发现的．他们把这个表称做帕斯卡三角）

练一练

写出下列每个二项式的展开式：

(1) $(1+x)^5$；

(2) $(1-x)^5$；

(3) $(1+x)^n$；

(4) $(1-x)^n$．

例 1　写出 $\left(1+\dfrac{1}{x}\right)^5$ 的展开式．

解　$$\left(1+\frac{1}{x}\right)^5=1+5\left(\frac{1}{x}\right)+10\left(\frac{1}{x}\right)^2+10\left(\frac{1}{x}\right)^3+5\left(\frac{1}{x}\right)^4+\left(\frac{1}{x}\right)^5$$
$$=1+\frac{5}{x}+\frac{10}{x^2}+\frac{10}{x^3}+\frac{5}{x^4}+\frac{1}{x^5}.$$

例 2　写出 $(2a-3b)^6$ 的展开式．

解　$(2a-3b)^6$

$$=C_6^0(2a)^6+C_6^1(2a)^5(-3b)+C_6^2(2a)^4(-3b)^2$$
$$+C_6^3(2a)^3(-3b)^3+C_6^4(2a)^2(-3b)^4+C_6^5(2a)(-3b)^5+C_6^6(-3b)^6$$
$$=64a^6-6\cdot 32a^5\cdot 3b+15\cdot 16a^4\cdot 9b^2-20\cdot 8a^3\cdot 27b^3$$
$$+15\cdot 4a^2\cdot 81b^4-6\cdot 2a\cdot 243b^5+729b^6$$
$$=64a^6-576a^5b+2\,160a^4b^2-4\,320a^3b^3+4\,860a^2b^4-2\,916ab^5+729b^6$$

说明　例 1 中展开式各项的二项式系数是利用书中所给的数表计算的，例 2 中展开式各项的二项式系数是利用二项式定理计算的．一般地，n 不大于 5 时可借助于数表,直接写出二项式系数. n 大于 5 时用二项式定理计算.

例 3 求 $(2a-b)^8$ 的展开式的第 6 项与第 6 项的二项式系数.

解 因为 $r+1=6$,

所以 $r=5$.

故 $T_6=T_{5+1}=C_8^5\ (2a)^{8-5}(-b)^5=-56\cdot 8a^3b^5=-448a^3b^5$.

其中,$C_8^5=56$,

所以第 6 项是 $-448a^3b^5$,第 6 项的二项式系数是 56.

说明 利用通项公式求展开式中的某一项时,关键是确定公式中所需要的 r,因为通项所给的是第 $r+1$ 项,而不是第 r 项;另外,二项展开式中某一项的二项式系数与这项的系数是两个不同的概念. 这个例题中,56 是第 6 项的二项式系数,而 -448 则是第 6 项的系数.

例 4 计算 $(1.004)^3$ 与 $(0.996)^3$ 的近似值.(精确到 0.001).

解 $(1.004)^3=(1+0.004)^3=1+3\times0.004+3\times(0.004)^2+\cdots$.

根据题中精确度的要求,从第 3 项起以后的各项都可以删去,所以

$$(1.004)^3\approx1+3\times0.004=1.012.$$

同理,

$$\begin{aligned}(0.996)^3&=(1-0.004)^3\\&=1-3\times0.004+3\times(0.004)^2-\cdots\\&\approx1-3\times0.004=0.988.\end{aligned}$$

练一练

完成下列近似计算(精确到 0.001):

(1) $(0.991)^5$; (2) $(1.009)^6$; (3) $(0.999)^4$;

(4) $(1.002)^5$; (5) $(0.999\,8)^8$; (6) $(1.003)^7$.

练 习

1. 写出 $(p+1)^7$ 的展开式.
2. 写出 $(1-m)^7$ 的展开式.
3. 求 $(x^3+2x)^7$ 的展开式的第 4 项,并写出该项的系数和二项式系数.
4. 计算 $(1.001)^7$ 的近似值(精确到 0.001).

11.2.2 二项式系数的性质

二项式 $(a+b)^n$ 的展开式各项的二项式系数恰好是一列组合数:

$$C_n^0, C_n^1, C_n^2, \cdots, C_n^{n-1}, C_n^n.$$

观察“杨辉三角”，我们不难发现二项式$(a+b)^n$展开式系数的性质：

(1)在二项展开式中，与首末两端“等距离”的两项的二项式系数相等．

事实上，由组合数的性质

$$C_n^m = C_n^{n-m},$$

分别取$m=0,1,2,\cdots,k,\cdots$，从而得

$$C_n^0 = C_n^n, C_n^1 = C_n^{n-1}, C_n^2 = C_n^{n-2}, \cdots, C_n^k = C_n^{n-k}, \cdots.$$

(2)如果二项式的幂指数是偶数，中间一项的二项式系数最大；如果二项式的幂指数是奇数，中间两项的二项式系数相等并且最大．

事实上，由于展开式各项的二项式系数顺次是

$$C_n^0 = 1, C_n^1 = n, C_n^2 = \frac{n(n-1)}{1 \cdot 2} \cdots.$$

$$C_n^k = \frac{n(n-1)(n-2)\cdots(n-k+1)}{1 \cdot 2 \cdot \cdots \cdot k}, \cdots, C_n^n = 1.$$

其中，后一个二项式系数的分子是前一个二项式系数的分子乘以逐次减少 1 的数(如$n, n-1, n-2, \cdots$)，分母是乘以逐次增大 1 的数(如 1,2,3,…)．因而，各项的二项式系数从开始起是逐渐增大，又因为与首末两端“等距离”的两项的二项式系数相等，所以二项式系数增大到某一项时就逐渐减少，且二项式系数最大的项必在中间．

当n是偶数时，展开式共有$n+1$项，而$n+1$是奇数，所以展开式有中间一项，并且这一项的二项式系数最大．

当n是奇数时，展开式共有$n+1$项，而$n+1$是偶数，所以展开式有中间两项，这两项的二项式系数相等并且最大．

(3) $(a+b)^n$的展开式中所有项的二项式系数之和等于2^n.

观察“杨辉三角”，我们得到

$$1+1=2;$$
$$1+2+1=4=2^2;$$
$$1+3+3+1=8=2^3;$$
$$1+4+6+4+1=16=2^4;$$
$$1+5+10+10+5+1=32=2^5;$$
$$1+6+15+20+15+6+1=64=2^6;$$

事实上，我们利用$(a+b)^n$的展开式

$$(a+b)^n = C_n^0 a^n + C_n^1 a^{n-1} b + \cdots + C_n^r a^{n-r} b^r + \cdots + C_n^n b^n.$$

令$a=b=1$，立刻得到

$$2^n = C_n^0 + C_n^1 + C_n^2 + \cdots + C_n^r + \cdots + C_n^n.$$

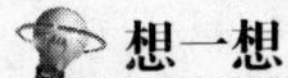

想一想

在$(a+b)^{11}$的展开式中,二项式系数最大的项是第几项?在$(a+b)^{20}$的展开式中,二项式系数最大的项是第几项?

例 1 证明在$(a+b)^n$的展开式中,奇数项的二项式系数的和等于偶数项的二项式系数的和.

证明 在展开式

$$(a+b)^n=C_n^0a^n+C_n^1a^{n-1}b+C_n^2a^{n-2}b^2+\cdots+C_n^nb^n$$

中,令$a=1,b=-1$,立刻得到

$$(1-1)^n=C_n^0-C_n^1+C_n^2-C_n^3+\cdots+(-1)^nC_n^n,$$

即
$$0=C_n^0-C_n^1+C_n^2-C_n^3+\cdots+(-1)^nC_n^n,$$

所以
$$C_n^0+C_n^2+C_n^4+\cdots=C_n^1+C_n^3+C_n^5\cdots.$$

这说明,在$(a+b)^n$的展开式中,奇数项的二项式系数的和等于偶数项的二项式系数的和.

例 2 若$(2-x)^8=a_0+a_1x+a_2x^2+\cdots+a_8x^8$,则$a_0+a_1+a_2+\cdots+a_8=$________.

解 在$(2-x)^8=a_0+a_1x+a_2x^2+\cdots+a_8x^8$中,令$x=$________①,得$a_0+a_1+a_2+\cdots+a_8=$________②.

答案 ①1;②1.

例 3 设$(1+x)^7=a_0+a_1x+a_2x^2+a_3x^3+\cdots+a_7x^7$,则$a_0+a_2+a_4+a_6=$________.

解 由$(a+b)^n$的展开式中,奇数项的二项式系数的和________①偶数项的二项式系数的和,所以$a_0+a_2+a_4+a_6=\frac{1}{2}\times$________②$=64$.

答案 ①等于;②$2^7$.

练一练

(1)填空题:

① $(x+y)^{10}$的二项展开式中的系数最大项为________;

② $(1+x)^{11}$的二项展开式中的系数最大项为________.

答案 (1)$T_6=252x^5y^5$;(2)T_6和T_7,其中$T_6=462x^5$,$T_7=462x^6$.

(2)若$(3x-1)^7=a_0+a_1x+a_2x^2+\cdots+a_7x^7$,求$a_0+a_1+a_2+\cdots+a_7$的值.

答案 2^7

(3)若$(a+b)^n$展开式中各项系数的和为128,求n的值.

答案 $n=7$.

练　习

1. 填空题:

(1) $(2a+b)^{10}$ 展开式中倒数第 3 项的二项式系数是________.

(2) 在 $(x-y)^{19}$ 的展开式中，二项式系数最大的项是第________项或第________.

(3) 在 $(1-x)^{100}$ 的展开式中，二项式系数最大的项是第________项.

(4) 在 $(\sqrt{a}+\sqrt{b})^9$ 的展开式中，所有的二项式系数之和等于________，其中，奇数项的二项式系数之和等于________，偶数项的二项式系数之和等于________.

2. 求 $(x-y)^{10}$ 的展开式中二项式系数最大的项.

3. (1) 求 $(1+x)^{11}$ 的展开式中的含 x 的奇次项系数的和；

(2) 求 $(1-x)^{11}$ 的展开式中的含 x 的奇次项系数的和.

习　题　11.2

A　组

1. 填空题:

(1) $(x+y)^3$ 的展开式为________.

(2) $(a-b)^4$ 的展开式为________.

(3) $(a+1)^5$ 的展开式的第 4 项是________.

(4) $(b-2)^6$ 的展开式的第 2 项是________，倒数第 2 项是________.

(5) $(2x+1)^7$ 的展开式的第 3 项的二项式系数是________，第 3 项的系数是________.

(6) $-C_{10}^3 \cdot 2^7 \cdot a^3$ 是 $(2-a)^{10}$ 展开式的第________项.

(7) $C_5^3\ (2x)^2 \cdot \left(-\frac{3}{2x^2}\right)^3$ 是 $\left(2x-\frac{3}{2x^2}\right)^5$ 展开式的第________项.

(8) $\left(x+\frac{1}{x}\right)^8$ 的展开式的中间项是________.

(9) $\left(x+\frac{1}{x}\right)^9$ 的展开式的中间项是________.

(10) $(x+3)^5$ 的展开式中所有项的二项式系数之和等于________.

2. 解答题:

(1) 已知 $\left(\sqrt[3]{x^2}+\frac{1}{x}\right)^n$ 展开式中第 3 项含有 x^2，求 n.

(2)已知$(1+a)^n$ 展开式中a^3 的系数等于a的系数的7倍,求n.

(3)求$\left(x^2+\dfrac{2}{\sqrt{x}}\right)^{10}$ 的展开式中,二项式系数最大的项.

(4)化简$(1+x)^5+(1-x)^5$.

(5)求$(0.999\ 2)^8$ 的近似值(精确到0.001).

B 组

1. 二项式$\left(x^3+\dfrac{1}{x^4}\right)^n$ 的展开式中,第2,3,4项的二项式系数成等差数列,求n.

2. 在$(1-2x)^5$ 的展开式中,第2项小于第1项且不小于第3项,求实数x的取值范围.

3. 已知$(1+x)^n$ 的展开式中,第4项与第8项的二项式系数相等,求这两项的二项式系数.

4. 如果$(1-2x)^7=a_0+a_1x+a_2x^2+\cdots+a_7x^7$,求$a_1+a_2+\cdots+a_7$ 的值.

5. 已知$\left(\sqrt{x}+\dfrac{1}{\sqrt[3]{x}}\right)^n$ 展开式中偶数项二项式系数和比$(a+b)^{2n}$展开式中奇数项的二项式系数和小于120,求第一个展开式的第3项.

11.3 概　　率

本节重点知识:

1. 两个概念　　概率、随机变量.

2. 两个概型.

(1)古典概率　　$P(A)=\dfrac{m}{n}$

(2)独立重复试验　　$P_n(k)=C_n^k p^k\ (1-p)^{n-k}$

3. 三个性质.

(1)对任何事件A　　$0\leqslant P(A)\leqslant 1$

(2)对必然事件U　　$P(U)=1$

(3)对不可能事件V　　$P(V)=0$

4. 四个公式.

(1)A,B互不相容　　$P(A+B)=P(A)+P(B)$

(2)对任何事件A　　$P(A)+P(\overline{A})=1$

(3)A,B相互独立　　$P(A\cdot B)=P(A)\cdot P(B)$

(4)超几何分布　　$P(\xi=k)=\frac{C_M^k C_{N-M}^{n-k}}{C_N^n}$

11.3.1　随机现象,概率的统计定义

引例　考察下面一些现象:

(1)抛一石块,下落;

(2)掷一颗骰子,掷得 7 点;

(3)篮球运动员投篮,不中;

(4)购买一张彩票,中头等奖;

(5)从一批产品中,任意抽取一件检测,恰好是次品.

哪些是在一定条件下必然会发生或必然不会发生的现象?哪些是在一定条件下可能发生,也可能不发生的现象?

分析　这些现象中(1),(2)是在一定条件下必然会发生或必然不会发生的现象,称做**确定性现象**;(3),(4),(5)是在一定条件下可能发生,也可能不发生的现象,称做**随机现象**.

随机现象在现实世界中广泛存在,在大量同类随机现象中,就其个别随机现象来说,它的结果是不确定的,但大量同类随机现象往往呈现一定的规律性,这种规律性称做**统计规律性**.概率论就是研究随机现象的这种规律性的.

对随机现象规律性的研究,通过随机试验进行.在一定条件下,投篮、掷骰子、抽检产品等,都是随机试验.我们把随机试验的结果,称为**随机事件**,事件用大写字母 $A,B,C,\cdots$ 表示.

为了研究随机现象的统计规律性,看下面的例子:

(1)为了检验一批灯泡的质量,我们先后抽取了 7 批产品,数量分别为 10,60,150,600,900,1200,1800,情况如表 11-5 所示.

表　11-5

抽取件数 n	10	60	150	600	900	1200	1800
合格品数 m	9	50	114	518	775	1022	1531
$\frac{m}{n}$	0.9	0.833	0.826	0.863	0.861	0.852	0.851

我们看到,尽管每次抽检的数量各不相同,但计算所得的比值 $\frac{m}{n}$,却体现了一定的规律性,即它总在 0.85 上下摆动.

(2)历史上,为了研究抛掷一枚均匀硬币时其正面向上的可能性的大小,一些数学家进行过大量试验.比较著名的几个试验结果如表 11-6 所示.

表 11-6

试验者	蒲丰	皮尔逊	皮尔逊	维尼
投掷次数 n	4 040	12 000	24 000	30 000
出现正面次数 m	2 048	6 019	12 011	14 994
$\frac{m}{n}$	0.506 9	0.501 6	0.500 5	0.499 9

我们看到,尽管每轮试验次数各不相同,但计算所得的比值$\frac{m}{n}$,却体现了一定的规律性,即它总在 0.5 上下摆动.

一般地,我们把事件 A 发生的次数与试验次数的比值$\frac{m}{n}$,称做事件 A 发生的**频率**(其中 m 称做事件 A 发生的**频数**),记做

$$P(A)=\frac{m}{n}.$$

显然,$0\leqslant P(A)\leqslant 1$.

随机事件的频率是每轮试验的具体结果,随试验次数的不同而不同.

通过前面的例子,我们看到,随机事件发生的频率具有稳定性.

检测灯泡时,合格品每次出现的频率$\frac{m}{n}$总是接近于 0.85,并在它附近摆动;投掷硬币时,正面出现的频率$\frac{m}{n}$总是接近于 0.5,并在它附近摆动.

一般地,在大量重复进行同一试验时,事件 A 发生的频率$\frac{m}{n}$总是接近于某个常数,并在它附近摆动,我们称这个常数为事件 A 的**概率**.

根据概率的这个统计定义,我们可以通过大量的重复试验,用一个事件发生的频率近似地作为它的概率.

例 某射手在同一条件下进行射击,结果如表 11-7 所示.

表 11-7

射击次数 n	10	20	50	100	200	500
击中靶心次数 m	8	19	44	92	178	455
$P(A)=\frac{m}{n}$						

(1)计算表中击中靶心的各个频率;

(2)这名射手射击一次,击中靶心的概率约是多少?

解 (1)利用 $P(A)=\frac{m}{n}$计算,结果如下:

0.8，0.95，0.88，0.92，0.89，0.91.

(2)概率约为 0.9.

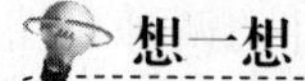

想一想

随机事件发生的频率与概率有什么不同？又有什么联系？

练　习

1. 在相同的条件下对某种油菜籽进行发芽试验，共抽取 310 粒油菜籽，结果有 282 粒发芽．记“油菜籽发芽”为事件 A，求事件 A 发生的频率．

2. 在相同的条件下对棉花种子的发芽情况进行试验，结果如表 11-8 所示．

表　11-8

试验种子数 n	50	150	250	350	450	550
发芽种子数 m	31	85	152	201	269	335
$P(A)=\frac{m}{n}$						

(1)计算表中种子发芽的概率；

(2)棉花种子发芽的概率约是多少？

3. 自己设计一个简单易行的实验，以观察随机事件发生频率的稳定性．

11.3.2　必然事件和不可能事件

引例　观察下面的试验，哪些事件在一定条件下必然发生，哪些不可能发生？

(1)在“掷一枚均匀硬币”的试验中，“正面向上或反面向上”；

(2)在“掷一枚骰子”的试验中，“掷得的点数小于 7”；

(3)在“掷一枚均匀硬币”的试验中，“正面和反面都不向上”；

(4)在“掷一枚骰子”的试验中，“掷得 10 点”.

(1)、(2)这两个事件必然发生，称为**必然事件**．这两个事件之所以是必然事件，是因为它们包括了它们所在试验中的所有可能的结果．

(3)、(4) 这两个事件不可能发生，称为**不可能事件**．这两个事件之所以是不可能事件，是因为它们使所在的试验中全部结果都没出现，这是不可能的．

在一定条件下必然发生的事件，称为**必然事件**．在一定条件下不可能发生的事件，称为**不可能事件**．

显然，必然事件和不可能事件实质上都是确定性现象的表现，但它们又和随机现象有着密切关系．即一个事件包括了随机试验的各种可能结果时，它就是一个必然事件;一个事件没有包括随机试验的任何一种结果时,它就是一个不可能事件.

因此,为了便于讨论,通常把必然事件和不可能事件当做随机事件的两种极端情况来看待.

练一练

指出下列事件当中的必然事件、不可能事件和随机事件.

在100件产品中有3件次品,现从中抽取5件进行检测.在抽检的结果中:

(1)恰有3件次品; (2)5件全是次品;

(3)没有次品; (4)1件正品,4件次品;

(5)最多有3件次品; (6)至少有2件正品.

答案 (5),(6)是必然事件;(2),(4)是不可能事件;(1),(3)是随机事件.

11.3.3 基本事件和离散样本空间

引例 我们把随机试验的结果称为随机事件.在随机试验"掷一枚骰子"中观察它的结果,哪些随机事件可以分解为更小的随机事件,哪些随机事件不能分解为更小的随机事件?

(1)出现1点;

(2)出现3点;

(3)出现5点;

(4)出现偶数点;

(5)出现奇数点;

(6)出现大于4的点.

分析 事件(4),(5),(6)都可以分解为更小的随机事件:如事件(4)可以分解为"出现2点""出现4点""出现6点"三个事件;事件(5)可以分解为"出现1点""出现3点""出现5点"三个事件;事件(6)可以分解为"出现5点""出现6点"两个事件.而事件(1),(2),(3)却不能再加以分解.

我们把不能再分解为更简单事件的事件称做**基本事件**(或**样本点**).

在篮球运动员投篮的随机试验中,基本事件有"投中"与"不中"两个.

在掷一枚均匀硬币的随机试验中,基本事件有"正面向上"与"反面向上"两个.

在从一批产品中,任意抽取4件进行检验的随机试验中,如不考虑次品出现的顺序,其基本事件有"恰有0件次品""恰有1件次品""恰有2件次品""恰有3件次品""恰有4件次品"五个.

练一练

我们观察随机试验“连续掷两枚均匀硬币”，写出它的所有可能出现的基本事件.

答案　4 个. 即 A_1：两枚都正面向上；A_2：第一枚正面向上，第二枚反面向上；A_3：第一枚反面向上，第二枚正面向上；A_4：两枚都反面向上.

一个随机试验中所有的基本事件的集合，称为基本事件空间，也称为**离散样本空间**.

显然，在一个随机试验中，基本事件空间是一个集合，所有的基本事件是它的元素.

随机试验中出现的其他随机事件，一般是由若干个基本事件组合而成. 可看做是基本事件空间的子集.

例如，在从一批产品中任意抽取 4 件进行检验的随机试验中，“次品数不超过 2”的事件即由“恰有 0 件次品”“恰有 1 件次品”“恰有 2 件次品”三个基本事件组合而成.

练　习

1. 抛掷三枚均匀硬币，观察是正面向上，还是反面向上.

(1)求这个随机试验中基本事件的个数；

(2)列出所有的基本事件；

(3)“一枚正面向上，两枚反面向上”这一随机事件，由哪几个基本事件组成?

2. 从 1,2,3 三个数字中无放回地抽取两次，每次取一个，用(x,y)表示“第一次取到数字 x，第二次取到数字 y”这一事件.

(1)求这个随机试验中基本事件的个数；

(2)列出所有的基本事件；

(3)“第一次取出的数字是 3”这一随机事件，由哪几个基本事件组成?

11.3.4　古典概率

引例　考察下面几个随机试验，基本事件是否为有限个，每个基本事件出现的机会是否相等?

(1)掷一枚均匀硬币；

(2)有 10 个型号相同的杯子，其中一等品 6 个，二等品 3 个，三等品 1 个，从中任取 1 个；

(3)从 1,2,3 这三个数字中，取出两个组成没有重复数字的两位数.

分析　(1)的结果只有两种可能，即“正面向上”和“反面向上”，而这两种结果

出现的可能性是相等的;

(2)共有10种不同的结果,而每个杯子被取到的可能性是相等的;

(3)的结果只有6种可能,即12,13,21,23,31,32,这6种结果出现的可能性是相等的.从上面的例子可以看到,这类随机试验具有下述两个特征:

(1)有限性:只有有限个不同的基本事件;

(2)等可能性:每个基本事件出现的机会是等可能的.

我们称这类试验为**古典型的随机试验**.

古典概率的定义 在古典型的随机试验中,如果基本事件的总数为n,而事件A包含m个基本事件,则称$\frac{m}{n}$为事件A发生的概率,记做

$$P(A)=\frac{m}{n}(m\leqslant n)$$

概率客观地反映了随机事件发生的可能性的大小.

例1 先后抛掷两枚均匀的硬币,计算:

(1)两枚都出现正面的概率;

(2)一枚出现正面、一枚出现反面的概率.

分析 抛掷一枚硬币,可能出现正面或反面这两种结果,因而先后抛掷两枚硬币可能出现的结果数,可以根据分步计数原理得出.由于硬币是均匀的,所有结果出现的可能性都相等.又在所有等可能的结果中,两枚都出现正面这一事件包含的结果数是可以知道的,从而可以求出这个事件的概率.同样,一枚出现正面、一枚出现反面这一事件包含的结果数也是可以知道的,从而也可求出这个事件的概率.

解 由分步计数原理,先后抛掷两枚硬币可能出现的结果共有$2\times2=4$(种)且这4种结果出现的可能性都相等,分别是

正正　正反　反正　反反

(1)记“抛掷两枚硬币,都出现正面”为事件A,那么在上面4种结果中,事件A包含的结果有1种,因此$P(A)=\frac{1}{4}$.

答:两枚都出现正面的概率是$\frac{1}{4}$.

(2)记“抛掷两枚硬币,一枚出现正面、一枚出现反面”为事件B,那么事件B包含的结果有2种.因此

$$P(B)=\frac{2}{4}=\frac{1}{2}.$$

答:一枚出现正面、一枚出现反面的概率是$\frac{1}{2}$.

想一想

如果说，先后抛掷两枚硬币，共出现“两正”“两反”“一反一正”等 3 种结果，因此上面例题中两问结果都应该是$\frac{1}{3}$，而不是$\frac{1}{4}$和$\frac{1}{2}$，这种说法错在哪里？

例 2　盒中装有 3 个外形相同的球，其中白球 2 个，黑球 1 个，从盒中随机抽取 2 个球，就下列三种不同的抽法，分别计算其中一个是白球、一个是黑球的概率：

(1)一次从盒中抽取 2 个球；

(2)从盒中每次抽取 1 个球，抽后不放回，连续抽 2 次；

(3)从盒中每次抽取 1 个球，抽后放回去，连续抽 2 次．

解　我们将球编号：白球—1，白球—2，黑球—3，并记“随机抽取 2 个球，其中一个是白球、一个是黑球”为事件 A.

(1)试验中所有的基本事件是(1, 2)，(1,3)，(2,3)(这里 $n=3$).
显然它们的发生是等可能的．

事件 A 包含的基本事件是(1,3)，(2,3)(这里 $m=2$).

故 $P(A)=\frac{2}{3}$.

(2)试验中所有的基本事件是(1, 2)，(1,3)，(2, 1)，(2,3)，(3,1)，(3,2)(这里 $n=6$).

显然它们的发生是等可能的．

事件 A 包含的基本事件是(1,3)，(2,3)，(3,1)，(3,2)(这里 $m=4$).

故 $P(A)=\frac{4}{6}=\frac{2}{3}$.

(3)试验中所有的基本事件是(1,1)，(1, 2)，(1,3)，(2,1)，(2, 2)，(2, 3)，(3, 1)，(3,2)，(3, 3) (这里 $n=9$).

显然它们的发生是等可能的．

事件 A 包含的基本事件是(1,3)，(2,3)，(3,1)，(3,2) (这里 $m=4$).

故 $P(A)=\frac{4}{9}$.

以上两个例题，我们都是采用列举基本事件的方法来确定 n 和 m 的，这种方法直观、清楚，但比较烦琐．在很多题目中，由于基本事件的总数较大，这种方法往往行不通．因此，我们需要借助于排列、组合的计算来求解古典概率问题．

例 3　在 100 件产品中，有 96 件合格品，4 件次品，从中任取 2 件，计算：

(1)2 件都是合格品的概率；

(2)1 件是合格品、1 件是次品的概率．

分析　从 100 件产品中任取 2 件可能出现的结果数，就是从 100 个元素中任取 2 个的组合数．由于是任意抽取，这些结果出现的可能性都相等．又由于在所有产品中有 96 件合格品，4 件次品．取到 2 件合格品的结果数就是从 96 个元素中任取 2 个的组合数；取到 1 件合格品、1 件次品的结果数，就是从 96 个元素中任取 1 个的组合数与从 4 个元素中任取 1 个的组合数的乘积．从而可以分别得到所求各事件的概率．

解　(1)从 100 件产品中任取 2 件，可能出现的结果共有 C_{100}^2 种，且这些结果出现的可能性都相等．又在 C_{100}^2 种结果中，取到 2 件合格品的结果有 C_{96}^2 种，记“任取 2 件，都是合格品”为事件 A. 则 $P(A)=\dfrac{C_{96}^2}{C_{100}^2}=\dfrac{152}{165}$.

答：2 件都是合格品的概率为 $\dfrac{152}{165}$.

(2)记“任取 2 件，1 件是合格品、1 件是次品”为事件 B. 由于在 C_{100}^2 种结果中，取到 1 件合格品、1 件次品的结果有 $C_{96}^1 \cdot C_4^1$ 种，故

$$P(B)=\frac{C_{96}^1 \cdot C_4^1}{C_{100}^2}=\frac{64}{825}.$$

答：1 件是合格品，1 件是次品的概率为 $\dfrac{64}{825}$.

练一练

将上例中“任取 2 件都是次品”和“任取 2 件不都是次品”这两个事件的概率分别计算出来，并且观察这两个事件概率之和是多少．

例 4　从 A,B,C,D 四人中选两名代表，求出 A 被选中的概率．

解　从 4 个元素中选出 2 个元素的组合，即为所有基本事件．所以本题的基本事件有 $C_4^2=6$ 种，它们是________①.

选出的 2 人中有 A 的选法，即在 B,C,D 选出 1 人的方法，所以 A 被选中的方法有________②=________③种．

所以 A 被选中的概率为________④=________⑤=________⑥.

答案　①AB,AC,AD,BC,BD,CD；②C_3^1；③3；④$\dfrac{C_3^1}{C_4^2}$；⑤$\dfrac{3}{6}$；⑥$\dfrac{1}{2}$.

练　习

1. 在小于 20 的正整数中，任意抽取 1 个数，抽到偶数的概率是多少？

2. 一个均匀材料制做的正方体，各个面上分别标以数 1，2，3，4，5，6.

(1) 抛掷一次时，朝上的一面出现每个数字的可能性是________的，其可能出

现的结果共有 $n=$________种．其中朝上的一面出现奇数的结果共有 $m=$________种．记"抛掷一次，奇数朝上"为事件 A,则 $P(A)=$________．

(2)抛掷两次时,第一次朝上的一面出现每个数字的可能性有________种,第二次朝上的一面出现每个数字的可能性有________种．根据分步计数原理,两次朝上的一面所出现的结果共有 $n=$________种．其中两次朝上的一面出现的数字之和为 7 的情况有________等,即共有 $m=$________种．记"抛掷两次，朝上的一面数字之和为 7"为事件 B,则 $P(B)=$________．

3. 有 10 件产品,其中有 2 件次品,现无放回地抽取 3 件,求:

(1)这三件产品全是正品的概率;

(2)这三件产品恰有一件次品的概率;

(3)这三件产品至少有一件次品的概率．

4. 题组训练:

用 1,2,3,4,5 可以组成没有重复数字的:

(1) 两位数,其中奇数的概率为________;

(2) 三位数,其中奇数的概率为________;

(3) 四位数,其中奇数的概率为________;

(4) 五位数,其中奇数的概率为________．

11.3.5　概率的性质

根据古典概率的定义

$$P(A)=\frac{m}{n}\quad(m\leqslant n)$$

我们不难得到古典概率的性质:

性质 1　对任何事件 A, $0\leqslant P(A)\leqslant 1$;

性质 2　对必然事件 U, $P(U)=1$;

性质 3　对不可能事件 V, $P(V)=0$.

例　同时抛掷两枚骰子,求

(1)"两枚骰子出现的点数之和等于 5"的概率;

(2)"两枚骰子出现的点数之和小于 13"的概率;

(3)"两枚骰子出现的点数之和等于 13"的概率．

解　先写出样本空间中所有的基本事件:

$$\begin{aligned}&(1,1),(1,2),(1,3),\underline{(1,4)},(1,5),(1,6),\\&(2,1),(2,2),\underline{(2,3)},(2,4),(2,5),(2,6),\\&(3,1),\underline{(3,2)},(3,3),(3,4),(3,5),(3,6),\\&\underline{(4,1)},(4,2),(4,3),(4,4),(4,5),(4,6),\end{aligned}$$

(5,1),(5,2),(5,3),(5,4),(5,5),(5,6),

(6,1),(6,2),(6,3),(6,4),(6,5),(6,6).

其中(2,3)表示第一枚骰子出现2点,第二枚骰子出现3点.依此类推,其中画线的样本点表示两枚骰子出现的点数之和为5的样本点.显然这个问题属于古典概率.

(1)设"两枚骰子出现的点数之和等于5"为事件A,则$n=36,m=4$,

所以 $P(A)=\frac{m}{n}=\frac{4}{36}=\frac{1}{9}$,

(2)设"两枚骰子出现的点数之和小于13"为事件B,则$n=36,m=36$.

所以$P(B)=\frac{36}{36}=1$.

(3)设"两枚骰子出现的点数之和等于13"为事件C,则$n=36,m=0$,

所以$P(C)=\frac{0}{36}=0$.

可以看出,在"同时抛掷两枚骰子"这个随机试验中,事件A是一个随机事件,它所包含的基本事件的个数不会超过36.故此有$0\leqslant P(A)\leqslant 1$.

而事件B中包含了这个随机试验中的全部基本事件,所以它的发生是必然事件,故此,有$P(B)=1$.

事件C中没有包含这个随机试验中的任何基本事件,所以事件C的发生是不可能事件,故此,有$P(C)=0$.

古典概率的这些性质,也同样适用于其他概率.

练　习

从5名男生2名女生中任选3人外出开会,求下列事件的概率:

(1) A_3="选出的3人都是男生";

(2) A_2="选出的3人中恰有2名男生";

(3) A_1="选出的3人中恰有1名男生";

(4) A_0="选出的3人中没有男生";

(5) B="选出的3人中至少有1名男生".

11.3.6　互不相容的概率的加法公式

引例　在100个杯子中,有86个一等品,9个二等品,5个三等品.现从中任取1个,取出一等品为事件A,取出二等品为事件B,取出三等品为事件C.求:

(1)事件 A 与事件 B 能否同时发生；

(2)事件 B 与事件 C 能否同时发生；

(3)事件 A 与事件 C 能否同时发生．

分析　(1)如果取出的杯子是一等品，则它应不会是二等品，即如果事件 A 发生，那么事件 B 就不发生；如果取出的是二等品，即事件 B 发生，那么事件 A 就不发生，也就是说，事件 A,B 不可能同时发生．同理(2)、(3)也可以得到相似的结论．

像这样在一次随机试验中，不可能同时发生的两个事件称做**互斥事件**（也称做**互不相容事件**)．事件 A,B 是互斥事件，同理，事件 B,C 是互斥事件，事件 A,C 也是互斥事件．这时 我们说事件 A,B,C 彼此互斥．一般地，如果事件 $A_1,A_2,\cdots,A_n$ 中任意两个都是互斥事件，那么就说事件 $A_1,A_2,\cdots,A_n$ 彼此互斥．

想一想

如果从 1,2,3,4 四个数中任取一个数，取到偶数为事件 A，取到奇数为事件 B，取到质数为事件 C，那么事件 A 与 B 是互斥事件吗？事件 A 与 C 是互斥事件吗？为什么？

请你举出一个互斥事件的例子，再举出一个不是互斥事件的例子．

再回到本节引例中．因为从 100 个杯子中任取 1 个，所以共有 100 种等可能的取法，其中得到一等品、二等品、三等品的取法分别有 86 种，9 种，5 种，因此，

$$P(A)=\frac{86}{100},P(B)=\frac{9}{100},P(C)=\frac{5}{100}.$$

现在问："从 100 个杯子中，任取 1 个，取出一等品或二等品"这一事件的概率是多少？我们把这一事件记做"$A+B$"，因为不论取出一等品还是二等品，都表示这个事件发生，而得到一等品或二等品的取法共有$(86+9)$种，所以取出一等品或二等品的概率是

$$P(A+B)=\frac{86+9}{100}.$$

由 $\frac{86+9}{100}=\frac{86}{100}+\frac{9}{100}$，我们可以看出在这个例子中，有

$$P(A+B)=P(A)+P(B).$$

事实上，如果事件 A,B 互斥，那么事件"$A+B$"发生(即 A,B 中至少有一个发生)的概率，等于事件 A,B 分别发生的概率的和．即

$$P(A+B)=P(A)+P(B).$$

我们称这个公式为互斥的概率的**加法公式**．

一般地，如果 n 个事件 $A_1,A_2,\cdots,A_n$ 彼此互斥，那么事件"$A_1,A_2,\cdots,A_n$"发 生(即 $A_1,A_2,\cdots,A_n$ 中至少有一个发生)的概率，等于这 n 个事件分别发生的概率的和．即

$$P(A_1+A_2+\cdots+A_n)=P(A_1)+P(A_2)+\cdots+P(A_n).$$

例 1 在 20 件产品中,有 15 件正品,5 件次品,从中任取 3 件,求:

(1)其中至少有 1 件次品的概率;

(2)其中没有次品的概率.

解 (1)从 20 件产品中任取 3 件,记其中"恰有 1 件次品"为事件 A_1,"恰有 2 件次品"为事件 A_2,"3 件全是次品"为事件 A_3,这样,事件 A_1,A_2,A_3 的概率分别是

$$P(A_1)=\frac{C_5^1\cdot C_{15}^2}{C_{20}^3}=\frac{105}{228}=0.460\ 5;$$

$$P(A_2)=\frac{C_5^2\cdot C_{15}^1}{C_{20}^3}=\frac{30}{228}=0.131\ 6;$$

$$P(A_3)=\frac{C_5^3}{C_{20}^3}=\frac{2}{228}=0.008\ 8.$$

根据题意,事件 A_1,A_2,A_3 彼此互斥,于是 3 件产品中至少有 1 件次品的概率是

$P(A_1+A_2+A_3)=P(A_1)+P(A_2)+P(A_3)=0.460\ 5+0.131\ 6+0.008\ 8=0.600\ 9$.

其中至少有 1 件为次品的概率是 0.600 9.

(2)记其中没有次品为事件 A_0,则

$$P(A_0)=\frac{C_{15}^3}{C_{20}^3}=\frac{91}{228}=0.399\ 1.$$

其中没有次品的概率是 0.399 1.

在例 1 中,从 20 件产品中任取 3 件,或者至少有一件次品,或者没有次品,这两个互斥事件必有一个发生.我们把其中必有一个发生的两个互斥事件称做**对立事件**.通过例 1,我们看到两个对立事件的概率相加恰好等于 1,即

$$0.600\ 9+0.399\ 1=1.$$

对于事件 A,我们通常把它的对立事件记做 $\overline{A}$,于是,我们得到

$$P(A)+P(\overline{A})=1.$$

在实际解题时,我们经常把这个公式写成另一种形式

$$P(\overline{A})=1-P(A).$$

想一想

对立事件与互斥事件有什么关系?

例 2 袋中有 20 个球,其中有 17 个红球和 3 个黄球,从中任取 3 个,求至少有 1 个黄球的概率.

解 记"至少有一个黄球"为事件 A,"恰有 1 个黄球"为事件 A_1,"恰有 2 个黄

球”为事件 A_2，“3 个全是黄球”为事件 A_3，其中“没有黄球”为事件 A_0.

方法 1（利用古典概率定义）

$$P(A)=\frac{C_3^1C_{17}^2+C_3^2C_{17}^1+C_3^3}{C_{20}^3}=\frac{23}{57}=0.403\ 5.$$

方法 2（利用互斥概率的加法）

因为事件 A_1，A_2，A_3 彼此互斥，

所以 $P(A)=P(A_1+A_2+A_3)=P(A_1)+P(A_2)+P(A_3)$

$$=\frac{C_3^1C_{17}^2}{C_{20}^3}+\frac{C_3^2C_{17}^1}{C_{20}^3}+\frac{C_3^3}{C_{20}^3}=\frac{23}{57}=0.403\ 5.$$

方法 3（利用对立事件的概率关系）

因为 A 的对立事件 $\bar{A}$ 是“其中没有黄球”，即 $\bar{A}=A_0$，

故 $P(A)=1-P(A_0)=1-\frac{C_{17}^3}{C_{20}^3}=\frac{23}{57}=0.403\ 5.$

通过这道例题可以看出：当直接计算某事件的概率比较复杂时，可转而计算它的对立事件的概率，然后使用减法求解.

练一练

模仿例 2，同样用三种不同方法解下题：

某科室共有 10 人，其中有 8 名男同志，2 名女同志，现需要从中选出 3 名人员出国考察，求其中至少有 1 名女同志的概率.

解　记“至少有 1 名女同志”为事件 A，“恰有 1 名女同志”为事件 A_1，“恰有 2 名女同志”为事件 A_2，其中“没有女同志”为事件 A_0.

方法 1（利用古典概率定义）

$P(A)=$________.

方法 2（利用互斥概率的加法）

因为事件 A_1，A_2 ________，

所以 $P(A)=P(A_1+A_2)=$________$=$________.

方法 3（利用对立事件的概率关系）

因为 A 的对立事件 $\bar{A}$ 是________，

即 $\bar{A}=$________，

所以 $P(A)=$________$=$________.

答案：　$P(A)=0.533\ 3.$

练　习

1. 判断下列每对事件是否为互斥事件,如果是,再判断它们是不是对立事件:从一堆产品(其中正品与次品都多于 2 个)中任取 2 件,其中

(1)恰有 1 件次品和恰有 2 件次品;

(2)至少有 1 件次品和全是正品;

(3)至少有 1 件正品和至少有 1 件次品.

2. 某地区的年降水量在各个范围内的概率如表 11-9 所示.

表　11-9

年降水量(mm)	100～150	150～200	200～250	250～300
概率	0.11	0.25	0.16	0.14

计算年降水量在 100 ～200mm 范围内的概率与在 150 ～300mm 范围内的概率.

3. 圆形靶由一个圆和两个环形组成,如图 11-5 所示,在一次射击中,命中 Ⅰ,Ⅱ和Ⅲ部分的概率依次是 0.17,0.15 和 0.23. 求没有命中靶子的概率.

4. 加工某产品需要经过两道工序,如果这两道工序都合格的概率为 0.94,求至少有一道工序不合格的概率.

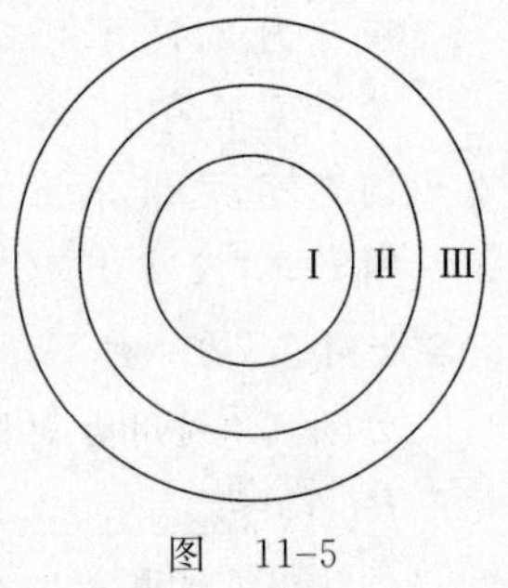

图　11-5

11.3.7　互相独立的概率的乘法公式

引例　两个口袋中各装有 10 件产品,其中甲袋中有 3 件次品、7 件正品,乙袋中有 2 件次品、8 件正品. 现从这两个口袋中各取一件产品,它们都是次品的概率是多少?

分析　我们把“从甲袋中取出 1 件产品,得到次品”记做事件 A,把“从乙袋中取出 1 件产品,得到次品”记做事件 B. 显然,从一个口袋中取出的是正品还是次品,对从另一个口袋中取出次品的概率并没有影响. 就是说,事件 A 是否发生对事件 B 发生的概率没有影响. 同样,事件 B 是否发生对事件 A 发生的概率也没有影响.

我们称事件 A 与 B 是两个**相互独立事件**.

在上面的问题中,事件 $\bar{A}$ 是指“从甲袋中取出 1 件产品,得到正品”,事件 $\bar{B}$ 是指“从乙袋中取出 1 件产品,得到正品”. 显然,事件 A 与 $\bar{B}$,$\bar{A}$ 与 B,$\bar{A}$ 与 $\bar{B}$ 也都是

相互独立事件．

一般地，如果事件 A 与 B 相互独立，那么 A 与 $\bar{B}$，$\bar{A}$ 与 B，$\bar{A}$ 与 $\bar{B}$ 也相互独立．

两个事件是否相互独立，在实际问题中，大多要依靠实践经验进行判断．

"从两个口袋中分别取出 1 件产品，都是次品"是一个事件，它的发生，就是事件 A 与 B 同时发生，我们将它记做"$A \cdot B$"因此，这个问题就是要求相互独立事件 A 与 B 同时发生的概率 $P(A \cdot B)$.

从甲袋中取出 1 件产品，有 10 种等可能的结果；从乙袋中取出 1 件产品，也有 10 种等可能的结果．于是，从两个口袋中分别取 1 件产品，根据分步计数原理，共有 10×10 种等可能的结果，其中同时取得次品的结果有 3×2 种．因此，从两个口袋中分别取出 1 件产品，都是次品的概率

$$P(A \cdot B)=\frac{3\times2}{10\times10}=\frac{3}{10}\times\frac{2}{10}.$$

另一方面，从甲袋中取出 1 件产品，得到次品的概率 $P(A)=\frac{3}{10}$，从乙袋中取出 1 件产品，得到次品的概率 $P(B)=\frac{2}{10}$.

在这个例题中，我们不难发现

$$\frac{3\times2}{10\times10}=\frac{3}{10}\times\frac{2}{10},$$

即

$$P(A \cdot B)=P(A)\cdot P(B).$$

一般地，我们有互相独立的概率乘法公式

$$P(A \cdot B)=P(A)\cdot P(B)$$

就是说，两个相互独立事件同时发生的概率，等于每个事件发生的概率的乘积．

一般地，如果事件 $A_1,A_2,\cdots,A_n$ 相互独立，那么这 n 个件同时发生的概率，等于每个事件发生的概率的乘积，即

$$P(A_1\cdot A_2\cdot\cdots\cdot A_n)=P(A_1)\cdot P(A_2)\cdot\cdots\cdot P(A_n)$$

例 1　甲、乙二人各进行一次射击，如果甲击中目标的概率是 0.6，乙击中目标的概率是 0.7，计算：

(1)二人都击中目标的概率；

(2)其中恰有一人击中目标的概率；

(3)二人都未击中目标的概率．

分析甲、乙二人各射击一次，他们当中不管谁击中与否，对另一人击中目标概率都没有影响．因此，可以断定"甲射击一次，击中目标"与"乙射击一次，击中目标"是两个相互独立事件，可以求出它们同时发生的概率．同理，可以分别求出，甲击中与乙未击中，甲未击中与乙击中，甲未击中与乙未击中同时发生的概率，从而

可以求出题中各个事件的概率.

解 (1)记“甲射击一次,击中目标”为事件 A,“乙射击一次,击中目标”为事件 B,由题意可知,事件 A 与 B 相互独立,则“二人各射击一次,都击中目标”为事件 $A\cdot B$,所以

$$P(A\cdot B)=P(A)\cdot P(B)=0.6\times 0.7=0.42.$$

答:二人都击中目标的概率为 0.42.

(2)“二人各射击一次,恰有一人击中目标”这个事件包含两种情况:一种是甲击中,乙未击中(即事件 $A\cdot\overline{B}$ 发生);另一种是甲未击中,乙击中(即事件 $\overline{A}\cdot B$ 发生). 根据题意,这两种情况在各射击一次时不可能同时发生,即事件 $A\cdot\overline{B}$ 与 $\overline{A}\cdot B$互斥,所以

$$\begin{aligned}&P(A\cdot\overline{B}+\overline{A}\cdot B)\\=&P(A\cdot\overline{B})+P(\overline{A}\cdot B)\\=&P(A)\cdot P(\overline{B})+P(\overline{A})\cdot P(B)\\=&0.6\times(1-0.7)+(1-0.6)\times 0.7\\=&0.18+0.28=0.46.\end{aligned}$$

答:其中恰有一人击中目标的概率是 0.46.

(3)显然“甲射击一次,未击中目标”为事件 $\overline{A}$,“乙射击一次,未击中目标”为事件 $\overline{B}$,于是,二人都未击中目标的概率就是两个相互独立的事件 $\overline{A}$ 与 $\overline{B}$ 互同时发生的概率,所以

$$P(\overline{A}\cdot\overline{B})=P(\overline{A})\cdot P(\overline{B})=(1-0.6)\times(1-0.7)=0.12.$$

答:二人都未击中目标的概率为 0.12.

例 2 加工某种零件共需经过三道工序,如果第一,二,三道工序的次品率分别为 2%,3%,4%,并假定各道工序互不影响,问经过三道工序加工出来的零件的次品率是多少?

分析 因为在加工零件的过程中,三道工序只要有一道出次品,那么生产出来的零件就是次品,因此题目所求的次品率,就是事件“三道工序中至少有一道出次品”的概率,这个事件的对立事件是“三道工序同时出正品”. 由于三道工序互不影响,因此这个事件的概率是三个相互独立事件同时发生的概率.

解 记“第一道工序出次品”为事件 A_1,“第二道工序出次品”为事件 A_2,“第三道工序出次品”为事件 A_3,“经过三道工序加工出的是次品”为事件 B,则其对立事件 $\overline{B}=\overline{A_1}\cdot\overline{A_2}\cdot\overline{A_3}$. 由于三道工序互不影响,所以 $\overline{A_1}$,$\overline{A_2}$,$\overline{A_3}$ 是相互独立事件.

于是

$$
\begin{aligned}
P(\overline{B}) &= P(\overline{A_1} \cdot \overline{A_2} \cdot \overline{A_3}) \\
&= P(\overline{A_1}) \cdot P(\overline{A_2}) \cdot P(\overline{A_3}) \\
&= (1-2\%)(1-3\%)(1-4\%) = 0.912\,6.
\end{aligned}
$$

故 $P(B)=1-P(\overline{B})=1-0.912\,6=8.74\%$.

答　经过三道工序加工出来的零件的次品率是 8.74%.

练一练

仿照例 2,完成下面的例题：

三人独立地破译一个密码,他们译出的概率分别为$\frac{1}{3}$,$\frac{1}{4}$,$\frac{1}{5}$,问能将此密码译出的概率是多少？

分析 ____

____

____

____

____.

解　记 ____

____

____.

$P(\overline{B})=$ ____

$=$ ____

$=$ ____

$=$ ____.

故 $P(B)=1-P(\overline{B})=$ ________________.

答:能将此密码译出的概率是________.

练　习

1. 如果 A 与 B 是两个相互独立事件,那么 $P(AB)=$________.
   如果 A 与 B 是互斥事件,那么 $P(A+B)=$________.
2. 棉花方格育苗中,每格放两粒棉籽,已知棉籽发芽率为 0.90,求：

(1)两粒同时发芽的概率;

(2)恰有一粒发芽的概率;

(3)两粒都不发芽的概率.

3. 一设备由甲、乙、丙三大部件组成,它们相互独立工作,在同一时间间隔内,它们需要调整的概率分别为0.1,0.2,0.3,设"甲部件需要调整"为事件A,"乙部件需要调整"为事件B,"丙部件需要调整"为事件C.

(1) $\overline{A}\cdot B\cdot C$表示什么事件?

(2) $P(\overline{A}\cdot B\cdot C)$是多少?

4. 题组训练:

掷一枚均匀硬币,直到出现正面.

(1)第1次出现正面的概率为________;

(2)第2次出现正面的概率为________;

(3)第3次出现正面的概率为________.

11.3.8 离散型随机变量和超几何分布

为了全面深入地研究随机现象,我们需要把随机试验的结果数量化.

一些随机试验的结果与数量有直接关系.如在20件产品中,有15件正品,5件次品,从中任取3件,其中含有的次品数是事前无法预料的,要由具体抽取结果而定,它可能是0件,1件,2件,3件.

另一些随机试验的结果与数量没有直接关系,如抛掷一枚均匀硬币,其结果出现哪面向上是事前无法预料的,要由具体结果而定,它可能是"正面向上",也可能是"反面向上".我们可以人为地将其数量化,例如可以把"正面向上"记为1,把"反面向上"记为0.

一般地,随机试验的任何一个结果如果都可以用一个实数值的变量的取值来描述,且这个变量取什么值不能预先断言,随试验的结果而定,这样的变量称为**随机变量**.

随机变量一般用小写希腊字母$\xi,\eta,\cdots$表示.

如果ξ的所有可能取得的数值能够一一列举出来,则称ξ为**离散型随机变量**.古典概率问题中的随机变量是离散型的.

在本节开始提到的第一个例子中,我们用

"$\xi=0$"描述"其中没有次品",其出现的概率为0.399 1,表示为$P(\xi=0)=0.399\ 1$;

"$\xi=1$"描述"其中恰有1件次品",其出现的概率为0.460 5,表示为$P(\xi=1)=0.460\ 5$;

“$\xi=2$”描述“其中恰有 2 件次品”，其出现的概率为 0.131 6，表示为 $P(\xi=2)=0.131\,6$；

“$\xi=3$”描述“其中恰有 3 件次品”，其出现的概率为 0.008 8，表示为 $P(\xi=3)=0.008\,8$.

这里 ξ 是一个离散型随机变量．

在第二个例子中，我们用

“$\xi=1$”描述“正面向上”，其出现的概率为 $\frac{1}{2}$，表示为 $P(\xi=1)=\frac{1}{2}$；

“$\xi=0$”描述“反面向上”，其出现的概率为 $\frac{1}{2}$，表示为 $P(\xi=0)=\frac{1}{2}$.

这里 ξ 也是一个离散型随机变量．

为了直观，我们可以将上述两个例子的结果写成表格的形式（见表 11-10 和表 11-11），以反映 ξ 在取各个值时的相应的概率的分布情况．

表　11-10

ξ	0	1	2	3
P	0.399 1	0.460 5	0.131 6	0.008 8

表　11-11

ξ	1	0
P	$\frac{1}{2}$	$\frac{1}{2}$

我们称这个表格为 ξ 的分布列．一般说来离散型随机变量 ξ 的分布列是指 ξ 所有可能的取值及相应的概率所构成的表格．

想一想

分布列中的所有的概率之和是多少？

看下面的两个例子．

例 1　某小组共 10 人，其中 7 名男生，3 名女生，现任选 4 人外出参观，设被选中的女生人数 ξ 为随机变量，求 ξ 的分布列．

解　显然，$\xi=0,1,2,3$.

$$P(\xi=0)=\frac{C_3^0\cdot C_7^4}{C_{10}^4}=\frac{1}{6};P(\xi=1)=\frac{C_3^1\cdot C_7^3}{C_{10}^4}=\frac{1}{2};$$

$$P(\xi=2)=\frac{C_3^2\cdot C_7^2}{C_{10}^4}=\frac{3}{10};P(\xi=3)=\frac{C_3^3\cdot C_7^1}{C_{10}^4}=\frac{1}{30}.$$

所以 ξ 的分布列如表 11-12 所示．

表 11-12

ξ	0	1	2	3
P	$\frac{1}{6}$	$\frac{1}{2}$	$\frac{3}{10}$	$\frac{1}{30}$

其概率分布可归纳为

$$P(\xi=k)=\frac{C_3^k \cdot C_7^{4-k}}{C_{10}^4}(k=0,1,2,3)$$

例 2 在 100 件产品中,有 97 件正品,3 件次品,从中任取 2 件,设取到的次品数 ξ 为随机变量,求 ξ 的分布列.

解 显然,$\xi=0,1,2$.

$$P(\xi=0)=\frac{C_3^0 \cdot C_{97}^2}{C_{100}^2}=\frac{776}{825}=0.940\ 6;$$

$$P(\xi=1)=\frac{C_3^1 \cdot C_{97}^1}{C_{100}^2}=\frac{97}{1\ 650}=0.058\ 8;$$

$$P(\xi=2)=\frac{C_3^2 \cdot C_{97}^0}{C_{100}^2}=\frac{1}{1\ 650}=0.000\ 6.$$

所以,ξ 的分布列如表 11-13 所示.

表 11-13

ξ	0	1	2
P	0.940 6	0.058 8	0.000 6

其概率分布可归纳为

$$P(\xi=k)=\frac{C_3^k \cdot C_{97}^{2-k}}{C_{100}^2}(k=0,1,2).$$

这两个例子中的 ξ 的分布都属于超几何分布.

一般地,若有 N 件产品,其中有 M 件次品,现从中任取 n 件,设 ξ 表示取出的 n 件中的次品数,则 ξ 的分布为

$$P(\xi=k)=\frac{C_M^k \cdot C_{N-M}^{n-k}}{C_N^n}(k=0,1,2,\cdots,l)$$

这里 $l=\min(M,n)$,我们称 ξ 服从超几何分布,其中 N,M,n 为参数.

超几何分布是计件抽样检验中的一个重要分布,它全面揭示了无放回抽取中取得次品数的概率,实际上,从 N 件产品中随机地一次性抽取 n 件产品,相当于从 N 件产品中每次随机抽取一件产品,取后不放回,连续抽取 n 次.

例 3 一批产品 1 000 件,按规定其次品率不得超过 3%,现从中随机抽取 10 件进行检查,发现有 2 件次品,问这批产品质量是否合格?

解 设次品率为 $p=3\%$,则 1 000 件产品中应有次品 $1\ 000\times 3\%=30$ 件.

现从中抽取 10 件，设其中的次品数为 ξ，则 ξ 服从超几何分布，其概率分布为：

$$P(\xi=k)=\frac{C_{30}^{k}\cdot C_{970}^{10-k}}{C_{1\,000}^{10}}(k=0,1,2,\cdots,10).$$

写成分布列如表 11-14 所示

表　11-14

ξ	0	1	2	3	4	5	6	7	8	9	10
P	0.736 4	0.229 9	0.032 2	0.002 4	0.000 1	0	0	0	0	0	0

其中 ξ 取 5,6,7,8,9,10 时，其概率都接近 0.

我们看到

$$\begin{aligned}P(\xi\geqslant 2)&=P(\xi=2)+P(\xi=3)+\cdots+P(\xi=10)\\&=0.032\,2+0.002\,4+0.000\,1=0.034\,7.\end{aligned}$$

这表示有两件及两件以上的次品的概率仅为 0.034 7.

一般地，我们把概率不超过 0.05 的事件作为小概率事件，通常小概率事件在一次试验中一般是不会发生的.

对于“抽取 10 件其中有两件次品”这样一个小概率事件，在检查时竟发生了！说明“$p=3\%$”是不能成立的，自然，“$p<3\%$”就更不能成立了. 因此，这批产品质量不合格.

练　习

1. 已知随机变量 ξ 的分布列如表 11-15 所示.

表　11-15

ξ	0	1	2	3	4	5	6
P	0.12	0.15	0.21	0.15	0.14	0.13	0.10

求：(1)$P(\xi=3)$；　(2)$P(\xi<3)$；　(3)$P(3.5\leqslant\xi\leqslant 6)$；

(4)$P(\xi>4)$；　(5)$P(2<\xi<3)$；　(6)$P(\xi\leqslant 6)$.

2. 已知随机变量 ξ 服从超几何分布，其分布为

$$P(\xi=k)=\frac{C_{3}^{k}\cdot C_{5}^{3-k}}{C_{8}^{3}}\quad(k=0,1,2,3),$$

试将其写成表格形式.

3. 某批产品共有 30 件，其中有次品 3 件，现从中一次性任取 3 件，求取得的 3 件中含有的次品数 ξ 的概率分布.

4. 设有 100 件产品，其中有 5 件次品，95 件正品，现从中任取 20 件，求抽得的

次品数 ξ 的概率分布表达式．

5. 当你验收一批产品时，生产方说："这 100 件产品的次品率为 2%．"为了获得有关结论，你从 100 件产品中任意抽取了 20 件进行检查，发现其中有 2 件次品．请问，这时你是否可以初步断定生产方所说的话不可信？

11.3.9 n 次独立重复试验中恰好发生 k 次的概率

引例 某射手射击一次，击中目标的概率是 0.95，他射击 4 次，恰有 3 次击中目标的概率是多少？

分析 分别记在第 1,2,3,4 次射击中，这个射手击中目标为事件 A_1,A_2,A_3,A_4，则未击中目标为事件 $\overline{A}_1,\overline{A}_2,\overline{A}_3,\overline{A}_4$，射击 4 次，击中 3 次，应有下面 4 种情况：

①$A_1A_2A_3\overline{A}_4$，②$A_1A_2\overline{A}_3A_4$，③$A_1\overline{A}_2A_3A_4$，④$\overline{A}_1A_2A_3A_4$．

上面每一种情况，都可以看成是在 4 个位置上取 3 个写上 A，另一个写上 $\overline{A}$，所以这些情况的种数等于从 4 个元素中取出 3 个的组合数 C_4^3，即 4 种．

由于各次射击是否击中，相互之间没有影响，因此，$A_1,A_2,A_3,A_4,\overline{A}_1,\overline{A}_2,\overline{A}_3,\overline{A}_4$ 均为相互独立事件，所以

$$P(A_1A_2A_3\overline{A}_4)=P(A_1)P(A_2)P(A_3)P(\overline{A}_4)=(0.95)^3\cdot(1-0.95)^{4-3};$$

$$P(A_1A_2\overline{A}_3A_4)=P(A_1)P(A_2)P(\overline{A}_3)P(A_4)=(0.95)^3\cdot(1-0.95)^{4-3};$$

$$P(A_1\overline{A}_2A_3A_4)=P(A_1)P(\overline{A}_2)P(A_3)P(A_4)=(0.95)^3\cdot(1-0.95)^{4-3};$$

$$P(\overline{A}_1A_2A_3A_4)=P(\overline{A}_1)P(A_2)P(A_3)P(A_4)=(0.95)^3\cdot(1-0.95)^{4-3}.$$

可以看到，在射击 4 次，击中 3 次的 4 种情况中，每一种发生的概率都是 $(0.95)^3\cdot(1-0.95)^{4-3}$．而且这 4 种情况是彼此互斥的．所以射击 4 次，击中 3 次的概率为

$$\begin{aligned}P_4(3)&=P(A_1A_2A_3\overline{A}_4)+P(A_1A_2\overline{A}_3A_4)+P(A_1\overline{A}_2A_3A_4)+P(\overline{A}_1A_2A_3A_4)\\&=C_4^3\times(0.95)^3\times(1-0.95)^{4-3}\\&=4\times0.95^3\times0.05\\&\approx0.17.\end{aligned}$$

在这个例子中，4 次射击可以看成是进行 4 次独立重复试验．

一般地，如果在一次试验中某事件发生的概率是 p，那么在 n 次独立重复试验中这个事件恰好发生 k 次的概率

$$P_n(k)=C_n^kp^k(1-p)^{n-k}.$$

练一练

利用这个公式把上述引例中，射击 4 次恰好击中 4 次，2 次，1 次，0 次的概率分别计算出来．

$P_4(4)=$________$=$________；

$P_4(2)=$________$=$________；

$P_4(1)=$________$=$________；

$P_4(0)=$________$=$________．

例 1　一批产品次品率要求不超过 10%，现在对其进行检验，每次抽取 1 件，重复 5 次．求 5 次观察中恰好有 2 次是次品的概率．

分析　这是有放回的抽样，显然属于独立重复试验．且一次观察中出现次品的概率为 p，$p=10\%$，则一次观察中出现正品的概率为 $1-p=90\%$．

解　设"5 次观察中恰好出现 2 件次品"的概率为 $P_5(2)$，则

$$\begin{aligned}P_5(2)&=C_5^2p^2(1-p)^{5-2}\\&=10\times0.1^2\times0.9^3\\&=0.0729.\end{aligned}$$

答：5 次观察中恰好有 2 次是次品的概率为 0.072 9．

例 2　在 100 件产品中，有 90 件合格品，10 件是次品，现在从中依次抽取 10 件产品，在下列两种情况下，计算取出的 10 件产品全是合格品的概率．

(1)无放回地抽样(即每取一次取出后不放回)；

(2)有放回地抽样(即每取一次取出后再放回)．

解　(1)无放回地抽取 10 件产品相当于一次性抽取 10 件产品，其概率属于超几何分布问题．所以，"取出 10 件，全是合格品"的概率：

$$P=\frac{C_{10}^0\cdot C_{90}^{10}}{C_{100}^{10}}\approx0.33.$$

答：无放回抽取 10 件，全是合格品的概率为 0.33．

(2)有放回地抽取 10 件产品，则每次抽取结果是独立的，事件的概率$\frac{1}{10}$不变，因此属于独立重复试验模型．所以，"取出 10 件，全是合格品"的概率：

$$P=C_{10}^{10}(0.9)^{10}(1-0.9)^{10-10}\approx0.35.$$

例 3　对贮油器进行 8 次独立射击，若第一次命中只能使汽油流出而不燃烧，第二次命中才能使汽油燃烧起来，每次射击命中目标的概率为 0.2，求使汽油燃烧起来的概率．

解　这是一个独立重复试验．要想使事情成功，必须在 8 次射击中至少有 2

次命中目标．所以，概率

$$P=1-P_8(0)-P_8(1)=1-0.8^8-C_8^1\times0.2\times0.8^7=0.497.$$

答：使汽油燃烧起来的概率为 0.497.

练　　习

1. 设某批产品的次品率为 0.01，若每次从中抽取 1 件，有放回地抽取 4 次，分别求出恰好有 0 次，2 次是次品的概率．

2. 某气象站天气预报的准确率为 80%，计算：

(1)5 次预报中恰好有 4 次准确的概率；

(2)5 次预报中至少有 4 次准确的概率．(结果保留两位有效数字)

习题 11.3

A　组

1. 填空题：

(1)某同学做两道数学选择题，已知每题有 4 个选项，其中有且只有一个正确答案，该同学若随意填写两个答案，则两个答案都选对的概率是________=________.

(2)有 10 支足球队，其中 7 支是欧洲队，3 支是亚洲队，从中任意抽取两队比赛，则两洲各有一队的概率是________=________.

(3)某班 40 人的血型情况如下：A 型血 14 人，B 型血 11 人，AB 型血 9 人，O 型血 6 人．若从这个班里随意叫出两个人，两人血型相同有 4 种情况，即同为________；同为________；同为________；同为________．随意叫出两个人所含基本事件总数为________，设 A=同为 A 型血的基本事件数为________，B=同为 B 型血的基本事件数为________，C=同为 AB 型血的基本事件数为________，D=同为 O 型血的基本事件数为________．则 $P(A)=$________，$P(B)=$________，$P(C)=$________，$P(D)=$________．因为 A,B,C,D 互斥，所以 $P(A+B+C+D)=P(A)+P(B)+P(C)+P(D)=$________=________.

(4)甲、乙二人各射击 1 次，如果甲击中目标的概率为$\frac{1}{4}$，乙击中目标的概率为$\frac{1}{5}$，则二人都击中目标的概率为________；二人都未击中目标的概率是________；其中恰有一人击中目标的概率为________.

2. 某气象站天气预报的准确率为 0.7，求：

(1)10 次预报中恰有 8 次准确的概率；

(2)10 次预报中至少有 8 次准确的概率.(结果保留三位有效数字)

B　组

1. 题组训练：

求下列事件的概率：

(1)掷 1 枚均匀硬币,正面向上；

(2)掷 2 枚均匀硬币,正面同时向上；

(3)掷 3 枚均匀硬币,正面同时向上；

(4)掷 4 枚均匀硬币,正面同时向上.

2. 题组训练：

有 100 张已编号的卡片(从 1 号到 100 号),从中任取一张,计算下列事件的概率：

(1)卡片号是奇数；

(2)卡片号是偶数；

(3)卡片号是 7 的倍数；

(4)卡片号不是 7 的倍数；

(5)卡片号大于等于 1 而小于 10；

(6)卡片号大于等于 10 而小于 20；

(7)卡片号大于等于 1 而小于 20.

3. 从数字 1,2,3,4,5 中任取 3 个,组成没有重复数字的三位数,计算这个三位数是偶数的概率.

4. 从一批乒乓球产品中任取一个,如果其重量小于 2.45g 的概率是 0.22,重量不少于 2.50g 的概率是 0.20,那么重量在 2.45 ～2.50g 范围内的概率是多少?

5. 一个工人负责看管 4 台机床,如果在一小时内这些机床不需要人去看管的概率,第一台是 0.79,第二台是 0.79,第三台是 0.80,第四台是 0.81,假设各台机床是否需要看管相互之间没有影响,计算在这个小时内,这 4 台机床都不需要人去看管的概率.

6. 有甲、乙、丙三批罐头,每批 100 个,其中各有 1 个是不合格品,计算从三批罐头中各抽出 1 个,其中有不合格品的概率.

7. 在 7 张数卡中,有 4 张正数卡和 3 张负数卡,从中任取 2 张做乘法练习,设取得的正数卡数为 ξ,

(1)写出随机变量 ξ 的分布列；

(2)求其积为正数的概率；

(3)求其积为负数的概率.

思考与总结

本章的主要内容是排列、组合、二项式定理和随机事件的概率.

一、排列和组合

1. 分类计数原理与分步计数原理

(1)分类计数原理. 做一件事,完成它可以有 n 类办法,在第一类办法中有 m_1 种不同的方法;在第二类办法中有 m_2 种方法;…;在第 n 类办法中有 m_n 种不同的方法,那么完成这件事共有 $N=$________种不同的方法.

(2)分步计数原理. 做一件事,完成它需要 n 个步骤,做第一步有 m_1 种不同的方法;做第二步有 m_2 种方法;…;做第 n 步有 m_n 种不同的方法,那么完成这件事共有 $N=$________种不同的方法.

想一想

分类计数原理与分步计数原理的共同点是什么? 不同点是什么?

2. 排列

(1)排列. 从 n 个不同元素中取出 $m(m\leqslant n)$ 个元素,______________,称做从 n 个不同元素中取出 m 个元素的一个排列.

(2)排列数. 从 n 个不同元素中取出 $m(m\leqslant n)$ 个元素的所有的排列的个数,称做从 n 个不同元素中取出 m 个元素的排列数,用符号________表示.

想一想

排列与排列数有什么区别?

(3)排列数公式

$$\mathrm{A}_n^m=n\cdot(n-1)\cdot(n-2)\cdot\cdots\cdot(n-m+1),\ m,n\in\mathbf{N}_+,m\leqslant n.$$

即 A_n^m 等于 m 个正整数的连乘积,其最大因数为 n.

(4)全排列与阶乘

$$\mathrm{A}_n^n=n!=1\cdot2\cdot3\cdot\cdots\cdot(n-1)\cdot n.$$

规定 $0!=1$.

3. 组合

(1)组合. 从 n 个不同元素中取出 $m(m\leqslant n)$ 个元素________,称做从 n 个不同元素中取出 m 个元素的一个组合.

(2)组合数. 从 n 个不同元素中取出 $m(m\leqslant n)$ 个元素的所有组合的个数,称做

从 n 个不同元素中取出 m 个元素的组合数,用符号________表示.

想一想

组合与组合数有什么区别?

(3)组合数公式

$$C_n^m=\frac{A_n^m}{A_m^m}=\frac{n(n-1)(n-2)\cdot\cdots\cdot(n-m+1)}{m!}$$

(4)组合数公式

$C_n^m=C_n^{n-m}$,规定 $C_n^0=1$;

$C_n^m=C_{n-1}^m+C_{n-1}^{m-1}$.

想一想

组合与排列有什么区别?

二、二项式定理

1. 二项式定理

$(a+b)^n=C_n^0a^n+C_n^1a^{n-1}b+\cdots+C_n^ra^{n-r}b^r+\cdots+C_n^nb^n(n\in\mathbf{N}_+)$称做二项式定理.右边的多项式称做$(a+b)^n$ 的二项展开式,其中 $C_n^0,C_n^1,C_n^2,\cdots,C_n^{n-1},C_n^n$ 称做二项式系数.

2. 二项展开式的通项公式

$T_{r+1}=$________

通项是第 $r+1$ 项,而不是第 r 项.

3. 二项展开式的特点

(1)共有________项;

(2)第 $r+1$ 项的二项式系数为________;

(3)每一项中 a,b 的指数之和都等于________;a 的指数从 n 开始依次减 1,直到 0 止;b 的指数________.

4. 二项式系数的主要性质

(1)与首末两段"等距离"的两项的二项式系数相等,即 $C_n^{n-m}=$________;

(2)$C_n^0+C_n^1+C_n^2+\cdots+C_n^{n-1}+C_n^n=2^n$;

$C_n^0+C_n^2+C_n^4+\cdots=C_n^1+C_n^3+C_n^5+\cdots=2^{n-1}$;

如果 n 是偶数,则中间项(第$\frac{n}{2}+1$ 项)的二项式系数 $C_n^{\frac{n}{2}}$ 最大;

如果 n 是奇数,则中间项(第$\frac{n+1}{2}$项及第$\frac{n+1}{2}+1$ 项)的二项式系数 $C_n^{\frac{n-1}{2}}$ 及 $C_n^{\frac{n+1}{2}}$ 最大.

三、随机事件的概率

1. 随机事件的概率

(1)随机事件．在一定条件下可能发生也可能不发生的事件称做随机事件．

在一定条件下必然要发生的事件，称做必然事件；在一定条件下不可能发生的事件，称做不可能事件．

(2)概率．在大量重复进行同一试验时，事件 A 发生的频率 $\frac{m}{n}$ 总是接近某个常数，并在它附近摆动，这时就把这个常数称做事件 A 的概率，记为 $P(A)$，且 $0 \leqslant P(A) \leqslant 1$．其中，必然事件的概率为________，不可能事件的概率为________，随机事件的概率为________．

(3)等可能性事件的概率．

①基本事件．一次试验连同其中可能出现的每一个结果称为一个基本事件．

②等可能性事件的概率．如果一次试验中可能出现的结果有 n 个(即此试验由 n 个基本事件组成)，而且所有结果出现的可能性都相等，那么每一个基本事件的概率都是 $\frac{1}{n}$．如果某事件 A 包含的结果有 m 个，那么事件 A 的概率 $P(A)=\frac{m}{n}$．

2. 互斥事件有一个发生的概率

(1)互斥事件的概率．

①互斥事件．________的两个事件称做互斥事件．

②如果事件 A,B 互斥，那么事件 $A+B$(即 A,B 中有一个发生)的概率，等于事件 A,B 分别发生的概率的和，即

$$P(A+B)=\_\_\_\_\_\_\_\_ \ (A,B\text{ 互斥}).$$

③如果事件 $A_1,A_2,A_3,\cdots,A_n$ 中的任何两个都是互斥的事件，则称事件 $A_1,A_2,A_3,\cdots,A_n$ 彼此互斥，则

$$P(A_1+A_2+A_3+\cdots+A_n)=\_\_\_\_\_\_\_\_.$$

(2)对立事件的概率．

①对立事件．________的互斥事件称做对立事件．事件 A 的对立事件通常记做 $\overline{A}$．

②对立事件的概率的和等于 1，即

$$P(A)+P(\overline{A})=P(A+\overline{A})=1.$$

想一想

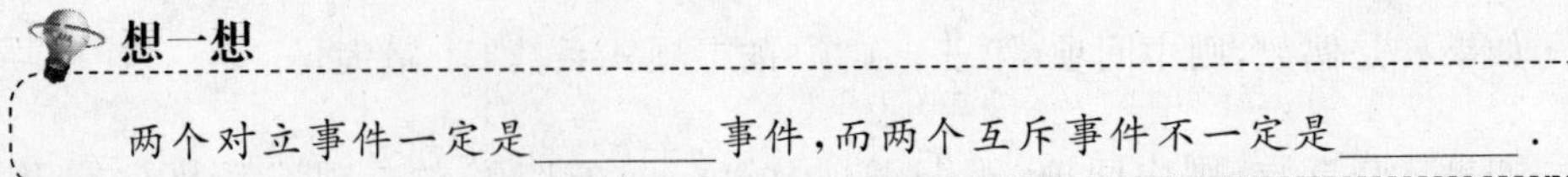

两个对立事件一定是________事件，而两个互斥事件不一定是________．

3. 相互独立事件同时发生的概率

(1)相互独立事件．事件 A(或 B)是否发生对事件 B(或 A)发生的概率没有影响,则这样的两个事件称做相互独立事件．

(2)如果事件 A,B 同时发生记做 $A\cdot B$,且 A 与 B 相互独立,则

$$P(A\cdot B)=\underline{\qquad\qquad}.$$

(3)如果事件 $A_1,A_2,A_3,\cdots,A_n$ 互相独立,则

$$P(A_1\cdot A_2\cdot A_3\cdot\cdots\cdot A_n)=\underline{\qquad\qquad}.$$

(4)独立重复试验．如果在一次试验中,某事件发生的概率是 p,那么在 n 次独立重复试验中这个事件恰好发生 k 次的概率

$$P_n(k)=\underline{\qquad\qquad}.$$

这个公式恰为$[(1-P)+P]^n$ 的二次展开式的第 $k+1$ 项的公式($k=0,1,2,\cdots,n$)

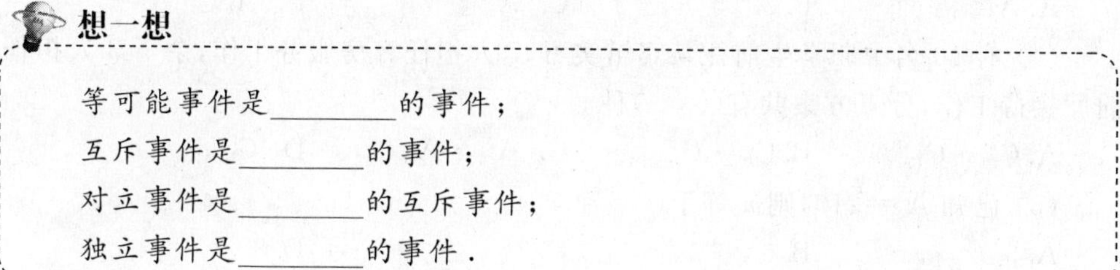

想一想

等可能事件是________的事件;

互斥事件是________的事件;

对立事件是________的互斥事件;

独立事件是________的事件．

4. 离散随机变量和超几何分布

(1)离散型随机变量．如果随机变量 ξ 的所有可能取得的数值能够一一列举出来,则称 ξ 为离散型随机变量．

(2)离散型随机变量 ξ 的分布列．把 ξ 所有可能的取值及相应的概率所构成的表格(见表 11-16),称做离散型随机变量 ξ 的分布列．

表　11-16

ξ	a_1	a_2	a_3	…	a_n
P	p_1	p_2	p_3	…	p_n

其中 $p_1+p_2+p_3+\cdots+p_n=1$,　$0<p_1<1,\cdots,0<p_n<1$.

(3)超几何分布．如果 $P(\xi=k)=$________,我们称 ξ 服从超几何分布．

超几何分布是计件抽样检验中的一个重要分布,它全面揭示了无放回抽取中取到次品数的概率．

(4)小概率事件．把概率不超过________的事件称为小概率事件．

小概率事件在一次试验中一般不会发生．

复习题十一

1. 选择题:

(1)某商场有 4 个大门,若从一个门进去,购买商品后再从另一个门出来,不同的走法共有(　　)种.

A. 3　　B. 7　　C. 12　　D. 16

(2)从 4 个蔬菜品种中选出 3 个,分别种植在不同土质的 3 块土地上进行试验,不同的种植方法共有(　　)种.

A. 4　　B. 12　　C. 24　　D. 72

(3)如果 $k\in\mathbf{N}_+$,且 $k>15$,则表示 $(k-3)\cdot(k-4)\cdot\cdots\cdot(k-15)$ 的排列数符号是(　　).

A. A_{k-15}^{12}　　B. A_{k-15}^{13}　　C. A_{k-3}^{12}　　D. A_{k-3}^{13}

(4) 有 10 名中职学生前往某宾馆实习,7 人担任客房服务工作,余下 3 人担任前厅接待工作,分工方案共有(　　)种.

A. $C_{10}^{7}+C_{10}^{3}$　　B. $C_{10}^{7}\cdot C_{10}^{3}$　　C. $A_{10}^{7}\cdot A_{10}^{3}$　　D. C_{10}^{7}

(5) 已知 $A_n^3=210$,则 n 等于(　　).

A. 5　　B. 6　　C. 7　　D. 8

(6) 四名学生分别编入两个班,不同的编法共有(　　)种.

A. 11　　B. 14　　C. 16　　D. 25

(7)把 6 本不同的书,分给 2 个学生,每人得 3 本,共有(　　)种不同分法.

A. C_6^3　　B. A_6^3　　C. $2C_6^3$　　D. $\frac{1}{2}A_6^3$

(8) $(a+b)^{n-1}$ 的展开式中第 r 项的二项式系数是(　　).

A. C_{n-1}^{r}　　B. C_{n-1}^{r-1}　　C. C_{n-1}^{r+1}　　D. C_n^r

(9) 利用二项式定理化简 $(x-1)^4+4(x-1)^3+6(x-1)^2+4(x-1)+1$ 应等于(　　).

A. $(x-2)^4$　　B. $(x-1)^4$　　C. x^4　　D. $(x+1)^4$

(10)如果 $(1-2x)^7=a_0+a_1x+a_2x^2+a_3x^3+a_4x^4+a_5x^5+a_6x^6+a_7x^7$,那么 $a_0+a_1+a_2+a_3+a_4+a_5+a_6+a_7$ 的值等于(　　).

A. -2　　B. -1　　C. 0　　D. 2

(11) 掷两枚骰子,事件“点数之和为 6”的概率是(　　).

A. $\frac{1}{12}$　　B. $\frac{1}{9}$　　C. $\frac{5}{36}$　　D. $\frac{1}{6}$

(12)有 10 个同一品牌的五号电池,其中一等品 7 个,二等品 3 个,从中任取两个，都是一等品的概率是(　　).

A. $\frac{8}{15}$　　B. $\frac{7}{15}$　　C. $\frac{2}{7}$　　D. $\frac{1}{7}$

(13)甲袋内有 2 个白球和 3 个黑球,乙袋内有 3 个白球和 1 个黑球,现从两个袋内各摸出 1 个球,则两个都是白球的概率是(　　).

A. $\frac{3}{5}$　　B. $\frac{5}{9}$　　C. $\frac{3}{10}$　　D. $\frac{1}{5}$

(14)一枚硬币连续抛掷 3 次,至少两次正面向上的概率是(　　).

A. $\frac{1}{2}$　　B. $\frac{2}{3}$　　C. $\frac{3}{8}$　　D. $\frac{3}{4}$

(15)有壹元币、伍角币、壹角币、伍分币、贰分币、壹分币各一枚,由它们所组成的所有可能的不同币值中,其币值不足一元的概率是(　　).

A. $\frac{32}{63}$　　B. $\frac{31}{63}$　　C. $\frac{1}{6}$　　D. $\frac{1}{63}$

(16)甲、乙二人各进行一次射击,甲射中目标的概率是 0.8,乙射中目标的概率是 0.7,则恰好有 1 人射中的概率是(　　).

A. 0.38　　B. 0.56　　C. 0.94　　D. 1.5

2. 一部纪录影片在 4 个单位轮映,每一单位放映 1 场,可有几种轮映次序?

3. (1)由数字 1,2,3,4,5 可以组成多少个没有重复数字的正整数?

(2)由数字 1,2,3,4,5 可以组成多少个没有重复数字,并且比 13 000 大的正整数?

4. 由数字 0～5 这 6 个数字可以组成多少个没有重复数字的五位数?其中有多少个是 5 的倍数?

5. 从数字 0～9 这 10 个数字中任选 2 个不同的数字作为点的坐标,表示的不同点有多少个?其中在坐标轴上的点有多少个?

6. 某职业高中一年级有 6 个班,二年级有 8 个班,三年级有 4 个班,各年级分别举行班与班之间的排球单循环赛,一共需要比赛多少场?

7. 有 6 本不同的书,分给甲、乙、丙三人,每人 2 本,共有多少种不同的分法?

8. 在 1～9 这 9 个自然数中,任意取出 2 个数,问:

(1)使它们的积是奇数的取法有多少种?

(2)使它们的积是偶数的取法有多少种?

(3)使它们的和是奇数的取法有多少种?

(4)使它们的和是偶数的取法有多少种?

9. 从 5 名男同学和 4 名女同学中选出 4 名代表,其中至少要有 2 名男同学和 1 名女同学,问有多少种不同选法?

10. 分配 5 个人担任 5 种不同的工作,如果甲不担任其中的某两项工作,问共有多少种分配方法?请对下列各种解法做出解释:

解法 1 $3A_4^4=72$(种);

解法 2 $A_4^2A_3^3=72$(种);

解法 3 $A_5^5-2A_4^4=72$(种).

11. 求$(1-2x)^{15}$的展开式中的前 4 项.

12. 求$(a+\sqrt{b})^{12}$的展开式中的第 9 项.

13. 从 0,1,2,3 四个数字中有放回地抽取两次,每次取一个,用(x,y)表示"第一次取到数字 x,第二次取到数字 y"这一事件.

(1)写出这个随机试验的基本事件空间.

(2)"第一次取出的数字是 0"这一事件,由哪几个基本事件组成?

(3)"至少有一个数字是 2"这一事件,由哪几个基本事件组成?

14. 从 1,2,3,4,5 这 5 个数字中任取 3 个,组成没有重复数字的三位数,求这三位数能被 3 整除的概率.

15. 某油漆公司发出 17 桶油漆,其中白漆 10 桶,黑漆 4 桶,红漆 3 桶. 在搬运中,所有的标签脱落,交货人随意将这些标签重新贴上,问一个定货 4 桶白漆,3 桶黑漆,2 桶红漆的顾客,按所定颜色如数得到定货的概率是多少?

16. 已知某射手射击一次击中 6 环,7 环,8 环,9 环,10 环的概率分别为 0.19,0.18,0.17,0.16,0.15,求

(1)该射手射击一次至少中 8 环的概率;

(2)该射手射击一次至多中 8 环的概率.

17. 甲、乙二人各自独立地破译一个密码,甲译出的概率是 0.55,乙译出的概率是 0.65,求:

(1)二人都译出的概率;

(2) 二人都没译出的概率;

(3)恰有一人译出的概率;

(4)至少有一人译出的概率;

(5)至多有一人译出的概率.

18. 一个盒中有 5 个白球和 5 个黑球,现从中一次抽取 5 个球,设抽中的白球个数为 ξ.

(1)求 ξ 的概率分布;

(2)写出 ξ 的分布列;

(3)求抽出的 5 个球中白球个数不多于 3 个球的概率.

19. 一张试卷上有一道选择题,共有 4 个答案,其中只有 1 个是正确的,全班

40名学生对该题作出了选择回答,求至少有30人以上的选择是正确的概率(只列出算式).

20. 题组训练:

从0,1,2,3,4五个数字中:

(1)任取2个不同数字,求组成两位数的概率;

(2)任取3个不同数字,求组成三位数的概率;

(3)任取4个不同数字,求组成四位数的概率;

(4)任取5个不同数字,求组成五位数的概率.

21. 10台计算机独立工作,如果每台正常工作的概率是0.9,求恰有1台计算机发生故障的概率.